中等职业教育新课程改革丛书

局域网组建及监管

主 编 张 磊 郑 彤

電子工業出版社
Publishing House of Electronics Industry
北京 • BEIJING

内容简介

本书分为组建监管单间办公局域网、组建监管单层办公局域网、组建监管楼宇办公局域网、组建监管楼宇间办公局域网四个学习单元，每个学单元采用一个完整的工程项目方式，通过任务的形式讲解。突出网络综合布线技术和局域网管理技术的学习与实践训练，通过实施和操作，完成对相关知识和技能的学习与掌握。使学生在144学时内掌握更多有用的技术和方法，快速提高局域网组建及监管的能力。

该套丛书从应用实战出发，首先将所需内容以各个项目的形式表现出来，其次对技能知训进行详细的分析和讲解，给出相应的完整工作过程供学生学习，使学生在真实的工作过程中掌握更多有用的技术和方法，快速提高技能水平。

未经许可，不得以任何方式复制或抄袭本书之部分或全部内容。
版权所有，侵权必究。

图书在版编目（CIP）数据

局域网组建及监管 / 张磊，郑彤主编. —北京：电子工业出版社，2014.6
（中等职业教育新课程改革丛书）

ISBN 978-7-121-22703-5

Ⅰ. ①局　Ⅱ. ①张　②郑　Ⅲ. ①局域网—中等专业学校—教材　Ⅳ. ①TP393.1

中国版本图书馆 CIP 数据核字（2014）第 056261 号

策划编辑：肖博爱
责任编辑：郝黎明
印　　刷：北京盛通商印快线网络科技有限公司
装　　订：北京盛通商印快线网络科技有限公司
出版发行：电子工业出版社
　　　　　北京市海淀区万寿路 173 信箱　邮编 100036
开　　本：787×1 092　1/16　印张：17.75　字数：454.4 千字
版　　次：2014 年 6 月第 1 版
印　　次：2021 年 1 月第 6 次印刷
定　　价：37.00 元

凡所购买电子工业出版社图书有缺损问题，请向购买书店调换。若书店售缺，请与本社发行部联系，联系及邮购电话：（010）88254888。

质量投诉请发邮件至 zlts@phei.com.cn，盗版侵权举报请发邮件至 dbqq@phei.com.cn。

服务热线：（010）88258888。

前言

本书是作者为北京市中等职业技术学校以工作过程为导向的课程改革网络技术专业《局域网组建及监管》课程开发的讲义。

《局域网组建及监管》课程是由典型职业活动直接转化的课程。本书编写流程体现学习过程与工作过程的统一，引导学生学习和完成工作任务，根据典型职业活动的工作过程和工作规范，把知识、能力和情感态度价值观等方面的要求落在学习过程中，使学生掌握相关的工作过程知识与技能，培训学生的综合职业能力，促进学生职业能力的全面提升。

全书编写体现理论实践一体化的教学要求，突出教学内容的应用性、综合性和实践性。将企业真实的工作任务、工作项目等进行教学化处理后引入教学过程中，创设真实或模拟仿真的职业工作情境，完成相关的工作任务，掌握相关知识，学习专业技能，获得职业能力，培养职业意识和职业习惯。

每个学习单元包括完成工作任务必备的知识、技能、方法、策略等，学习单元体现完整的工作过程。结合所选择的载体，构建行动导向的教学过程，依据学生认知水平和职业能力形成规律，学习单元内容编排由浅入深、循序渐进，学习单元顺序展开，各学习单元的内容结构具有一致性。在学习单元中充分体现并进一步细化课程标准的综合要求。

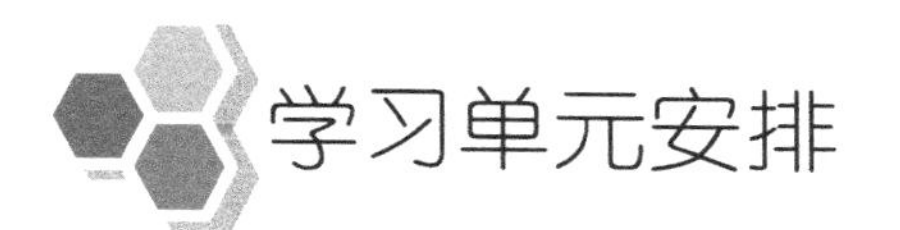

学习单元安排

单元序号	学习单元名称	课时安排

课程目标

1. 具备中小型局域网组建项目的规划能力；
2. 具备根据模板书写相关技术文档的能力；
3. 具备利用绘图软件绘制网络拓扑结构图、综合布线施工图的能力；
4. 具备网络综合布线能力；
5. 具备交换机、路由器、服务器等网络设备的安装与调试能力；
6. 具备利用专业网络测试工具，进行中、小型局域网络测试的能力；
7. 具备局域网组建工程项目施工的组织与管理能力；
8. 具有团队合作、交流沟通、组织协调、口头表达能力；
9. 具备效率意识、质量意识、成本意识。

本书共分四个学习单元。每个学习单元都是一个完整的工程项目，通过任务的形式讲解。突出网络综合布线技术和局域网管理技术的学习与实践训练，通过实施和操作，完成对相关知识和技能的学习与掌握。使学生在144学时内掌握更多有用的技术和方法，快速提高局域网组建及监管的能力。

本书从实际工作过程出发，将单元学习内容以工作任务的形式表现出来，再对技能知识进行详细的分析和讲解，给出相应的完整工作过程、教学资源供学生学习，使学生在真实的工作过程中掌握更多有用的技术和方法，快速提高技能水平。

……根据课程特点，突出对学生

学习单元1	组建监管单间办公局域网	**48**
学习单元2	组建监管单层办公局域网	**36**
学习单元3	组建监管楼宇办公局域网	**32**
学习单元4	组建监管楼宇间办公局域网	**28**

目录

学习单元 1

组建监管单间办公局域网

[单元学习目标]

➤ 知识目标

1．了解工作区子系统的工程设计规范及工程验收规范；

2．掌握局域网中线槽及线缆的敷设方法；

3．掌握配线架与模块的安装方法；

4．掌握双绞线的端接方法；

5．掌握网络连通性的测试方法；

6．掌握二层交换机的安装、配置、测试与调试；

7．熟悉局域网二层交换技术。

➤ 能力目标

1．能够阅读标书，分析、搜集、整理组建单间办公局域网所需要的资料；

2．能够实地勘察单间办公区域，根据模板完成调研记录；

3．能够根据用户需求和现场调研结果，完成单间办公局域网的网络设计规划；

4．能够利用工程绘图软件绘制单间办公局域网的网络拓扑结构图、综合布线施工图；

5．能够通过明线布线完成工作区子系统的网络布线；

6．能够通过测试工具测试工作区子系统的连通性；

7．能够完成组建单间办公局域网的传输介质与设备功能选型；

8．能够阅读设备使用手册，正确安装使用二层交换机设备；

9．能够完成接入层交换机的设备上架并配置接入层交换机的基本功能；

10．能够完成单间办公局域网的网络测试与调试；

11．能够根据模板完成工作记录，书写组建单间办公局域网的调研记录、施工记录、监管记录、验收报告；

12．能够根据模板书写单间办公局域网竣工验收报告；

13．通过分组及角色扮演，在组建监管单间办公局域网项目的实施过程中，锻炼学生的组织与管理能力、团队合作意识、交流沟通能力、组织协调能力、口头表达能力。

➤ 情感态度价值观

1．通过单间办公局域网项目实施，树立学生认真细致的工作态度，逐步形成一切从用户需求出发的服务意识；

2．在组建监管单间办公局域网项目的实施过程中，树立学生的效率意识、质量意识、成本意识。

[单元学习内容]

承接单间办公局域网工程项目，阅读标书，与客户交流，协助制定组建单间办公局域网的具体实施方案，监督完成单间办公局域网工程项目的前期筹备、网络布线、设备调试、竣工验收，提交相关工程文档。

[工作任务]

工作任务1　单间办公局域网前期筹备

任务描述

阅读标书，了解组建单间办公局域网的用户需求分析，收集网络组建信息，初步制定单间办公局域网组建方案，通过现场调研与沟通，细化局域网组建方案，确定线缆位置、走向和敷设方法，配合设计人员根据设计规范设计现场图纸，列出材料及设备清单，做出概预算，确定单间办公局域网施工方案。

活动一　阅读标书，进行需求分析，初步制定施工方案

学习情境

公司租用了写字楼的一间单间房间作为办公室，有7台计算机需要接入公司内部局域网，1台打印机作为公司共享打印机。现有的网络环境不能满足工作需要，要进行进一步的改建，敷设管槽、线缆连接信息点，从而组建一个小型局域网络，使公司内部资源可以共享。办公室前台布局图如图1-1-1所示。办公室办公区域布局图如图1-1-2所示。

图1-1-1　办公室前台布局图

图 1-1-2　办公室办公区域布局图

单间办公区域建筑结构示意图如图 1-1-3 所示。

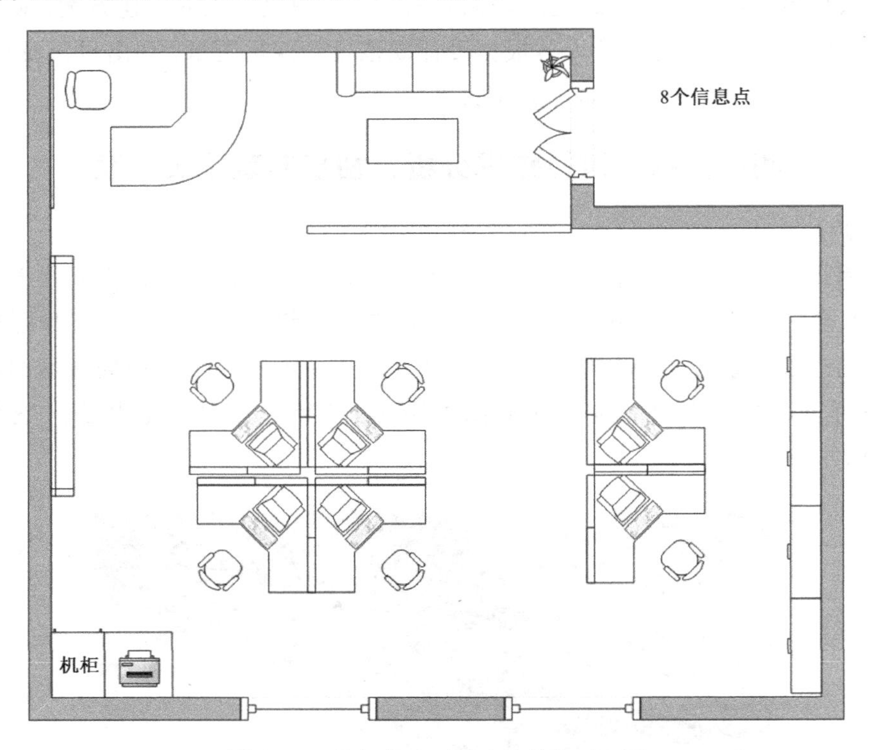

图 1-1-3　单间办公区域建筑结构示意图

单间办公局域网拓扑结构示意图如图 1-1-4 所示。

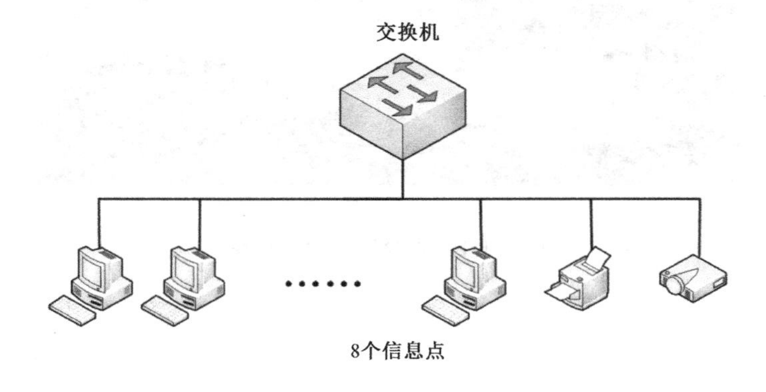

图 1-1-4　单间办公局域网拓扑结构示意图

学习方式

1．学生阅读标书，分析标书中单间办公局域网的用户需求。

2．学生分组进行角色扮演，分别以客户（委托方）和施工方的身份讨论需求信息。

3．在工作单的指导下，学生阅读学习资料，收集组建单间办公局域网信息，编写需求文档，按照模板初步制定单间办公局域网的施工方案。

工作流程

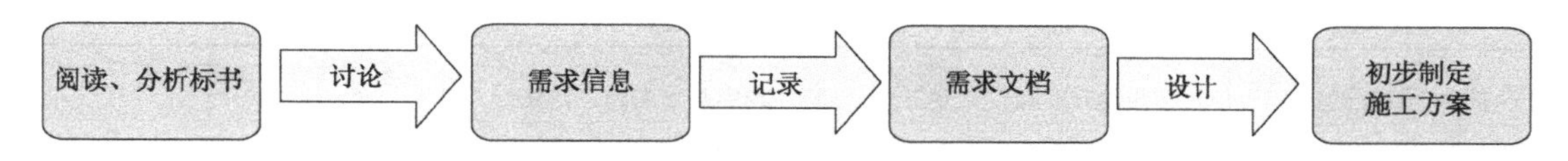

操作内容

1．阅读标书，在标书上标注重点。

2．角色扮演，分别列出施工方、客户需要交流的信息及具体调研的内容。

3．施工方与客户交流，并进行记录。

4．根据前期分析资料和施工方案模板，初步制定单间办公局域网的施工方案。

知识解析

一、标书的基本结构，工程人员对标书的主要关注点

1．网络工程标书基本结构。

2．标书样例。

3．工程人员对标书的主要关注点：

工程总体需求描述、布线工程需求描述、网络功能需求描述、网络设备清单、施工时间、技术人员联系方法。

二、工程人员与客户交流的常见问题

建筑结构图、办公室布局图、信息点位置要求、具体网络功能要求、是否有其他特殊要求。

三、交流记录的基本结构

标题、时间、地点、交流对象信息（如姓名、职务、联系方式等）、交流内容、记录单操作者签名。

四、需求分析信息

公司租用了一间房间作为办公室，有 7 台计算机需要接入公司内部局域网，1 台打印机作为公司共享打印机。该房间内需要安装至少 8 个信息点，需要敷设明管，所有线缆连接到交换设备上。

考核评价表

班级：__________　　姓名：__________　　日期：__________

考核内容	工作任务 1——活动一　阅读标书，进行需求分析，初步制定施工方案		
评　价　标　准			
考核等级	优秀	良好	合格
标书上标注的重点	标注内容准确、完整	标注内容基本准确、完整	标注内容基本准确，但有少量遗漏
需求分析信息	信息归纳准确、完整	信息归纳基本准确、完整	信息归纳基本准确，但有少量遗漏
施工方案	初步设计正确，细节考虑全面	初步设计基本正确，细节考虑到位	初步设计基本正确，但细节考虑有少量遗漏
工作过程	工作过程完全符合行业规范，成本意识高	工作过程符合行业规范	工作过程基本符合行业规范
成　绩　评　定			
评定			
自评			
互评			
师评			
反思：			

活动二　现场调研与沟通

学习情境

根据初步施工方案，到现场进行实地调研，观察现场实际情况，关注细节和建筑图纸上没有标明的地方，并就施工方案与客户进行进一步交流，填写勘察表和需求表如图1-1-5所示。

图1-1-5　现场调研

学习方式

1．现场调研，核实现场情况，填写勘察表。

2．与客户沟通，确认需求信息，填写需求表。

工作流程

操作内容

1．根据初步制定的施工方案，到现场调研，填写勘察表。

2．根据初步制定的施工方案，到现场与客户沟通，填写需求表。

知识解析

一、调研记录的基本格式

标题、时间、地点、交流对象信息（如姓名、职务、联系方式等）、交流内容、记录单操作者签名。

二、观察施工现场情况

◆ 施工现场环境（施工面积，地面、墙体情况，建筑施工进展情况等）；
◆ 网络覆盖范围；
◆ 线缆敷设位置（墙面、房顶、地面）；
◆ 线槽采用材质、类型；
◆ 线槽的容量；
◆ 信息点的具体位置（如墙面、桌面、地面等）、数量；
◆ 信息点之间距离（最近、最远）；
◆ 信息点是否经常移动；
◆ 信息点周围有无电缆干扰源，若有，都有哪些，干扰强度如何；
◆ 布线线缆类型；
◆ 线缆上的标签如何设定。

[工作任务单]

1．勘察表模板

<table>
<tr><th colspan="6">工程现场勘察记录表</th></tr>
<tr><td>项目名称</td><td colspan="3"></td><td>项目编号</td><td></td></tr>
<tr><td>项目地址</td><td colspan="5"></td></tr>
<tr><td>委托方</td><td></td><td>委托方负责人</td><td></td><td>联系电话</td><td></td></tr>
<tr><td>施工方</td><td></td><td>施工方负责人</td><td></td><td>联系电话</td><td></td></tr>
<tr><td colspan="6">现场情况说明：</td></tr>
<tr><td colspan="6">现场照片：</td></tr>
<tr><td colspan="6">补充说明：

施工方签名盖章
年　　月　　日</td></tr>
</table>

2．需求表模板

客户需求信息记录表

<table>
<tr><th colspan="4">客户基本信息</th></tr>
<tr><td>客户名称</td><td></td><td>客户编号</td><td></td></tr>
<tr><td>客户地址</td><td colspan="3"></td></tr>
<tr><td>联系人</td><td></td><td>联系方式</td><td></td></tr>
<tr><th colspan="4">客户要求</th></tr>
<tr><td>基本要求</td><td colspan="3"></td></tr>
<tr><td>目标效果</td><td colspan="3"></td></tr>
<tr><td>特别要求</td><td colspan="3"></td></tr>
</table>

续表

客户资料准备	
资料准备	
图纸资料	
补充说明	（客户提供资料欠缺项） 信息记录人： 年　月　日

考核评价表

班级：________　　姓名：________　　日期：________

工作任务1——活动二　现场调研与沟通			
评　价　标　准			
考核内容	考核等级		
	优秀	良好	合格
与客户沟通	语言准确适当，表达清晰，沟通顺利	语言基本准确，表达清晰，沟通顺利	语言适当，表达清晰，沟通顺利
勘察表 需求表	填写内容准确、完整	填写内容基本准确、完整	填写内容基本准确，但有少量遗漏
工作过程	工作过程完全符合行业规范，体现职业素养	工作过程符合行业规范	工作过程基本符合行业规范
成　绩　评　定			
评定			
自评			
互评			
师评			
反思：			

活动三 确定施工方案

学习情境

根据现场勘察表和需求表，配合设计人员确定单间办公局域网施工方案。

学习方式

根据现场勘察表和需求表，配合设计人员确定单间办公局域网现场图纸，列出材料、设备清单，做出概预算，制定施工方案。

工作流程

操作内容

1．根据勘察表修改单间办公局域网的施工方案。
2．根据需求表修改单间办公局域网的施工方案。
3．确定单间办公局域网的施工方案，绘制图纸。

知识解析

一、工程预算

施工方确定布线方案之后，要与委托方协商确定工程预算。一般来说，工程预算包括材料费（材料费包括工具费用、耗材费用等）和人工费两个方面。

工程预算公式：工程造价总额=材料费+人工费。

二、布线标准

1．制定布线系统标准的标准化组织

（1）国际标准化组织（Interconnection of Information Technology Equipment）：ISO/IEC JTC 1/SC 25。

（2）欧洲标准化委员会(Electrotechnical Aspects of Telecommunication Equipment)：CELENEC TC215。

（3）美国国家标准委员会：EIA/TIA TR41.8.1 UTP System Task Group。

2．常见综合布线标准

（1）国际标准：

EIA/TIA 568 电信通道和空间的商业建筑物电信布线标准；

ISO/IEC 11801 International Standard 商用建筑电信布线标准。

（2）美国国家标准：

EIA/TIA 569 电信通道和空间的商业建筑物标准。

（3）欧洲标准：

CELENEC EN 50174 关于电信安装设计的欧洲标准；

CELENEC EN 5016、50168、50169 分别为水平配线电缆、跳线和终端连接电缆及垂直配线电缆布线标准。

（4）美国国家标准：

EIA/TIA TSB 67 非屏蔽双绞线系统的现场测试规范。

（5）美国标准：

ANSI/TIA/EIA-570 家居布线的标准。

（6）中国建设部标准：

CECS 72:97 建筑与建筑群综合布线系统工程设计规范；

CECS 89:97 建筑与建筑群综合布线系统工程施工和验收规范。

（7）中国信息产业部标准：

TD/T 926.3-1998 大楼通信综合布线系统用连接硬件技术规范。

（8）中国邮电部标准：

中国通信行业标准大楼通信综合布线系统。

考核评价表

班级：________ 姓名：________ 日期：________

工作任务1——活动三 确定施工方案				
评 价 标 准				
考核内容	考核等级			
	优秀	良好	合格	不合格
施工方案	方案可行性强，内容准确、完整	方案可行，内容基本准确、完整	方案基本可行，内容基本准确，但有少量遗漏	方案不合理，内容不准确或有重大遗漏
工作过程	工作过程完全符合行业规范，成本意识高	工作过程符合行业规范	工作过程基本符合行业规范	工作过程不符合行业规范
成 绩 评 定				
评定				
自评				
互评				
师评				
反思：				

工作任务 2　单间办公局域网网络布线与监管

任务描述

根据施工方案查验施工材料进场情况，根据施工图纸，实施单间办公局域网络布线工程，按照施工进度，敷设管槽、线缆，进行双绞线端接，并进行链路连通性测试及敷设验收。

活动一　材料进场报验

学习情境

网络布线施工工具、设备与材料进场，需进行报验，如图 1-1-6 所示。

图 1-1-6　布线材料

学习方式

学生分组填写开工申请表，进行项目开工，开工前，完成工程材料的进场报验，根据模板，书写进场报验文档。

工作流程

填写开工申请表 → 进行进场报验 → 书写进场报验文档

操作内容

1. 填写开工申请表。
2. 按工程材料清单进行进场报验。
3. 填写物料进场验收单。

知识解析

一、耗材简介

1. 双绞线

双绞线可分为非屏蔽双绞线（UTP）和屏蔽双绞线（STP）两大类，如图 1-1-7 所示。其中，屏蔽双绞线 STP 又分为 3 类和 5 类双绞线，而非屏蔽双绞线 UTP 分为 1 类、2 类、3 类、4 类、5 类、超 5 类、6 类和 7 类双绞线。双绞线用于数据的传输。

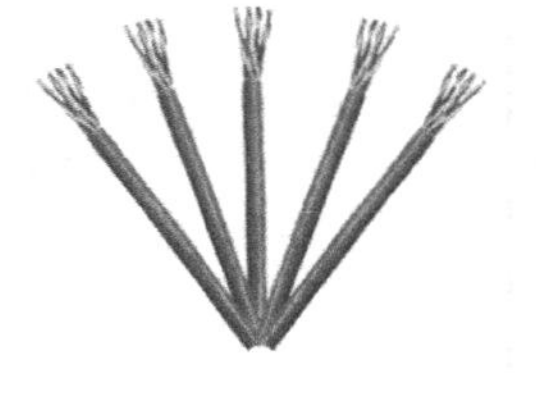

图 1-1-7　双绞线

超 5 类非屏蔽双绞线被广泛应用于以太网的连接。在线缆的外皮上，我们可以看到相应的级别标识，CAT 5e。

2. RJ-45 接头

RJ-45 接头又称为水晶头，和双绞线配合使用，如图 1-1-8 所示。RJ-45 接头前端有 8

个凹槽，凹槽内有 8 个金属接触点，如图 1-1-9 所示。

图 1-1-8　水晶头

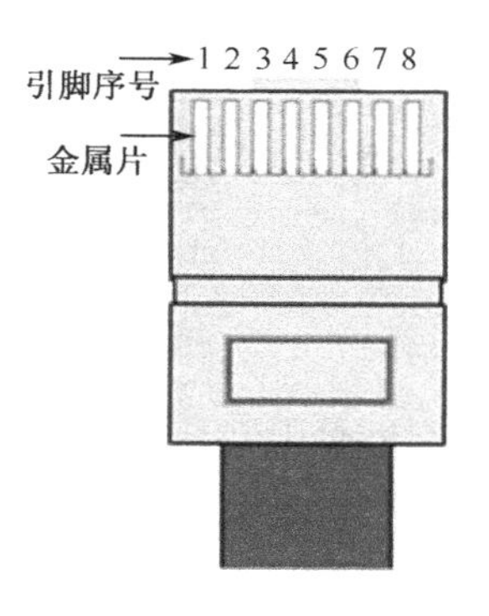

图 1-1-9　引脚序号

3．模块

配合超 5 类线缆使用的还有超 5 类模块，如图 1-1-10 所示。

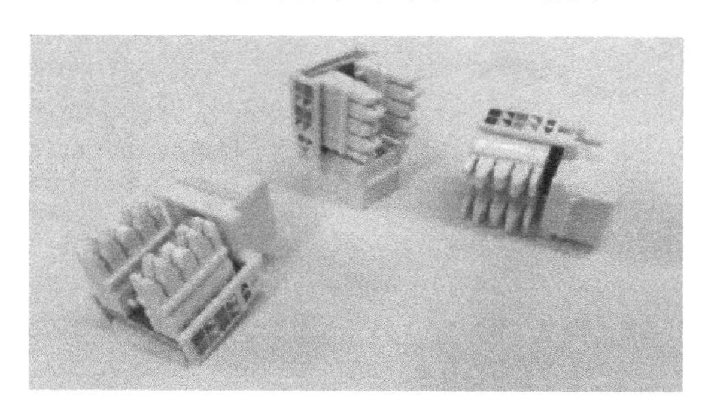

图 1-1-10　模块

4．配线架

24 端口机架式配线架，一面是 RJ-45 接口，标有编号如图 1-1-11 所示；一面是跳线接口，上面也标有编号，如图 1-1-12 所示，这些编号和前面的 RJ-45 接口的编号是一一对应的。每一组跳线都标识有棕、蓝、橙、绿的颜色，双绞线的色线要和这些跳线一一对应。

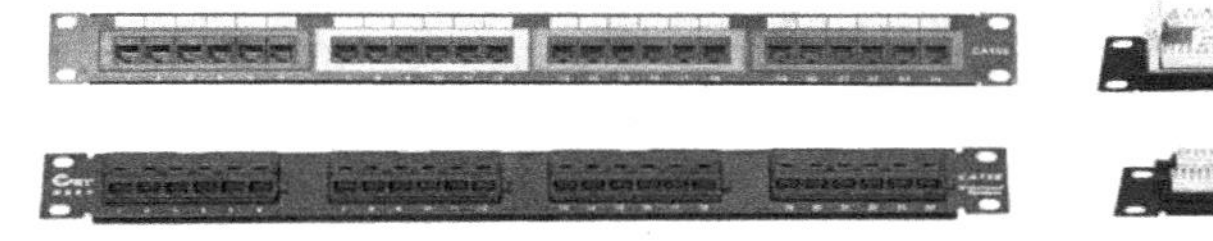

图 1-1-11　配线架正面

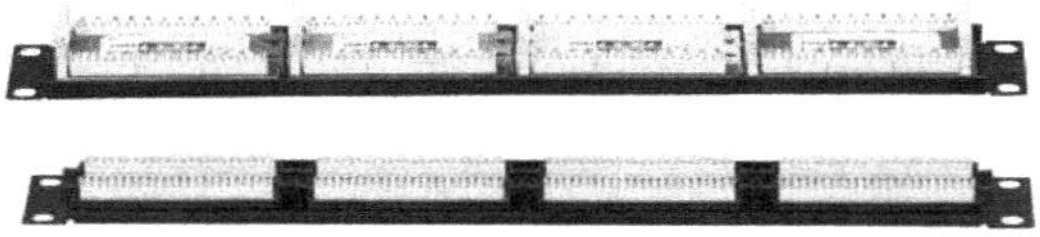

图 1-1-12　配线架背面

5．PVC 管

依据其直径分为多种型号，如ϕ20、ϕ40 等，如图 1-1-13 所示。

6．三通

PVC 管连接件，如图 1-1-14 所示。

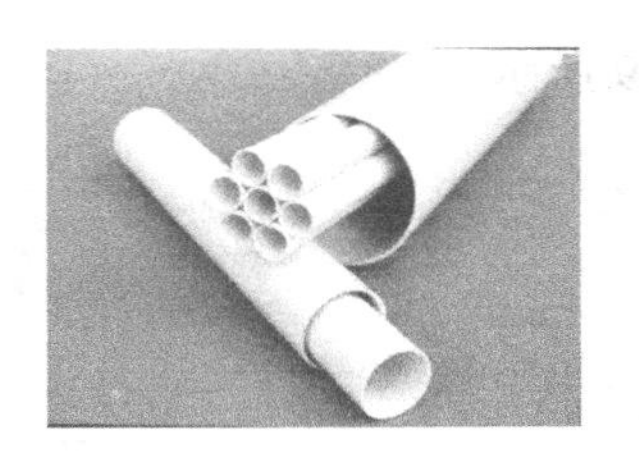

图 1-1-13　PVC 管

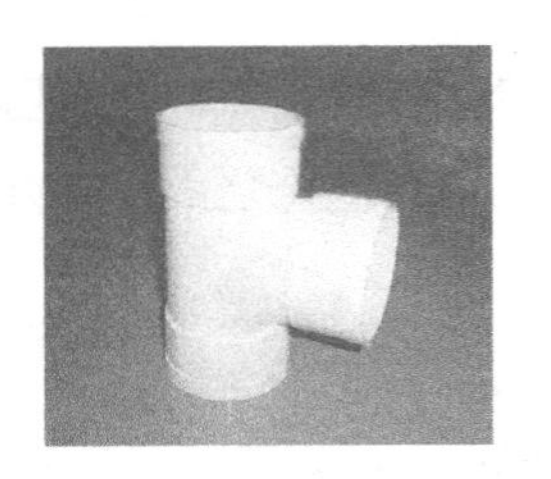

图 1-1-14　三通

7．直角弯头

PVC 管连接件，用于 PVC 管的直角弯折，如图 1-1-15 所示。

8．86 暗盒

86 暗盒内部安装模块，外部盖上面板，即为常见的信息点。该信息盒侧面有圆形孔洞，主要与管搭配使用，如图 1-1-16 所示。

9．盒接

PVC 管和 86 暗盒之间的连接件，如图 1-1-17 所示。

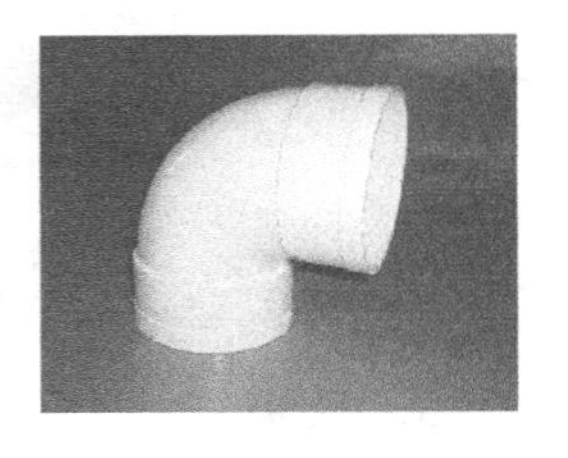

图 1-1-15　直角弯头

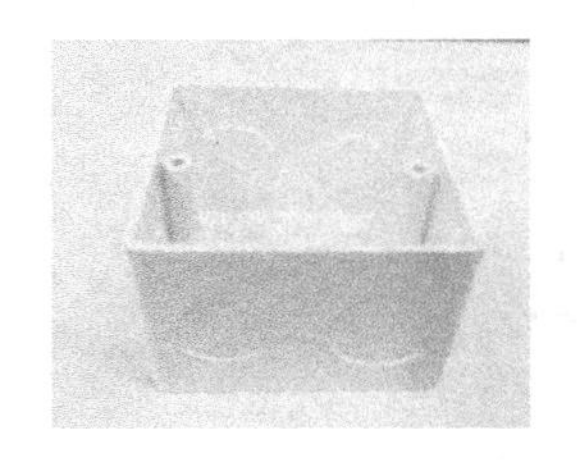

图 1-1-16　暗盒

图 1-1-17　盒接

10．管卡

用于固定 PVC 管，如图 1-1-18 所示。

11．标签打印纸

打印标签专用纸张，一面可以打印上文字，另一面有粘贴性，可将标签粘贴在管槽或线缆上，如图 1-1-19 所示。

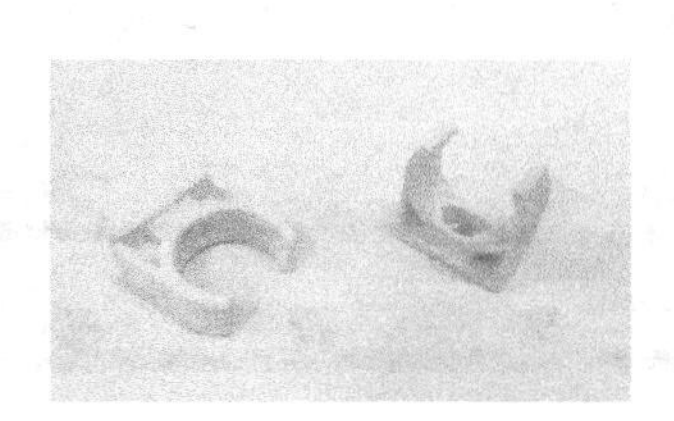

图 1-1-18　管卡

图 1-1-19　标签打印纸

二、工具、设备简介

1．压线钳

压线钳主要功能是将 RJ-45 接头和双绞线咬合夹紧。有些功能较完整的，除可以压制 RJ-45 接头外，还可以压制 RJ-11（用于普通电话线）接头。一把普通的压线钳，其主要的部分包括剥线口、切线口和压线口，可以完成剥线、切线和压接 RJ-45 接头的功能，如

图 1-1-20 所示。

2．打线工具

专用打线工具的头部分成两个小叉，一边有刃口，可以切断多余的线缆。除此之外，还有简易的打线工具可以使用，如图 1-1-21 所示。

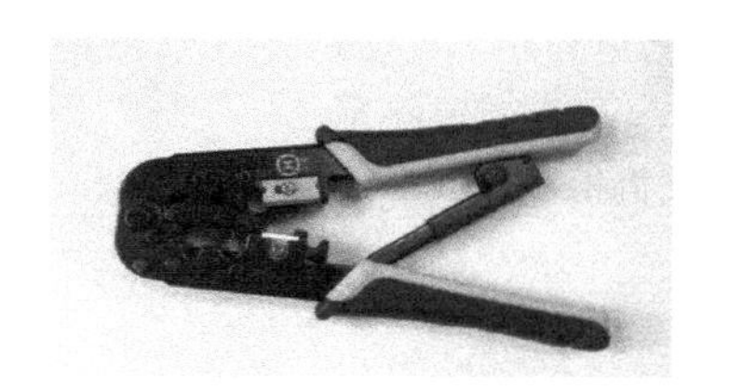

图 1-1-20 压线钳

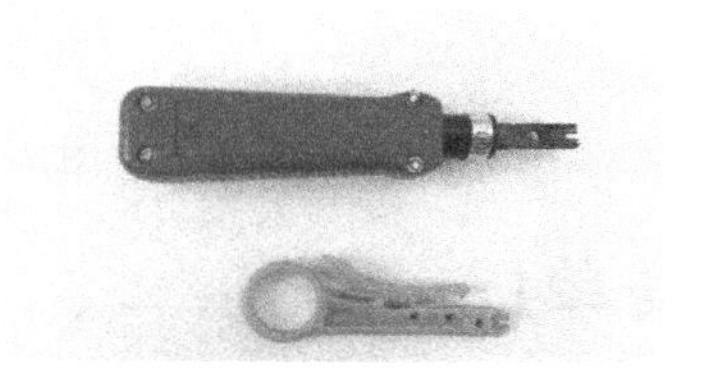

图 1-1-21 打线工具

3．改锥

安装螺钉用的工具，如图 1-1-22 所示。

4．螺钉

固定管槽、86 明盒，如图 1-1-23 所示。

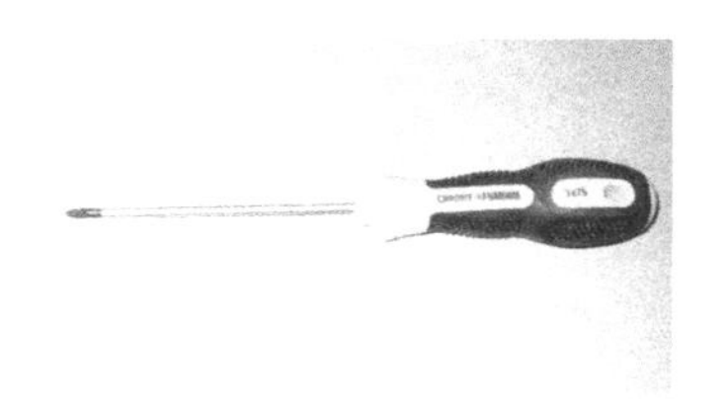

图 1-1-22 改锥（十字）

图 1-1-23 螺钉

5．卷尺

用于测量管槽、线缆长度，如图 1-1-24 所示。

6．剪管器

裁剪 PVC 管专用工具，如图 1-1-25 所示。

7．打号机

打印标签专用设备，如图 1-1-26 所示。

图 1-1-24 卷尺

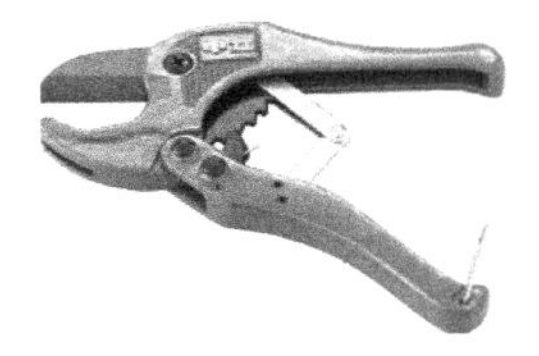

图 1-1-25 剪管器

图 1-1-26 打号机

8．壁挂式机柜

主要用于摆放轻巧的网络设备，外观轻巧美观，全柜采用全焊接式设计，牢固可靠。机柜背面有 4 个挂墙的安装孔，可将机柜挂在墙上节省空间，可根据用户要求专门定做。小型壁挂式机柜，有体积小，能节省机房空间等特点。广泛应用于计算机数据网络、寻呼、布线、PA 广播系统、音响系统、银行、金融、证券、地铁、机场工程、工程系统、铁路控制等多种用途，如图 1-1-27 所示。

图 1-1-27　壁挂式机柜

[工作任务单]

开工申请表

<table>
<tr><td>工程名称</td><td></td><td>文档编号：</td></tr>
<tr><td colspan="3">致：______________________（监理单位）
根据合同的有关规定，我方认为工程具备了开工条件。经我单位上级负责人审查批准，特此申请________项目开工，请予以审核批准。
附：1．工程实施方案
2．工程质量管理计划

承建单位（章）
项　目　经　理______________
日　　　　期______________</td></tr>
<tr><td colspan="3">专业监理工程师审查意见：

专业监理工程师______________
日　　　　期______________</td></tr>
<tr><td colspan="3">总监理工程师审核意见：

总监理工程师______________
日　　　　期______________</td></tr>
</table>

物料进场签收单

单号：
日期：
客户名称：
联系电话：
物料清单：

序号	物料名称	产品型号	数量	单位	备注
1	RJ-45接头			个	
2	双绞线	超5类		箱	
3	模块	超5类		个	
4	配线架	24端口、超5类		个	
5	PVC管	$\phi 20$		米	
6	直角弯头	$\phi 20$		个	
7	三通	$\phi 20$		个	
8	86暗盒			套	
9	盒接			个	
10	管卡			个	
11	标签打印纸			卷	

施工工具清单：

序号	工具名称	数量	单位	备注
1	压线钳		个	
2	打线工具		个	
3	改锥		个	
4	螺钉		个	
5	卷尺		个	
6	剪管器		个	
7	打号机		台	
8	铅笔		支	
9	壁挂式机柜		个	

签收栏：

签收栏	以上货物已于　　　　年　　月　　日清点验收。 收货单位： 联系电话： 验收人：

请验证货物后填写以上内容，此签收单一式两份，发货方、收货方各执一份。

考核评价表

班级：________ 姓名：________ 日期：________

<table>
<tr><th colspan="4">工作任务 2——活动一　材料进场报验</th></tr>
<tr><th colspan="4">评　价　标　准</th></tr>
<tr><td rowspan="2">考核内容</td><td colspan="3">考核等级</td></tr>
<tr><td>优秀</td><td>良好</td><td>合格</td></tr>
<tr><td>书写文档</td><td>文档准确、详细</td><td>文档准确、较详细</td><td>文档基本准确、较详细</td></tr>
<tr><td>物料验收</td><td>方法正确，清点准确</td><td>方法基本准确，清点准确</td><td>方法基本正确，清点基本正确</td></tr>
<tr><th colspan="4">成　绩　评　定</th></tr>
<tr><td colspan="4">评定</td></tr>
<tr><td>自评</td><td></td><td></td><td></td></tr>
<tr><td>互评</td><td></td><td></td><td></td></tr>
<tr><td>师评</td><td></td><td></td><td></td></tr>
<tr><td colspan="4">反思：</td></tr>
</table>

活动二 管槽的敷设

学习情境

根据网络工程布线图进行明管的敷设。

学习方式

学生分组按施工图和施工进度表敷设明管。

工作流程

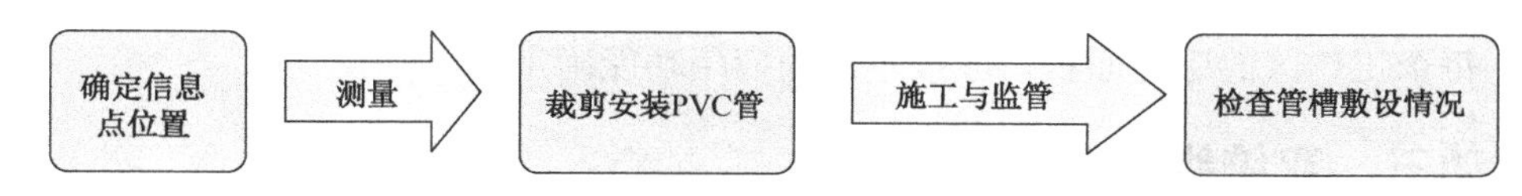

操作内容

1. 依照图纸，确认信息点位置。
2. 按施工图和施工进度表安装86暗盒。
3. 使用卷尺测量信息点间距，确认所需PVC管长度。
4. 测量PVC管长度，裁剪PVC管。
5. 按施工图和施工进度表安装PVC管，在所需位置连接三通、直角弯头。
6. 检查管槽敷设的正确性和规范性，按模板填写管槽敷设检查记录。

知识解析

一、剪管器使用方法

打开剪管器剪口，卡住PVC管，旋转剪管器手柄，使刀头在管子上切一个印痕，然后继续旋转剪管器，让刀更深一步切割。不停地重复，一会就把管子切断了。如果PVC管比较短，也可以通过旋转PVC管来进行切割。切口尽量平滑、整齐，无毛茬。

二、工作区子系统

综合布线包含6个子系统：工作区子系统、水平干线子系统、管理间子系统、垂直干线子系统、设备间子系统、楼宇管理子系统。

工作区子系统是由RJ-45接头跳线信息插座与所连接的设备（终端或工作站）组成，如图1-1-28所示。工作区的构成小到从水平布线的通信插座终端开始，大到工作区的设备，设备可以是仪器仪表，并不局限于电话、数据终端和计算机，对于高级管理系统来说工作区的布线系统是至关重要的，但是布线都不是永久的，设计时要考虑灵活性。

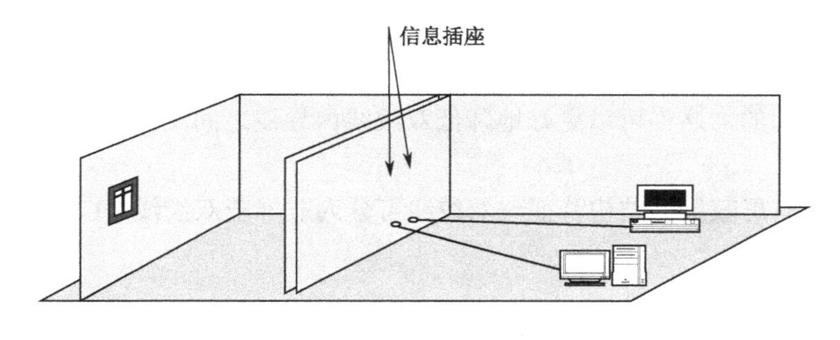

图1-1-28 工作区子系统

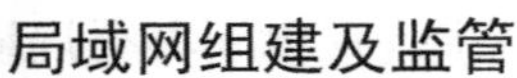

综合布线系统工程设计规范——工作区子系统配置设计

1．工作区适配器的选用应符合下列规定。

（1）设备的连接插座应与连接电缆的插头匹配，不同的插座与插头之间应加装适配器。

（2）在连接使用信号的数模转换、光/电转换、数据传输速率转换等相应的装置时，采用适配器。

（3）对于网络规程的兼容，采用协议转换适配器。

（4）各种不同的终端设备或适配器均安装在工作区的适当位置，并应考虑现场的电源与接地。

2．每个工作区的服务面积，应按不同的应用功能确定。

活动三　双绞线的敷设

学习情境

根据网络工程布线图进行双绞线的敷设。

学习方式

学生分组按施工图和施工进度表敷设双绞线。

工作流程

操作内容

1．依据信息点位置，测量所需线缆长度。

2．裁剪双绞线。

3．PVC 管内穿入双绞线，两端预留适合长度。

4．双绞线编号，填写双绞线编号记录单。

5．检查双绞线敷设的正确性和规范性，按模板填写双绞线敷设检查记录。

知识解析

一、双绞线

双绞线的核心是相互绝缘并缠绕在一起的细芯铜导线对，通常由两对或更多线对按一定密度缠绕在一起，按规则螺旋结构排列的导线组成，每根铜导线的绝缘层上分别涂有不同的颜色，以示区别。如图 1-1-7 所示的就是常用的双绞线。双绞线名字中的“双绞”取自线缆线芯相互缠绕之意，线缆线芯绞合缠绕可用来消除或减少电磁干扰（即电磁波与电子元件作用产生的干扰）和射频干扰（RFI，即电磁波所带来的干扰）。每对线缆线芯的缠绕旋转数目是不同的，这样可以更好地降低双绞线内导线之间相互的干扰（Crosstalk，这种干扰称为串扰）。

根据是否具有屏蔽层的结构特征，双绞线可分为非屏蔽双绞线（UTP）和屏蔽双绞线（STP）两大类。

1．非屏蔽双绞线（UTP）

非屏蔽双绞线（UTP）具有价格便宜、易于安装等优点，在网络布线中得到了广泛的应用。非屏蔽双绞线是目前局域网中最常见的一种线缆，如图1-1-29所示。结构（由内向外）：4对缠绕在一起的导线对（铜线芯和绝缘层）、外层。

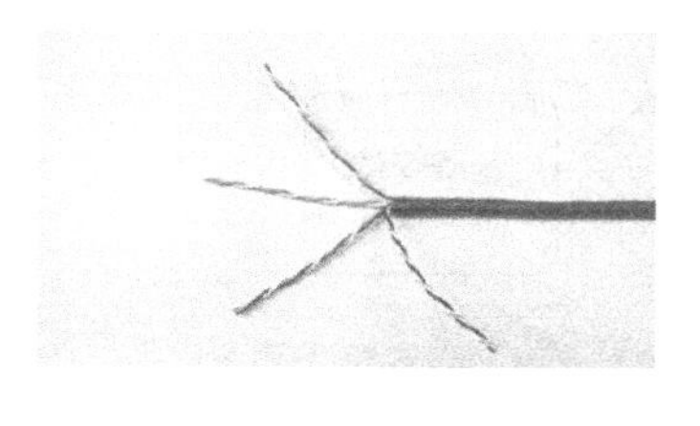

图1-1-29　UTP

国际电工委员会和国际电信委员会EIA/TIA（Electronic Industry Association/Telecommunication Industry Association）为双绞线电缆定义了几种不同型号：1类双绞线、2类双绞线、3类双绞线、4类双绞线、5类双绞线、6类双绞线、7类双绞线。

2．屏蔽双绞线（STP）

屏蔽双绞线（STP）是在非屏蔽双绞线的基础上，在双绞线的导线对和外层之间加了一层金属箔屏蔽层，有的屏蔽双绞线还为每对导线加了屏蔽间，如图1-1-30所示。金属屏蔽层有效地减少了电磁干扰、射频干扰和线对间串扰。因此，屏蔽双绞线比非屏蔽双绞线的抗干扰能力强，传输的距离更远。

由于屏蔽双绞线柔韧性较差，而且成本及安装费用都要比非屏蔽双绞线高，所以使用的广泛程度远不及非屏蔽双绞线。如果新建网络时对数据的保密性没有特殊要求，使用非屏蔽双绞线就可以解决，但是，如果网络传输的数据要求保密，降低被窃取的危险，就必须使用屏蔽双绞线或光缆作为传输介质。

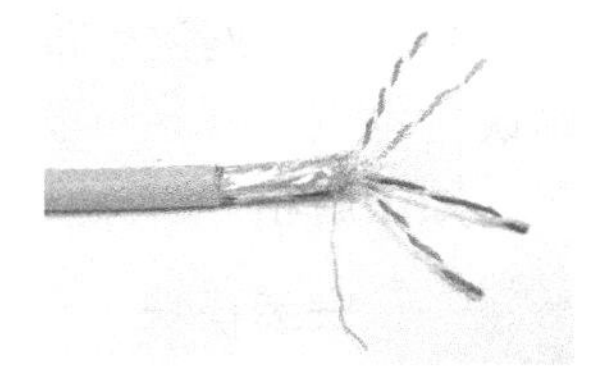

图1-1-30　STP

二、记录线缆信息

工程中，对于制作的线缆要随时记录其情况，将标签编号、连通情况等信息详细记录，便于以后的查找和维护。线缆信息记录表如下表所示。

[工作任务单]

线缆信息统计表

序　号	线缆编号	连通情况	备　注

活动四　双绞线端接

学习情境

根据网络工程布线图进行双绞线端接、模块和配线架安装。

学习方式

学生分组根据施工图，按照施工进度，进行配线架、模块的端接、RJ-45接头的制作并测试双绞线的连通性。

工作流程

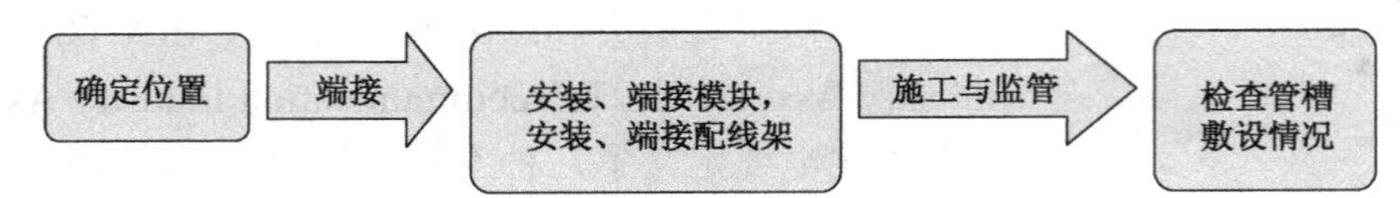

操作内容

1．按施工图和施工进度表安装模块，并做记录。

2．按施工图和施工进度表安装配线架，并做记录。

3．按施工进度表制作 RJ-45 接头。

4．测试双绞线的连通性，并做记录。

5．线缆编号，打标签。

6．检查双绞线端接的正确性和规范性，按模板填写双绞线端接检查记录。依照图纸，确认信息点位置。

知识解析

一、安装模块

1．安装模块

（1）模块上有两排跳线槽，每一个槽口下方都标有颜色，和双绞线的每一条线一一对应。先把双绞线的一头剥去 2～3cm 的绝缘层，然后将线对分开，如图 1-1-31 所示。

（2）将线芯摆放在对应的各槽口中，用手将线按下，完成初步固定，如图 1-1-32 所示。

（3）将打线工具的刃口朝外，放在槽口上，垂直槽口用力按下，听到提示音即完成操作。注意：线芯的颜色要和槽口标识的颜色一致，如图 1-1-33 所示。

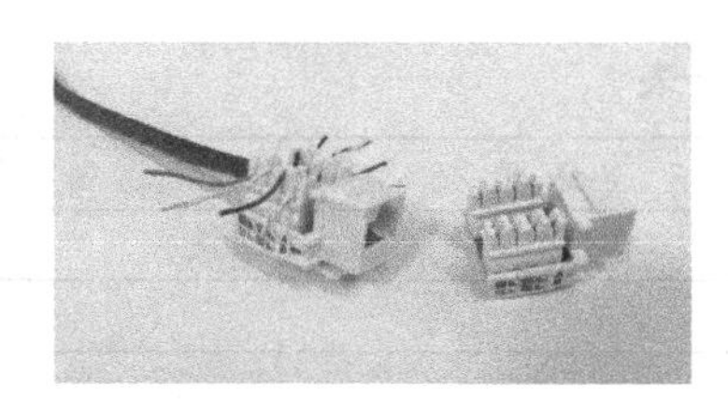

图 1-1-31　STEP 1

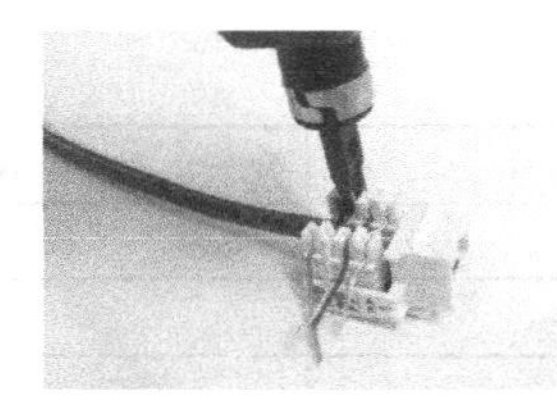

图 1-1-32　STEP 2

（4）完成打模块操作后注意最后要再检查一下，以免出现错误。将线头摘掉，安装防护盖，如图 1-1-34 所示。完成后在模块上装上面板，再用螺钉将其固定在墙座上。

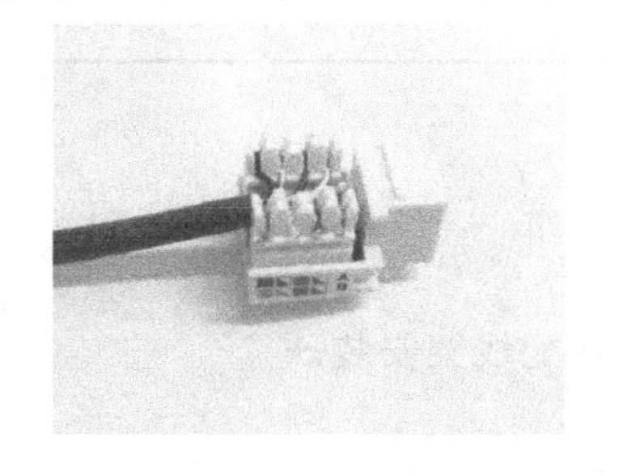

图 1-1-33　STEP 3

图 1-1-34　STEP 4

2．注意事项

（1）注意线序统一（按颜色标识排列线芯）。

（2）打线时注意打线工具与模块垂直、各线间无交叉。

（3）测试连通性成功后封盖。

二、安装配线架

1．操作步骤

（1）用剥线工具把双绞线的一头剥去约2～3cm的绝缘层，然后分开4对线。

（2）按照配线架上颜色标识摆放线缆线芯，用手将其向下按一下，使线芯初步固定在跳线槽中，如图1-1-35所示。

（3）使用打线工具，将有刃口的一面朝外，放在有线芯的跳线槽中，用力垂直向下按，听到提示声后即表明操作完成，如图1-1-36所示。

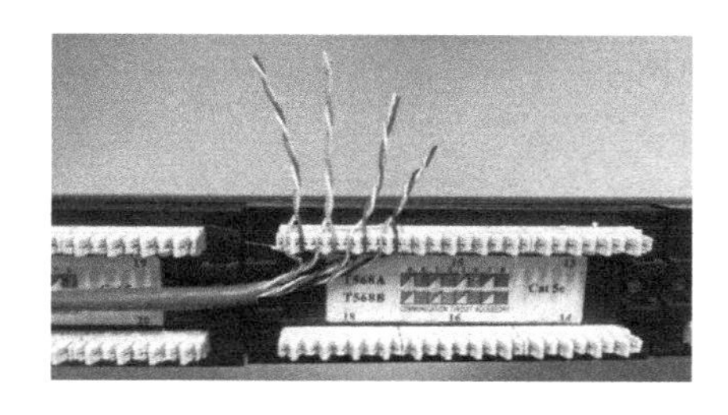

图1-1-35　安装配线架（一）

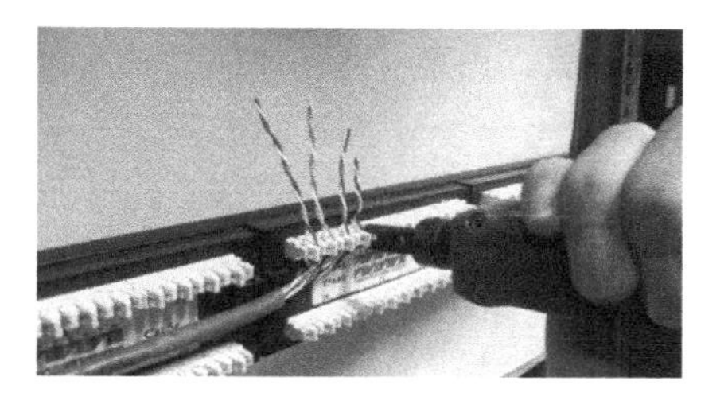

图1-1-36　安装配线架（二）

（4）按照以上方法依次完成其他线芯安装。

（5）整理配线架，用手除去已经打断的线头，使配线架整齐美观，如图1-1-37所示。

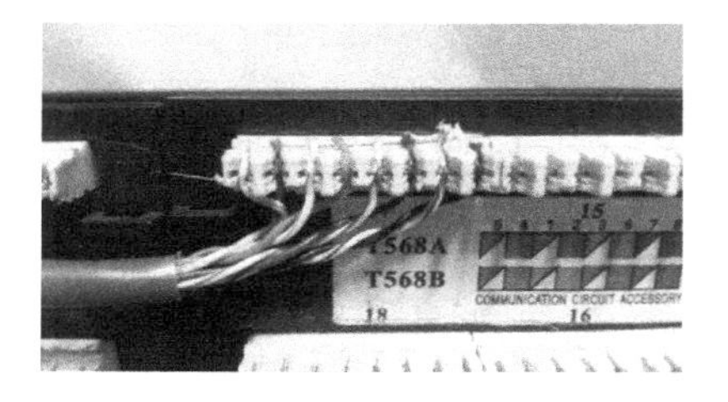

图1-1-37　安装配线架（三）

（6）打好配线架后，先将集线器、配线架安装在机柜中，再用3ft线把集线器和配线架连接起来。

2．安装配线架注意事项

（1）位置：机柜中间偏下。

（2）方向：可插入RJ-45接头的端口面向外。

（3）注意：水平、固定。

3．向配线架打线注意事项。

（1）注意线序统一（按颜色标识指示摆放线缆线芯）。

（2）打线时注意打线工具与配线架垂直、各线间无交叉。

（3）注意各双绞线的位置。

（4）整理线。

提示：

在购买跳线架、模块时要购买同一品牌的，双绞线要购买5类线。这些网络器材可省不得钱。整个的布线工程结束后，就可以安装计算机了，双绞线的一头插在墙壁的模块上，就像接电源线、电话线一样，另一头插在计算机的网卡上即可。从上面的介绍中可以看出具体的操作都比较容易，最主要还是初期的设计工作，不仅要实际的考查测量，还要从长远考虑，要使网络系统能够经受得起繁重的通信任务。

三、制作带有 RJ-45 接头的双绞线

1．剥线

按照长度要求截取双绞线。使用压线钳的剥线口或专用剥线钳将双绞线的外皮剥去 2～3cm，露出里面的 4 个线对，如图 1-1-38 所示。注意剥线时要注意控制力度，不要伤到里面的线对。

图 1-1-38　剥线

2．分线

剥开线缆最外层的塑料保护层，可看到 4 个线对，依次为橙和白橙、绿和白绿、蓝和白蓝、棕和白棕，如图 1-1-39 所示。

3．排线

根据网络布线线序标准，本书以 T568B 标准为例，自左到右排列的顺序依次为白橙、橙、白绿、蓝、白蓝、绿、白棕、棕，如图 1-1-40 所示。

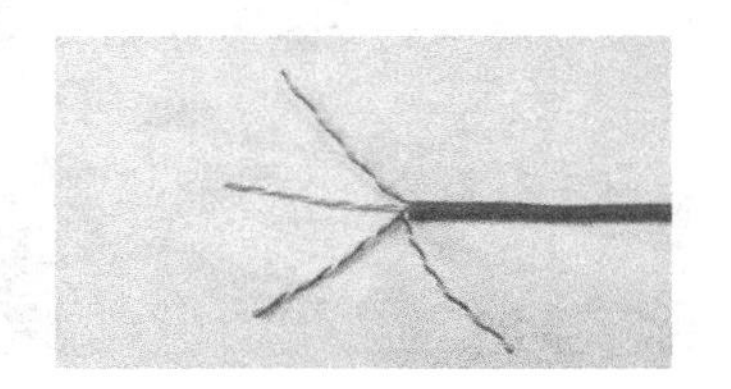

图 1-1-39　分线

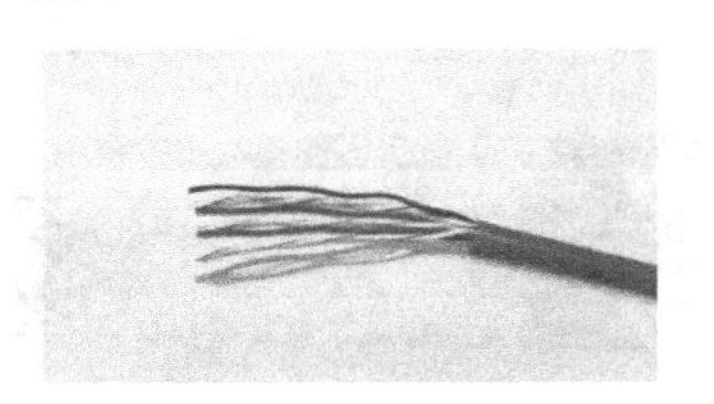

图 1-1-40　排线

将 8 条线并成一排后，用压线钳的切口剪齐，使其顶端对齐，留下 14mm 的长度，便于插入 RJ-45 接头，如图 1-1-41 所示。

4．插线

将并拢的双绞线插入 RJ-45 接头中（注意：“白橙”线要对着 RJ-45 接头的第一只引脚），并小心推送到接头的顶端，如图 1-1-42 所示。

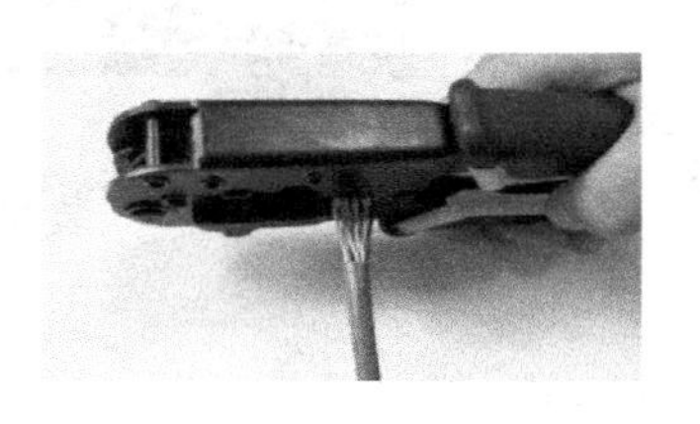

图 1-1-41　剪齐

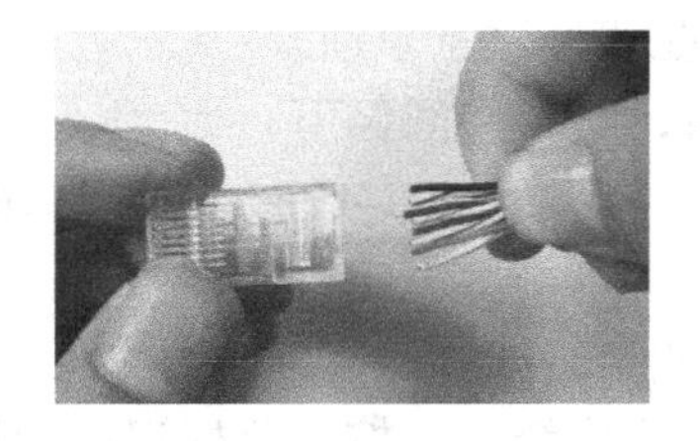

图 1-1-42　插线

线的外皮必须有一小部分深入接头，如图 1-1-43 所示。同时每一根线都要顶到 RJ-45 接头的顶端。即在顶端可以清楚看到每根导线的铜芯为止，如图 1-1-44 所示。

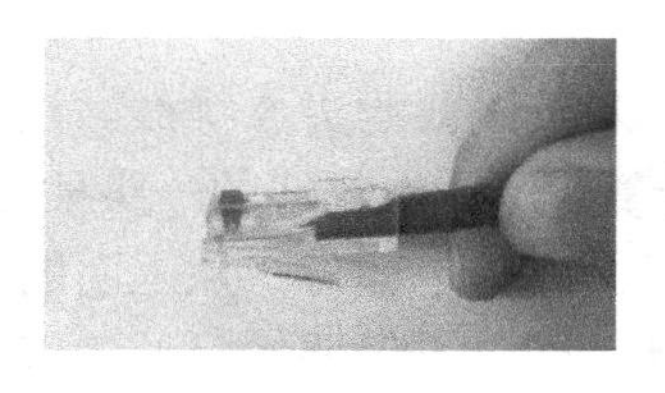

图 1-1-43　插线后

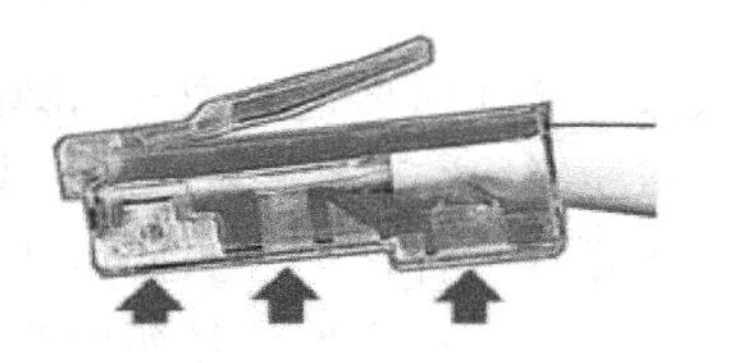

图 1-1-44　位置

5．压制 RJ-45 接头

将已经按照线序正确插入线缆线芯的 RJ-45 接头插入压线钳对应插口，用力将压线钳夹紧，并保持约 3s 的时间，如图 1-1-45 所示。然后将压线钳松开并取出连接好 RJ-45 接头的线缆，注意观察 RJ-45 接头的 8 只金属脚已经全部插入到双绞线的 8 根线芯中。此时，带有 RJ-45 接头的双绞线一端压制完成。

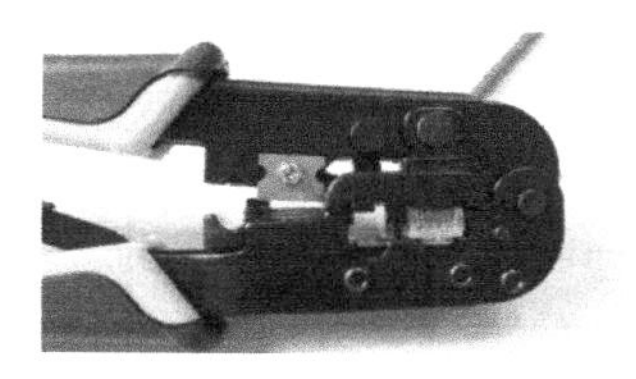

图 1-1-45　压制 RJ-45 接头

6．添加标注

为了便于区分线缆，我们常常使用专用打号机打印出线缆标签，并将标签粘贴在线缆的两端。如果没有打号机打印标签，也可以使用口取纸代替。

此时，制作交叉线线缆操作完毕。

7．记录线缆信息

交叉线的制作、测试完成以后，要详细记录线缆信息，如下表所示。

四、线序标准

EIA/TIA-568B 线序标准，如图 1-1-46（a）所示。

线序从左到右依次为白橙、橙、白绿、蓝、白蓝、绿、白棕、棕。

EIA/TIA-568 A 线序标准，如图 1-1-46（b）所示。

线序从左到右依次为白绿、绿、白橙、蓝、白蓝、橙、白棕、棕。

五、安装壁挂式机柜

机柜背面有 4 个挂墙的安装孔，使用机柜自配的螺钉将机柜安装固定在墙壁上，如图 1-1-47 所示。

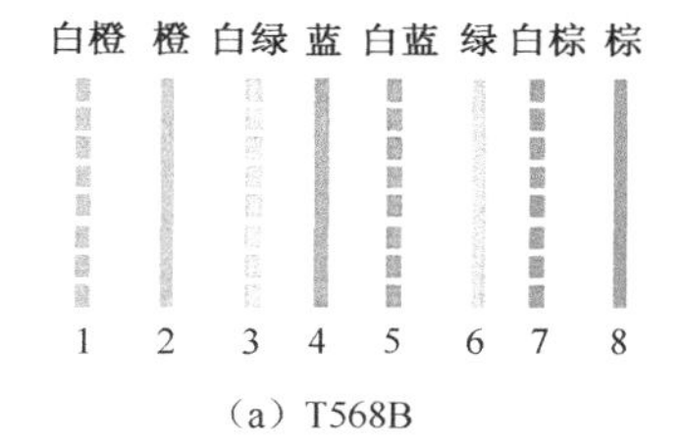

（a）T568B

白绿 绿 白橙 蓝 白蓝 橙 白棕 棕
1 2 3 4 5 6 7 8

（b）T568A

图 1-1-46　线序 T568B、T568A

图 1-1-47　安装壁挂式机柜

[工作任务单]

线缆信息统计表

序　　号	线 缆 编 号	连 通 情 况	备　　注

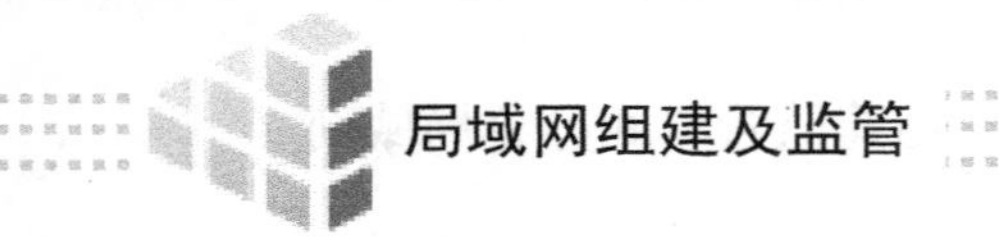

工程质量验收记录表

组号：______ 填写人：________

<table>
<tr><th>工程名称</th><th colspan="4">单间办公局域网布线施工及监管</th></tr>
<tr><td>施工组长</td><td></td><td>施工成员</td><td colspan="2"></td></tr>
<tr><td>施工日期</td><td colspan="4"></td></tr>
<tr><td rowspan="7">信息点对照表</td><td>信息点编号</td><td>配线架端口编号</td><td colspan="2">连通性</td></tr>
<tr><td></td><td></td><td colspan="2">□是 □否</td></tr>
<tr><td></td><td></td><td colspan="2">□是 □否</td></tr>
<tr><td></td><td></td><td colspan="2">□是 □否</td></tr>
<tr><td></td><td></td><td colspan="2">□是 □否</td></tr>
<tr><td></td><td></td><td colspan="2">□是 □否</td></tr>
<tr><td></td><td></td><td colspan="2">□是 □否</td></tr>
<tr><td>施工数据统计</td><td>信息点个数</td><td></td><td>86 暗盒个数</td><td></td></tr>
<tr><td>检测项目</td><td colspan="4">检测记录</td></tr>
<tr><td>1．安装 86 暗盒</td><td colspan="2">□定位准确
□安装垂直、水平度到位</td><td colspan="2">□螺钉紧固、无松动
□底盒开口方向合理</td></tr>
<tr><td>2．剪管</td><td colspan="2">□长度合适</td><td colspan="2">□角度合理、无死角</td></tr>
<tr><td>3．敷设 PVC 管</td><td colspan="2">□安装位置准确
□布局合理</td><td colspan="2">□稳固</td></tr>
<tr><td>4．敷设线缆</td><td colspan="2">□符合布放缆线工艺要求
□预留合理</td><td colspan="2">□线标准确
□缆线走向正确</td></tr>
<tr><td>5．端接信息点模块</td><td colspan="2">□线序正确</td><td colspan="2">□符合工艺要求</td></tr>
<tr><td>6．安装信息点面板</td><td colspan="2">□安装位置正确</td><td colspan="2">□螺钉紧固</td></tr>
<tr><td>8．安装配线架</td><td colspan="2">□安装位置正确
□螺钉紧固</td><td colspan="2">□标志齐全
□安装符合工艺要求</td></tr>
<tr><td>9．端接配线架</td><td colspan="2">□线序正确
□线缆排列合理</td><td colspan="2">□线标与配线架端口对应</td></tr>
<tr><td>完成时间</td><td colspan="4"></td></tr>
<tr><td>施工过程中遇到的问题及解决方案</td><td colspan="4"></td></tr>
</table>

考核评价表

班级：__________　　姓名：__________　　日期：__________

<table>
<tr><th colspan="5">工作任务2——活动二、三、四</th></tr>
<tr><th colspan="5">评　价　标　准</th></tr>
<tr><td rowspan="2">考核内容</td><td colspan="4">考核等级</td></tr>
<tr><td>优秀</td><td>良好</td><td>合格</td><td>不合格</td></tr>
<tr><td>管槽敷设检查记录</td><td>记录准确、清楚、完整</td><td>记录准确，较清楚、完整</td><td>记录基本准确，较清楚、完整</td><td>记录不准确，或不完整</td></tr>
<tr><td>双绞线敷设检查记录</td><td>记录准确、清楚、完整</td><td>记录准确、清楚、完整</td><td>记录准确，较清楚、完整</td><td>记录不准确，不清楚、不完整</td></tr>
<tr><td>双绞线端接检查记录</td><td>记录准确、清楚、完整</td><td>记录准确，较清楚、完整</td><td>记录基本准确，较清楚、完整</td><td>记录不准确，或不完整</td></tr>
<tr><td>工作过程</td><td>工作过程完全符合行业规范，成本意识高</td><td>工作过程符合行业规范</td><td>工作过程基本符合行业规范</td><td>工作过程不符合行业规范</td></tr>
<tr><th colspan="5">成　绩　评　定</th></tr>
<tr><td colspan="5">评定</td></tr>
<tr><td>自评</td><td></td><td></td><td colspan="2"></td></tr>
<tr><td>互评</td><td></td><td></td><td colspan="2"></td></tr>
<tr><td>师评</td><td></td><td></td><td colspan="2"></td></tr>
<tr><td colspan="5">反思：</td></tr>
</table>

活动五　链路连通性测试与敷设验收

学习情境

1．根据现场施工情况，测试线缆连通性，完成局域网布线。

2．单间办公局域网网络布线工程完成，需进行验收。

学习方式

1．根据编号统计表测试每根线缆连通性。

2．学生根据前面的检查记录，分组重新检查前期各种记录单中的所有问题是否已解决，按模板填写网络布线工程验收报告。

工作流程

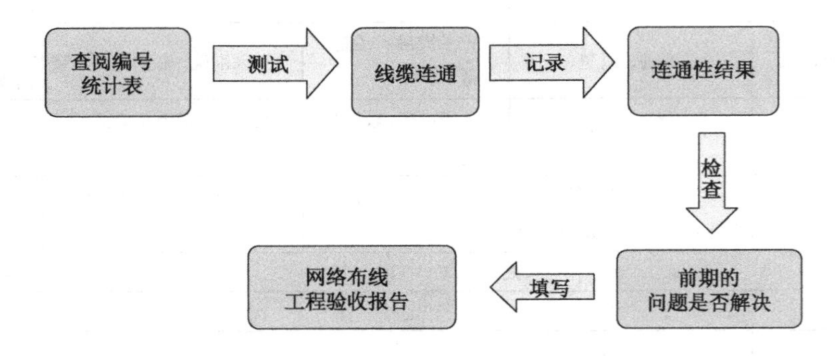

操作内容

1．依据编号统计表选择需要测试的线缆。

2．测试线缆连通性。

3．记录线缆连通性测试结果。

4．根据前面的检查记录，分组重新检查前期各种记录单中的所有问题是否已解决，并做记录。

5．按模板填写网络布线工程验收报告。

知识解析

测试工具使用方法

将双绞线的两个接头插入测线器的两个 RJ-45 接口中，打开测线器的开关，观察其面板上表示线对对应的指示灯闪烁情况，如图 1-1-48 所示。通常有 8 对指示灯，分别对应线缆两端的 8 对线芯。如绿灯顺序亮起，则表示线对连接正常，线缆制作成功；如果某个绿灯始终不亮，则表示有某一对没有连通，需要重新按压 RJ-45 接头。测试时不仅要保证每个对应的绿灯都亮，还要保证绿灯亮的顺序正确。

线缆测试连通性时，灯亮的顺序为 1-1、2-2、3-3、4-4、5-5、6-6、7-7、8-8，如图 1-1-49 所示。

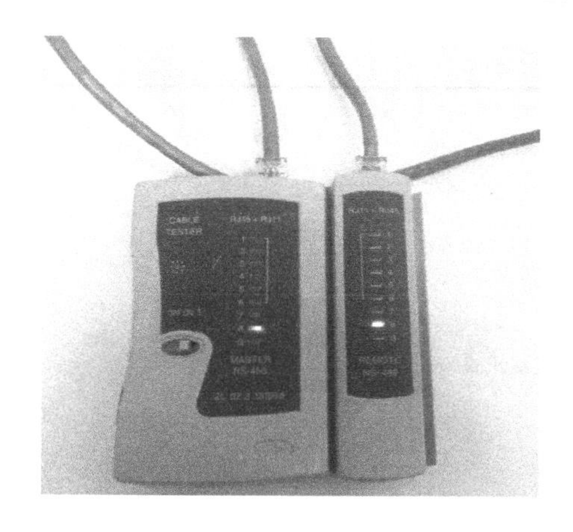

图 1-1-48　测试灯对应顺序

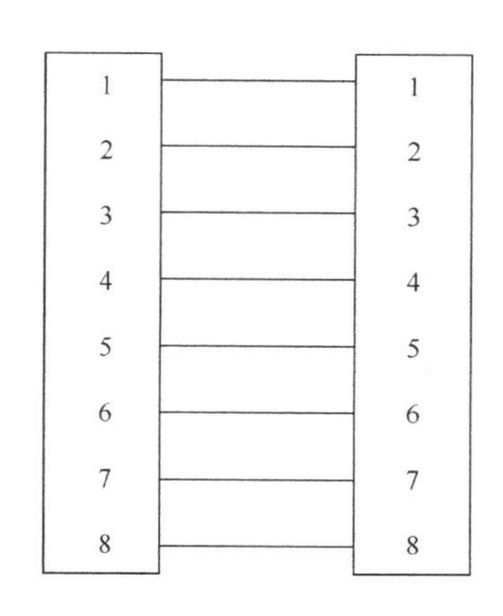

图 1-1-49　测试顺序

[工作任务单]

线缆连通性统计表

序号	线缆编号	连通情况	备注

工程阶段性测试验收（初验、终验）报审表

工程名称		文档编号：
致：______________________（监理单位） 我方已按要求完成了________________________工程，经自检合格，请予以初验（终验）。 附录：工程阶段性测试验收（初验、终验）方案 承建单位（盖章） 项　目　经　理______________ 日　　　　期______________		

续表

审查意见： 经初步验收，该工程 1．符合/不符合我国现行法律、法规要求； 2．符合/不符合我国现行工程建设标准； 3．符合/不符合设计方案要求； 4．符合/不符合承建合同要求。 综上所述，该工程初步验收合格/不合格，可以/不可以组织正式验收。 监理单位　　　　　　　　业主单位 确认人：________　　　　确认人：________ 日　期：________　　　　日　期：________

考核评价表

班级：________　　　　姓名：________　　　　日期：________

工作任务 2——活动五　链路连通性测试与敷设验收				
评　价　标　准				
考核内容	考核等级			
	优秀	良好	合格	不合格
网络布线工程验收报告	测试报告准确、清楚、完整	测试报告基本准确、清楚、完整	测试报告基本准确，较清楚、完整	测试报告不准确、不清楚、不完整
工作过程	工作过程完全符合行业规范，成本意识高	工作过程符合行业规范	工作过程基本符合行业规范	工作过程不符合行业规范
成　绩　评　定				
评定				
自评				
互评				
师评				

续表

反思：

综合实训　单间办公室网络布线

一、实训要求

利用实验室仿真墙构建单间办公室局域网络，采用明管的方式敷设线缆，并安装机柜和端接模块、配线架。

二、实训耗材及工具

CAT5e 模块、86 底盒、信息面板、CAT5e 双绞线、PVC 管、弯头、三通、直通、管卡、盒接、剥线工具、打线工具、剪管钳、十字改锥、螺钉、卷尺，如图 1-1-50 所示。

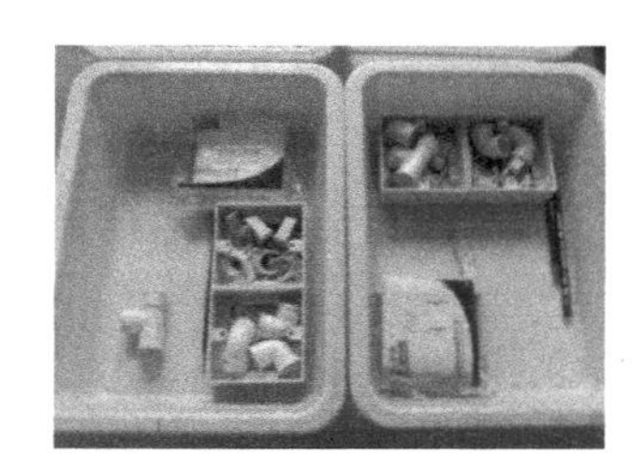

图 1-1-50　实训耗材及工具

三、实训操作步骤

实训操作步骤如图 1-1-51～图 1-1-55 所示。

1．模块端接。

2．单间办公室网络布线工作过程。

（1）固定信息点位置。

（2）安装壁挂式机柜。

使用螺钉固定机柜于仿真墙墙壁上。

3．敷设明管。

确定机柜和信息点的安装位置，再测量决定明管长度。

图 1-1-51　实训操作

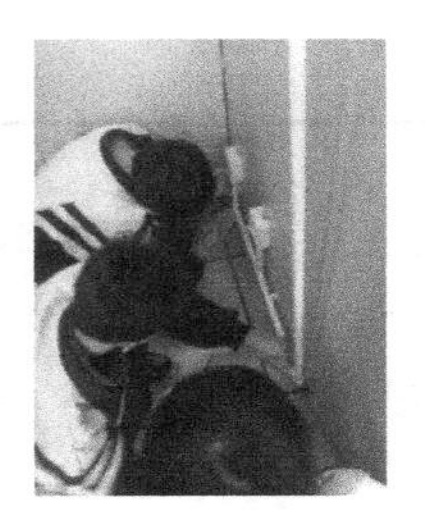

图 1-1-52　小组合作

图 1-1-53　实训布线成果

图 1-1-54　安装机柜配线架

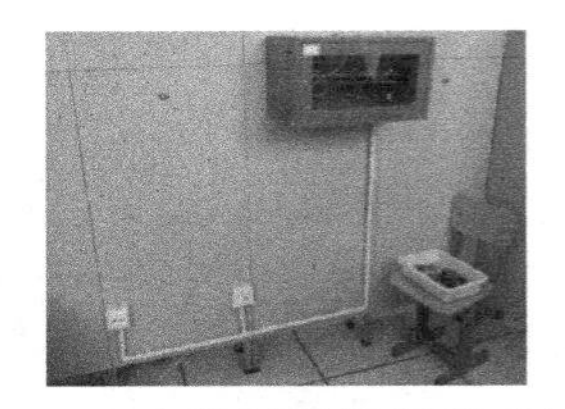

图 1-1-55　安装好的机柜配线架

4．穿线——敷设双绞线。

测长度，信息点预留 10cm，机柜内预留 1.5m。

5．端接（安装）信息点模块。

双绞线敷设完毕后，进行一端双绞线模块的端接 T568B。

6．安装机柜配线架。

掌握正确安装配线架的方法，掌握正确端接配线架的方法：双绞线理线向内。

7．测试线缆连通性。

制作网络跳线。用 T568B 线序制作双绞线，并且测试连通性。

布线测试。用测线仪测试连通性。

8．安装信息点面板。

注意：

模块的端口与面板的接口位置要吻合，切勿用蛮力安装。

工作任务 3　单间办公局域网设备调试与监管

任务描述

根据单间办公局域网实现功能，完成设备功能选型，规划机柜布局完成网络设备上架，根据实施任务，完成二层交换设备的基本配置与调试，最终完成设备联调验收。

活动一　设备功能选型与开箱验收

学习情境

网络布线工程验收完毕，依据标书中对单间办公局域网实现功能的要求，进行网络设备功能选型，并监管网络设备的开箱验收。

学习方式

学生分组根据标书中单间办公局域网实现功能要求，完成设备功能选型。根据模板，书写设备开箱验收记录。

工作流程

操作内容

1．阅读标书，找出单间办公局域的网络功能和设备要求，正确识读标书内关键部分——技术偏离表。

2．按实现功能要求，完成设备功能选型。

3．核对装箱单，根据装箱单的清单检查附件是否完备。

4．根据模板，书写设备开箱检验记录文档。

5．设备核对完毕后填写甲乙双方签收单。

知识解析

一、网络设备选择

网络的分类把网络设备分为两大类来选择。

1．局域网设备：目前局域网主要指以太网，设备主要是以太网交换机为主。

2．广域网设备：企业网广域网主要是指窄带网络，如 DDN、X25、帧中继等，设备主要以路由器为主。

网络的分层设备也根据网络各层的特点来选择，对网络不同的层次采用不同档次的设备，局域网、广域网同样如此。

1．核心层设备选择

核心层的设备是网络所有流量的最终承受者和汇聚者，对设备的性能要求很高；可靠性和高速是设备选择的关键，一般情况下，核心层设备应该占投资的主要部分。

2．汇聚层设备选择

汇聚层的设备连接核心层和接入层，部署各种策略，是连接本地的逻辑中心，仍需要较高的性能和比较丰富的功能。

3．接入层设备选择

接入层使用性能价格比高的设备。该层是最终用户与网络的接口，应该提供即插即用的特性，同时应该便于管理和维护，端口密度、性价比，端口类型也需要考虑。

在明确了网络的分类和分层以后，在都满足网络的选择依据的前提下，对网络设备的选择遵循以下原则：用户需求及资金投入，要保证网络设备的性价比，一个好的网络，不一定是用最昂贵的设备搭建，用最能够满足单一模块需求的设备，应当是好的设计思路。

网络设备选择的依据如下。

（1）设备档次：每一个设备在研发设计时，都会有一定的针对目的性，再加上产品的设计定位和应用场合的定位，这就确定了设备的档次；

（2）接口类型、数量：每一个设备的接口类型和数量都是有限制的，被选择的设备一定要能满足接口类型和数量的需求；

（3）可靠性要求：对于很多网络设计，可靠性会对网络设备的冗余性有一定的要求，为了保证网络的安全可靠，一定要选择能够满足网络可靠性要求的设备；

（4）业务类型：有很多网络业务需要特殊的业务模式，例如，VOD 需要组播的支持，选择的网络设备一定要具有组播的功能。

如图 1-1-56 所示的网络设备选择的流程如下：

选择网络的设备首先根据需求分析得出用户的应用类型，根据应用类型选择带宽和流量能够满足要求的设备（如果有特殊的要求也应当满足），其次选择设备的接口类型是否满足要求，并满足根据网络流量的分析得出的对各层设备的性能要求；通过以上的步骤最终完成设备的选择。

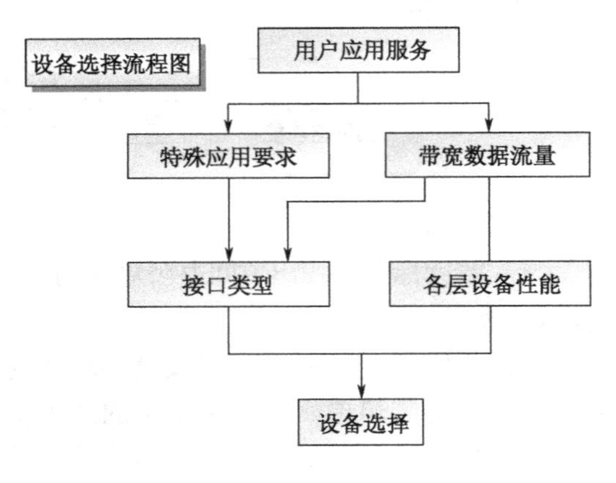

图 1-1-56　网络设备选择流程

二、常用网络设备

1．二层交换机

属于工作在数据链路层的设备。它通过判断数据帧的目的 MAC 地址，从而将帧从适合的端口发送出去，实现数据帧的单点转发。交换机的冲突域仅局限于交换机的一个端口上。一般而言，连接在同一台交换机的网络设备同属于一个局域网。这是小规模局域网最简单的搭建方法，随着公司规模的壮大，连接到同一个局域网的用户过多，会导致网络速率大大降低，网络带宽会被大量的广播报文占用。为了降低广播报文在网络中的比例，提高网络带宽利用率，需要在二层交换机上采用 VLAN 技术，将同一局域网上的用户在逻辑上分成了多个虚拟局域网（VLAN），只有同一 VLAN 的用户才能相互通信，不同 VLAN 的网络设备不能通信，通常我们将相同部门的员工划分到同一个 VLAN 中。

2．三层交换机

三层交换机又称为路由交换机，属于工作在网络层的设备，它综合实现了路由和二层交换的功能，从而实现了不同 VLAN 之间的相互通信。通过存在于三层交换机的路由软件模块，实现三层路由转发，即不同 VLAN 之间的通信；而交换机相当于二层交换模块，它实现同一 VLAN 内数据帧的二层快速转发。用户设置的默认网关就是三层交换机中虚拟 VLAN 接口的 IP 地址。在企业中，相同部门的员工联系较多，但有时也需要不同部门的员工之间联系，仅靠二层交换机无法实现不同 VLAN 间的通信，此时，为了降低网络成本，只需增加三层交换机就可以完成。

3．路由器

属于工作在网络层的网络设备，它的主要作用是为收到的报文寻找正确的路径，并把它们转发出去。换言之，路由器就是从一个网络向另一个网络传递数据包。路由器作为一种重要的网络设备，必须具备以下几个方面。

① 两个或两个以上的接口（用于连接不同的网络，需要支持丰富的广域网接口）。

② 协议至少实现到网络层。

③ 至少支持两种以上的网络和链路协议（异种网）。

④ 具有存储、转发、寻径的功能。

当企业员工需要通过外网获取信息时，就需要增加新的网络设备——路由器，通过路由器与网络运营商连接，从而可以连接 Internet。

[工作任务单]

单间办公局域网工具及设备清单

序　号	类型名称	设备及工具名称	规格型号	数　量
1	交换机	核心交换机		
		三层交换机		
		二层交换机		
2	路由器			
3	交换机机架			
4	环境制冷	空调		

设备开箱检验记录文档

<table>
<tr><td colspan="4">设备开箱检验记录</td><td>编　号</td><td colspan="2"></td></tr>
<tr><td colspan="2">设备名称</td><td colspan="2"></td><td>检查日期</td><td colspan="2"></td></tr>
<tr><td colspan="2">规格型号</td><td colspan="2"></td><td>总数量</td><td colspan="2"></td></tr>
<tr><td colspan="2">装箱单号</td><td colspan="2"></td><td>检验数量</td><td colspan="2"></td></tr>
<tr><td rowspan="5">检验记录</td><td>包装情况</td><td colspan="5"></td></tr>
<tr><td>随机文件</td><td colspan="5"></td></tr>
<tr><td>备件与附件</td><td colspan="5"></td></tr>
<tr><td>外观情况</td><td colspan="5"></td></tr>
<tr><td>测试情况</td><td colspan="5"></td></tr>
<tr><td rowspan="9">检验结果</td><td colspan="6">缺、损附备件明细表</td></tr>
<tr><td>序号</td><td>名称</td><td>规格</td><td>单位</td><td>数量</td><td>备注</td></tr>
<tr><td></td><td></td><td></td><td></td><td></td><td></td></tr>
<tr><td></td><td></td><td></td><td></td><td></td><td></td></tr>
<tr><td></td><td></td><td></td><td></td><td></td><td></td></tr>
<tr><td></td><td></td><td></td><td></td><td></td><td></td></tr>
<tr><td></td><td></td><td></td><td></td><td></td><td></td></tr>
<tr><td></td><td></td><td></td><td></td><td></td><td></td></tr>
<tr><td></td><td></td><td></td><td></td><td></td><td></td></tr>
<tr><td colspan="7">结论</td></tr>
<tr><td colspan="7"></td></tr>
<tr><td rowspan="2">签字栏</td><td colspan="2">建设（监理）单位</td><td colspan="2">施工单位</td><td colspan="2">供应单位</td></tr>
<tr><td colspan="2"></td><td colspan="2"></td><td colspan="2"></td></tr>
</table>

考核评价表

班级：________　　姓名：________　　日期：________

工作任务 3——活动一　设备功能选型与开箱验收				
评　价　标　准				
考核内容	考核等级			
	优秀	良好	合格	不合格
设备清单	文档准确、详细	文档准确、较详细	文档基本准确、较详细	文档不准确
设备开箱检验记录文档	文档准确、详细	文档准确、较详细	文档基本准确、较详细	文档不准确
工作过程	工作过程完全符合行业规范，成本意识高	工作过程符合行业规范	工作过程基本符合行业规范	工作过程不符合行业规范
成　绩　评　定				
评定				
自评				
互评				
师评				

反思：

活动二　设备上架

学习情境

在实现单间办公局域网中，网络设备开箱验收后，按机柜规划，完成设备上架。

学习方式

通过观看视频、设备安装使用说明书，使学生了解单间办公局域网中网络设备上架的安装工艺，学生分组完成网络设备上架并规划机柜布局。

工作流程

操作内容

1．详细阅读所用型号网络设备的硬件安装手册。

2．规划机柜布局。

3．完成设备上架。

知识解析

一、在机架上安装交换机

1．在安装交换机之前首先请检查如下事项。

◆ 温度。标准机柜的温度可能高于平均室温，所以在安装之前请检查标准机柜的温度是否在适宜温度之内。

◆ 机械负重。在已经安装的设备上面不要放置任何物品。

◆ 电路负载。在安装之前确定电路没有过载。

◆ 接地。安装的设备必须适当的接地。

2．DCS-3950系列可堆叠智能安全以太网接入交换机可以安装于标准的19 in机架内。请按照如下步骤安装交换机。

第一步：使用机架安装螺钉将机械角铁固定在交换机上，如图1-1-57所示。

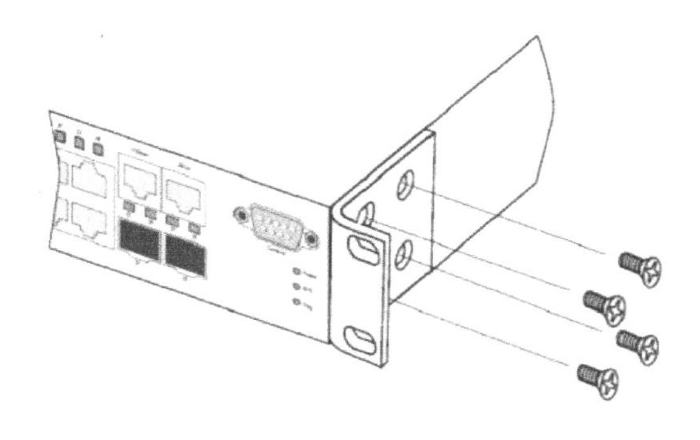

图1-1-57　机械角铁固定在交换机

第二步：将交换机安装到标准机柜上，如图 1-1-58 所示。

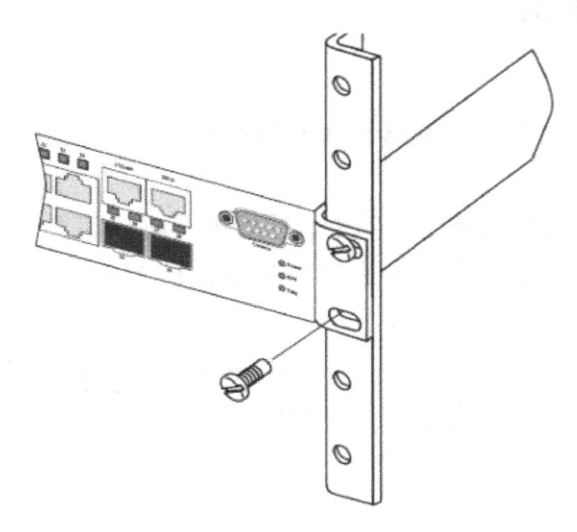

图 1-1-58　交换机安装到标准机柜

第三步：用包装箱内附带的机架安装螺钉将专用机架角铁牢固的安装到交换机的两侧。

第四步：将交换机置于标准 19 in 机架内，再使用螺钉将交换机牢固的固定在机架中的合适位置，并且在交换机与周围物体间留有足够的通风空间，如图 1-1-59 所示。

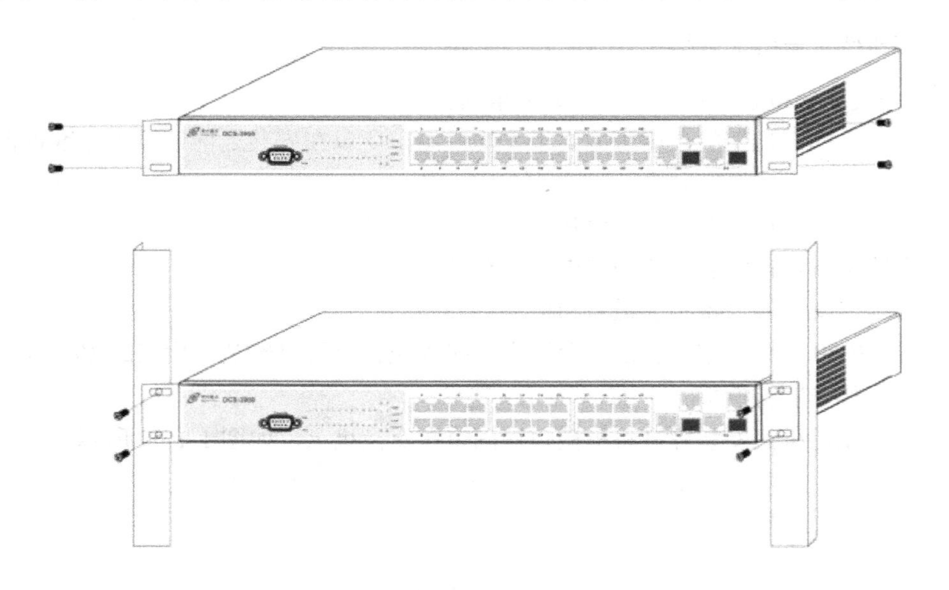

图 1-1-59　DCS-3950 系列交换机在机架上安装

注意：

交换机的角铁起的是固定作用，不能用来承重，建议在交换机底部安装机架托板，并且不要在交换机上放置重物，也不要让其他设备或物体遮挡住交换机的通风孔，以免损坏交换机或影响交换机正常工作。

3．Console 线缆连接

DCS-3950 系列可堆叠智能安全以太网接入交换机提供了一个 DB-9 接口的异步串行

Console 配置口，如图 1-1-60 所示。请按照以下步骤连接 Console 线缆。

第一步　将包装箱中附带的 Console 线缆一端连接到交换机的 Console 端口中，如图 1-1-61 所示。

第二步　将 Console 另一端连接到一台字符终端（通常是计算机）上。

第三步　在交换机和字符终端都通电后，通过字符终端可以与交换机建立管理配置连接。

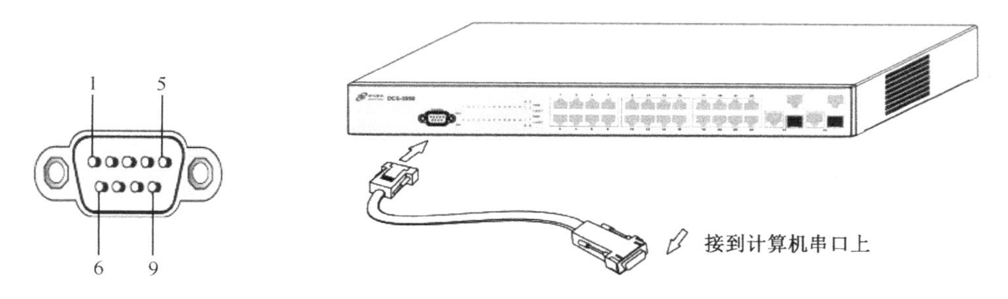

图 1-1-60　DB-9 串口　　　图 1-1-61　Console 线缆连接到 DCS-3950 系列交换机

4．电源线连接

DCS-3950 系列可堆叠智能安全以太网接入交换机的电源规格是 100～240V AC，50～60Hz，可以适应一定范围内的电压浮动，如图 1-1-62 所示。

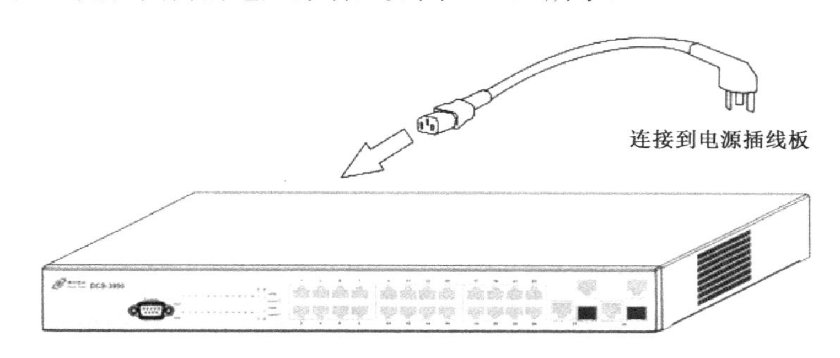

图 1-1-62　电源线连接到 DCS-3950 系列交换机

二、设备安装环境要求

◆ 交换机必须工作在清洁的环境中，应保持无灰尘堆积，以避免静电吸附而导致器件损坏。
◆ 交换机必须工作在室内环境温度 0～50℃、湿度 5%～95%无凝结的环境中。
◆ 交换机必须置于干燥阴凉处，四周都应留有足够的散热间隙，以便通风散热。
◆ 交换机必须工作在 176～264V AC（50Hz）的供电范围内。
◆ 交换机必须有效接地，以避免静电损坏交换机和漏电造成人身伤害。
◆ 交换机必须避免阳光直射，远离热源和强电磁干扰源。
◆ 交换机必须可靠的、稳固的安装到桌面上或标准 19 in 机架上。

三、机架配置

交换机的尺寸是按照 19 in 标准机柜设计的，整体尺寸大小为宽×高×深=440mm × 44mm × 230mm。至于通风散热，请注意如下情况。

1．机架上每一台设备工作时都会发热，因此封闭的机架必须有散热口和冷却风扇，而且设备不能放得太密集，以确保通风散热良好。

2．在开放的机架上安装交换机时，注意机架的框架不要挡住交换机两侧的通风孔。在安装好交换机后要仔细检查交换机的安装状态，防止上述情况发生。

3．请确保已经为安装在机架底部的设备提供有效的通风措施。

4．隔板帮助分开废气和吸入的空气，同时帮助冷空气在箱内流动，隔板的最佳位置取决于机架内的气流形式。

注意：

如果没有 19 in 标准机柜，那么就需要将交换机安装在平稳的、干净的桌面上，同时四周要留出 10mm 的散热空间，同时不要在交换机上面放置重物。

四、安装操作提示

在安装开始前，先仔细阅读使用手册中的相关章节；然后，准备好安装所需的材料、工具和相关用品；同时，准备好适合的安装场地，以便安装调试。

在安装过程中，必须使用包装箱内附带的专用机架安装角铁和螺钉；必须使用合适的安装工具，保证安装稳固、可靠；必须穿着合身的防静电服装和佩戴防静电手环、手套，以免损坏交换机；必须使用合格的、规格正确的线缆和接头，并按标准制作线缆；必须注意安装环境存在的潜在危险，做好防护措施，避免意外伤害。

在安装完成后，注意清理安装现场，保持干净、整洁；注意在交换机通电前将交换机进行有效的接地；要定期对所安装的交换机进行维护，以延长交换机的使用寿命。

五、安装工具及材料

所需准备的设备安装工具清单：十字螺丝刀、一字螺丝刀、防静电腕带、防静电服。

考核评价表

班级：＿＿＿＿＿　　姓名：＿＿＿＿＿　　日期：＿＿＿＿＿＿

工作任务 3——活动二　设备上架				
评　价　标　准				
考核内容	考核等级			
	优秀	良好	合格	不合格
规划机柜布局	布局合理、最佳位置、便于升级维护	布局合理、通风散热良好、便于升级维护	布局基本合理	布局不合理
设备上架	工作过程完全符合行业规范，成本意识高	工作过程符合行业规范	工作过程基本符合行业规范	工作过程不符合行业规范

续表

成　绩　评　定			
评定			
自评			
互评			
师评			
反思：			

活动三　设备配置与调试

学习情境

设备已经安装上架，现在要按单间办公局域网的功能实现要求，完成设备的配置与调试。单间办公局域网主要采用交换机管理。

学习方式

学生分组，根据实施任务，完成设备的基本配置与调试。掌握实现二层交换的技术。

工作流程

操作内容

1．按单间办公局域网的功能实现要求，完成设备的配置。

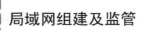

2．按单间办公局域网的功能实现要求，完成设备的调试。

[实训任务]

实训 1　认识二层交换机，了解交换机带外管理方式

一、应用场景

通过 Console 端口管理是最常用的带外管理方式，通常用户会在首次配置交换机或者无法进行带内管理时使用带外管理方式。带外管理方式也是使用频率最高的管理方式。带外管理的时候，我们可以采用 Windows 操作系统自带的超级终端程序来连接交换机，当然，用户也可以采用自己熟悉的终端程序。

Console 端口：又称为配置口，用于接入交换机内部对交换机作配置；Console 线：交换机包装箱中标配线缆，用于连接 Console 端口和配置终端。

二、实训设备

1．DCS-5650 交换机 1 台（SoftWare Version is DCRS-5650-28_5.2.1.0）。
2．PC 1 台。
3．交换机 Console 线 1 根。

三、实训拓扑

将 PC 的串口和交换机的 Console 端口用 Console 线连接，如图 1-1-63 所示。

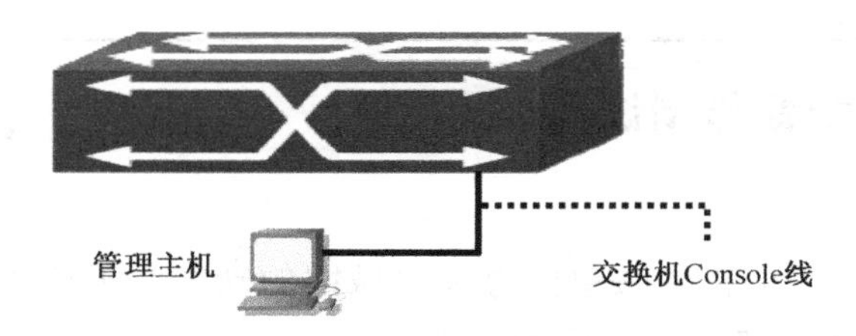

图 1-1-63　实训拓扑

四、实训要求

1．正确认识交换机上各端口名称。
2．熟练掌握使用交换机 Console 线连接交换机的 Console 端口和 PC 的串口。
3．熟练掌握使用超级终端进入交换机的配置界面。

五、实训步骤

第一步：认识交换机的端口，如图 1-1-64 所示。

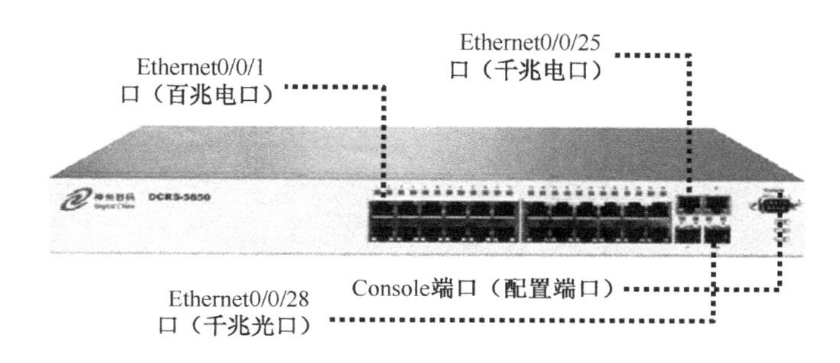

图 1-1-64　交换机端口示意图

Ethernet0/0/1 中的第一个 0 表示堆叠中的第一台交换机，如果是 1，就表示第 2 台交换机；第 2 个 0 表示交换机上的第 1 个模块（实训室用 DCRS-5650-28 交换机没有可扩展模块），最后的 1 表示当前模块上的第 1 个网络端口。

Ethernet0/0/1 表示用户使用的是堆叠中第一台交换机网络端口模块上的第一个网络端口。

默认情况下，如果不存在堆叠，交换机总会认为自己是第 0 台交换机。

第二步：连接 Console 线。

插拔 Console 线时注意保护交换机的 Console 端口和 PC 的串口，不要带电插拔。

第三步：使用超级终端连入交换机。

1．打开 Windows 系统，单击“开始”→“程序”→“附件”→“通信”→“超级终端”命令。

2．为建立的超级终端连接取名字：单击后出现如图 1-1-65 所示的界面，输入新建连接的名称，系统会为用户把这个连接保存在附件中的通信栏中，以便用户的下次使用。单击“确定”按钮。

3．选择所使用的端口号：第一行的“DCRS-5650”是上一个对话框中填入的“名称”，最后一行的“连接时使用”的默认设置是连接在“COM1”端口上，单击下拉菜单，有其他的选项，视用户实际连接的端口而定，如图 1-1-66 所示。

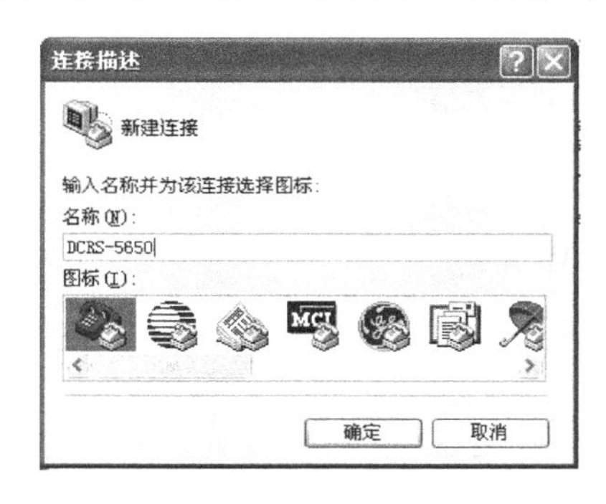

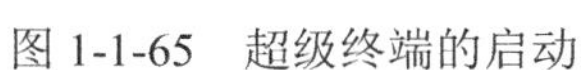
图 1-1-65　超级终端的启动

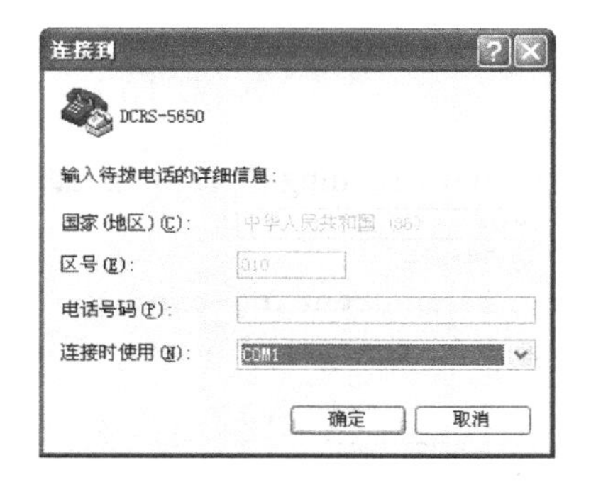

图 1-1-66　选择串行接口

4．设置端口属性如图 1-1-67 所示：单击右下方的“还原默认值”按钮，波特率为 9600，数据位 8，奇偶校验“无”，停止位 1，数据流控制“无”。

5．如果 PC 串口与交换机的 Console 端口连接正确，只要在超级终端中按下 Enter 键，将会看到如图 1-1-68 所示的界面，表示已经进入了交换机，此时已经可以对交换机输入指令进行查看。

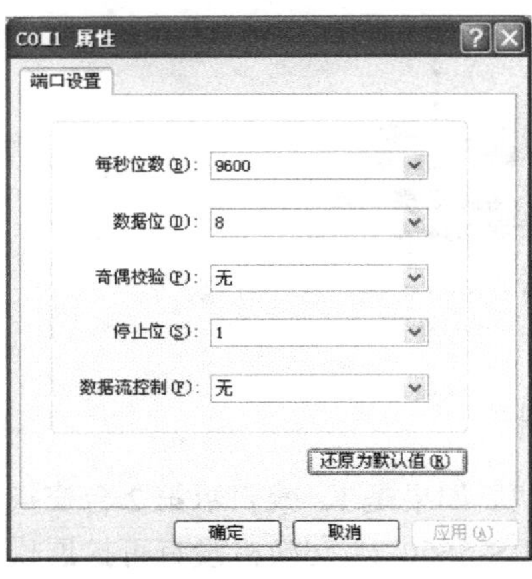

图 1-1-67　设置串口属性

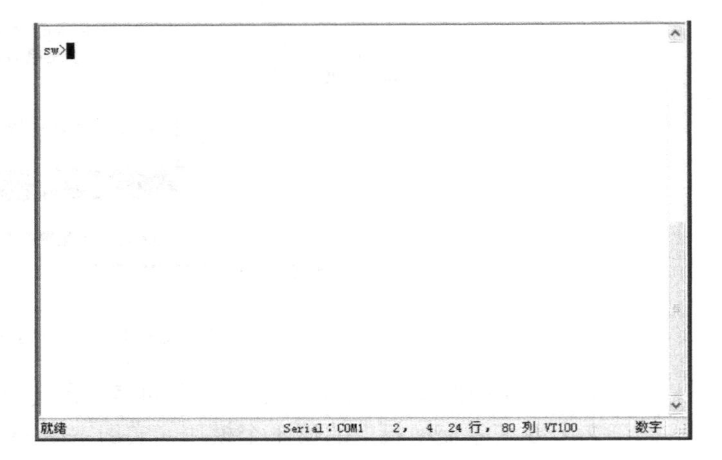

图 1-1-68　交换机 CLI 界面

6．此时，用户已经成功进入交换机的配置界面，可以对交换机进行必要的配置。Show version 可以查看交换机的软硬件版本信息，如图 1-1-69 所示。

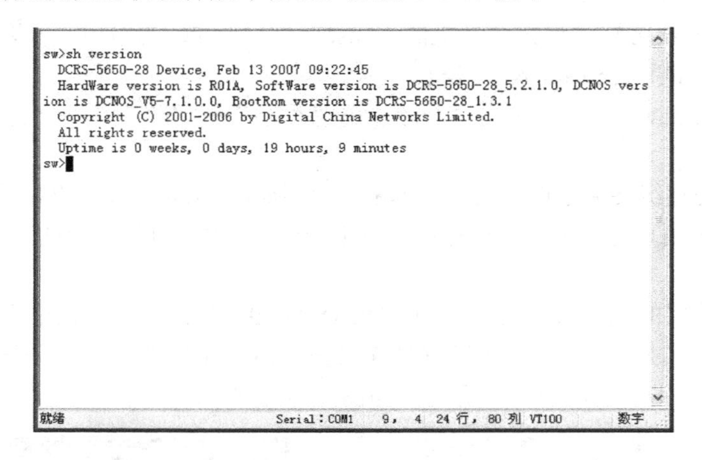

图 1-1-69　查看交换机的版本信息

7．使用 show running 查看当前配置。

```
Switch>enable                        !进入特权配置模式
switch#show running-config
Current configuration:
!
  hostname switch
!
Vlan 1
  vlan 1
!
!
Interface Ethernet0/0/1
!
Interface Ethernet0/0/2
```

```
!
Interface Ethernet0/0/3
!
Interface Ethernet0/0/4
!
Interface Ethernet0/0/5
!
Interface Ethernet0/0/6
!
Interface Ethernet0/0/7
!
Interface Ethernet0/0/8
!
Interface Ethernet0/0/9
…………
Interface Ethernet0/0/27
!
Interface Ethernet0/0/28
!
no login
!
end
switch#
```

六、思考与练习

1．现在有很多笔记本电脑上没有串口，应该怎么使用交换机的带外管理呢？

2．如果你的笔记本电脑上没有能连接Console线的串口，那么可以在计算机配件市场上购买一根USB转串口的线缆，在自己的计算机上安装该线缆的驱动程序，使用计算机的USB口对交换机进行带外管理。

七、相关知识链接

熟悉常用show 命令

show version　　显示交换机版本信息

show flash　　显示保存在Flash中的文件及大小

show arp　　显示ARP映射表

show history　　显示用户最近输入的历史命令

show rom　　显示启动文件及大小

show running-config　　显示当前运行状态下生效的交换机参数配置

show startup-config　　显示当前运行状态下写在Flash Memory中的交换机参数配置，通常也是交换机下次上电启动时所用的配置文件

show switchport interface　　显示交换机端口的VLAN端口模式和所属VLAN号及交换机端口信息

show interface ethernet 0/0/1　　显示指定交换机端口的信息

实训 2　交换机的配置模式

一、应用场景

CLI 界面又称为命令行界面，和图形界面（GUI）相对应。CLI 的全称是 command line interface，它由 Shell 程序提供，它是由一系列的配置命令组成的，根据这些命令在配置管理交换机时所起的作用不同，Shell 将这些命令分类，不同类别的命令对应着不同的配置模式。

二、实训设备

1．DCRS-5650 交换机 1 台（SoftWare Version is DCRS-5650-28_5.2.1.0）。
2．PC 1 台。
3．Console 线 1 根。

三、实训拓扑

实训拓扑如图 1-1-70 所示。

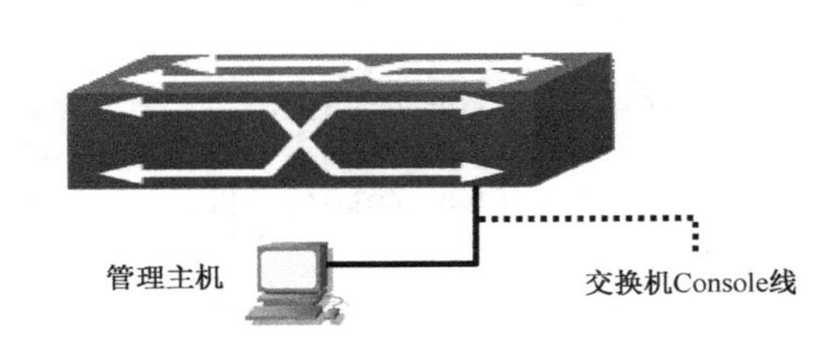

图 1-1-70　实训拓扑

四、实训要求

1．熟悉一般用户配置模式。
2．熟悉特权用户配置模式。
3．了解全局配置模式。
4．了解接口配置模式。
5．了解 VLAN 配置模式。

五、实训步骤

第一步：一般用户配置模式的配置方法。

交换机启动，进入一般用户配置模式，又称为“>”模式。该模式的命令比较少，使用“？”命令如图 1-1-71 所示。

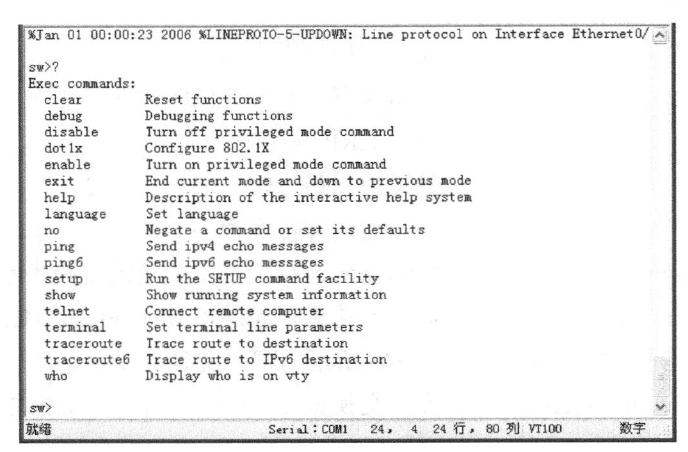

```
%Jan 01 00:00:23 2006 %LINEPROTO-5-UPDOWN: Line protocol on Interface Ethernet0/

sw>?
Exec commands:
  clear         Reset functions
  debug         Debugging functions
  disable       Turn off privileged mode command
  dot1x         Configure 802.1X
  enable        Turn on privileged mode command
  exit          End current mode and down to previous mode
  help          Description of the interactive help system
  language      Set language
  no            Negate a command or set its defaults
  ping          Send ipv4 echo messages
  ping6         Send ipv6 echo messages
  setup         Run the SETUP command facility
  show          Show running system information
  telnet        Connect remote computer
  terminal      Set terminal line parameters
  traceroute    Trace route to destination
  traceroute6   Trace route to IPv6 destination
  who           Display who is on vty

sw>
就绪                Serial：COM1   24，  4  24 行，80 列 VT100      数字
```

图 1-1-71　用户配置模式

说明在该模式下，只有这些命令可以使用。

第二步：特权用户配置模式的配置方法，如图 1-1-72 所示。

在一般用户配置模式下键入“enable”进入特权用户配置模式。

特权用户配置模式的提示符为“#”，所以又称为“#”模式。

```
sw>enable
sw#?
Exec commands:
  clear         Reset functions
  clock         Set clock
  cluster       Cluster Exec mode subcommands
  config        Enter configuration mode
  copy          Copy file
  debug         Debugging functions
  disable       Turn off privileged mode command
  dot1x         Configure 802.1X
  enable        Turn on privileged mode command
  exit          End current mode and down to previous mode
  help          Description of the interactive help system
  language      Set language
  no            Negate a command or set its defaults
  ping          Send ipv4 echo messages
  ping6         Send ipv6 echo messages
  rcommand      Run command on remote switch
  reload        Reboot switch
  set           Set
  setup         Run the SETUP command facility
  show          Show running system information
  telnet        Connect remote computer
  terminal      Set terminal line parameters
  test          Debugging functions
  traceroute    Trace route to destination
  traceroute6   Trace route to IPv6 destination
  who           Display who is on vty
  write         Write running configuration to memory or terminal

sw#
就绪                    Serial：COM1    24， 4  24 行， 80 列 VT100       数字
```

图 1-1-72　帮助命令

在特权用户配置模式下，用户可以查询交换机配置信息、各个端口的连接情况、收发数据统计等。而且进入特权用户配置模式后，可以进入到全局模式对交换机的各项配置进行修改，因此进行特权用户配置模式必须要设置特权用户口令，防止非特权用户的非法使用，对交换机配置进行恶意修改，造成不必要的损失。

第三步：全局配置模式的配置方法。

在特权模式下输入“config terminal”或者“config”就可以进入全局配置模式。

全局配置模式又称为“config”模式。

```
switch#config terminal
switch(Config)#
```

第四步：接口配置模式的配置方法。

```
switch(Config)#interface ethernet 0/0/1
switch(Config-Ethernet0/0/1)#        ！已经进入以太端口 0/0/1 的接口
switch(Config)#interface vlan 1
switch(Config-If-Vlan1)#            ！已经进入 VLAN1 的接口，也就是 CPU 的接口
```

第五步：VLAN 配置模式的配置方法。

```
switch(Config)#vlan 100
switch(Config-Vlan100)#
```

验证配置：

```
switch(Config-Vlan100)#exit
switch(Config)#exit
switch#show vlan
VLAN Name         Type       Media     Ports
---- ------- ---------- ------ ----------------- -----------------
1    default      Static     ENET     Ethernet0/0/1         Ethernet0/0/2
                                      Ethernet0/0/3         Ethernet0/0/4
                                      Ethernet0/0/5         Ethernet0/0/6
                                      Ethernet0/0/7         Ethernet0/0/8
                                      Ethernet0/0/9         Ethernet0/0/10
                                      Ethernet0/0/11        Ethernet0/0/12
                                      Ethernet0/0/13        Ethernet0/0/14
                                      Ethernet0/0/15        Ethernet0/0/16
                                      Ethernet0/0/17        Ethernet0/0/18
                                      Ethernet0/0/19        Ethernet0/0/20
                                      Ethernet0/0/21        Ethernet0/0/22
                                      Ethernet0/0/23        Ethernet0/0/24
100  VLAN0100     Static     ENET
switch#
```

可以看到，已经新增了一个“VLAN100”的信息。

第六步：设置特权用户口令，与取消 enable 密码。

在全局配置模式，用户可以对交换机进行全局性的配置，如对 MAC 地址表、端口镜像、创建 VLAN、启动 IGMP Snooping、GVRP、STP 等。用户在全局模式还可通过命令进入到端口对各个端口进行配置。

下面在全局配置模式下设置特权用户口令：

```
switch>enable
switch#config terminal                    ！进入全局配置模式
switch(Config)# enable password 8 admin
switch(Config)#exit
switch#write
switch#
```

验证配置如下。

验证方法 1：重新进入交换机。

```
switch#exit                               ！退出特权用户配置模式
switch>
switch>enable                             ！进入特权用户配置模式
Password:*****
switch#
```

验证方法 2：show 命令来查看。

```
switch#show running-config
Current configuration:
!
   enable password 8 21232f297a57a5a743894a0e4a801fc3     !该行显示了已经为交换机配置了 enable 密码
   hostname switch
!
!
Vlan 1
   vlan 1
!
!
......                                                     !省略部分显示
```

如果不取消 enable 密码，下一批同学将没有办法做实训，因此，所有自己设定的密码都应该在实训完成之后取消，为后面实训的同学带来方便，这也是一个网络工程师基本的素质。

```
switch(Config)#no enable password
switch(Config)#
```

六、思考与练习

1．为什么 enable 密码在 show 命令显示的时候，不是出现配置的密码，而是一大堆不认识的字符。

2．当不能确定一个命令是否存在于某个配置模式下的时候，应该怎么查询？

3．进入各个配置模式，并退出。

4．设置特权用户配置模式的 enable 密码为“digitalchina”。

5．实训结束后，一定要取消 enable 密码。

七、相关知识链接

交换机的配置模式如图 1-1-73 所示。

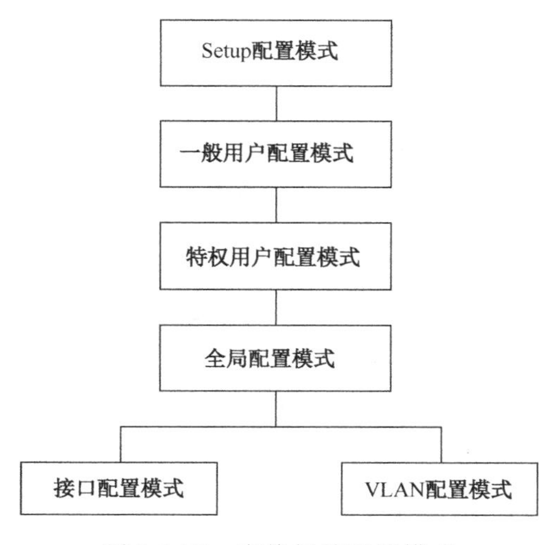

图 1-1-73　交换机的配置模式

交换机配置模式

1．Setup 配置模式

交换机出厂第一次启动的时候会自动进入 Setup 配置模式。

Setup 配置大多是以菜单的形式出现的，在 Setup 配置模式中可以做一些交换机最基本的配置，例如，修改交换机提示符、配置交换机 IP 地址、启动 Web 服务等。

更多情况下，为了配置更复杂的网络环境，我们经常直接跳出 Setup 模式，而使用命令行方式进行配置。用户从 Setup 配置模式退出后，进入到 CLI 配置界面。

Setup 模式所做的所有配置在 CLI 配置界面中都可以配置。

并不是所有的交换机都支持 Setup 配置模式。

2．一般用户配置模式

用户进入 CLI 界面，首先进入的就是一般用户配置模式，提示符为“Switch>”，符号“>”为一般用户配置模式的提示符。当用户从特权用户配置模式使用命令 exit 退出时，可以回到一般用户配置模式。

在一般用户配置模式下有很多限制，用户不能对交换机进行任何配置，只能查询交换机的时钟和交换机的版本信息。

所有的交换机都支持一般用户配置模式。

3．特权用户配置模式

在一般用户配置模式使用 enable 命令，如果已经配置了进入特权用户的口令，则输入相应的特权用户口令，即可进入特权用户配置模式“Switch#”。当用户从全局配置模式使用 exit 退出时，也可以回到特权用户配置模式。另外交换机提供 Ctrl+Z 的快捷键，使得交换机在任何配置模式（一般用户配置模式除外）下使用该快捷键都可以退回到特权用户配置模式。

所有的交换机都支持特权用户配置模式。

4．全局配置模式

进入特权用户配置模式后，只需使用命令 config，即可进入全局配置模式“Switch (Config) #”。当用户在其他配置模式，如接口配置模式、VLAN 配置模式时，可以使用命令 exit 退回到全局配置模式。

5．接口配置模式

在全局配置模式，使用命令 interface 就可以进入到相应的接口配置模式。交换机操作系统提供了两种端口类型：CPU 端口（二层交换机中，创建的 VLAN 接口的 VLAN 又称为管理 VLAN，管理 VLAN 接口将拥有 CPU 的 MAC 地址）和以太网端口，因此就有两种接口的配置模式，如下表所示。

接口类型	进入方式	提示符	可执行操作	退出方式
CPU 端口	在全局配置模式下，输入命令 interface vlan 1	Switch (Config-Vlan1) #	配置交换机的 IP 地址，设置管理 VLAN	使用 exit 命令即可退回全局配置模式
以太网端口	在全局配置模式下，输入命令 interface ethernet <interface-list>	Switch (Config-if<ethernetxx>)# Console(config-if)#	配置交换机提供的以太网接口的双工模式、速率、广播抑制等	使用 exit 命令即可退回全局配置模式

6．VLAN 配置模式

在全局配置模式，使用命令 VLAN <vlan-id>就可以进入到相应的 VLAN 配置模式。在DCRS-5650 中输入所需创建的 VLAN 号，即可进入此 VLAN 的配置模式。

在 VLAN 配置模式，用户可以配置本 VLAN 的成员及各种属性。

交换机 CLI 界面调试技巧

◆ ？的使用。

```
switch#show v?                        ！查看 v 开头的命令
  version  System hardware and software status
  vlan     VLAN information
  vrrp     VRRP information           ！有 show version、show vlan 和 show vrrp
switch#show version                   ！查看交换机版本信息
```

◆ 查看错误信息。

```
switch#show v                         ！直接输入 show v ，按 Enter 键
% Ambiguous command:  "sh v"          ！据已有输入可以产生至少两种不同的解释
switch#
switch#show valn                      ！show vlan 写成了 show valn
% Invalid input detected at '^' marker.
switch#
```

◆ 不完全匹配。

```
switch#show ver             ！应该是 show version，没有输入全，但是无歧义即可
  DCRS-5650-28 Device, Feb 13 2007 09:22:45
  HardWare version is R01A, SoftWare version is DCRS-5650-28_5.2.1.0, DCNOS
version is DCNOS_V5-7.1.0.0, BootRom version is DCRS-5650-28_1.3.1
  Copyright (C) 2001-2006 by Digital China Networks Limited.
  All rights reserved.
  Uptime is 0 weeks, 0 days, 1 hours, 14 minutes
switch#
```

◆ Tab 的用途。

```
switch#show v            ！show v 按 Tab 键，出错，因为有 show vlan，有歧义
% Ambiguous command:  "sh v"
switch#show ver
switch#show version        ！show ver 按 Tab 键补全命令
  DCRS-5650-28 Device, Feb 13 2007 09:22:45
  HardWare version is R01A, SoftWare version is DCRS-5650-28_5.2.1.0, DCNOS
version is DCNOS_V5-7.1.0.0, BootRom version is DCRS-5650-28_1.3.1
  Copyright (C) 2001-2006 by Digital China Networks Limited.
  All rights reserved.
  Uptime is 0 weeks, 0 days, 1 hours, 14 minutes
switch#
```

只有当前命令正确的情况下才可以使用 Tab 键，也就是说一旦你的命令没有输入全，Tab 键又没有起作用时，就说明当前的命令中出现了错误，或者命令错误、或者参数错误等，需要仔细排查。

◆ 否定命令“no”。

```
switch#config                                     ! 进入全局配置模式
switch(Config)#vlan 10                            ! 创建 VLAN 10 并进入 VLAN 配置模式
switch(Config-Vlan10)#exit                        ! 退出 VLAN 配置模式
switch(Config)#show vlan                          ! 查看 VLAN

VLAN Name       Type       Media     Ports
---- ------ ---------- -------- ----------------------------
1    default    Static     ENET   Ethernet0/0/1        Ethernet0/0/2
                                  Ethernet0/0/3        Ethernet0/0/4
                                  Ethernet0/0/5        Ethernet0/0/6
…………
10   VLAN0010     Static     ENET                  ! 有 VLAN 10 的存在
switch#config
switch(Config)#no vlan 10                          ! 使用 no 命令删掉 VLAN 10
switch(Config)#exit
switch#show vlan
VLAN Name         Type       Media     Ports
---- --------- ---------- -------- ---------------------------------
1    default      Static     ENET      Ethernet0/0/1    Ethernet0/0/2
                                       Ethernet0/0/3    Ethernet0/0/4
…………
                                       Ethernet0/0/23   Ethernet0/0/24
switch#                                           ! VLAN 10 不见了，已经删掉了
```

交换机中大部分命令的逆命令都是采用 no 命令的模式，还有一种否定的模式是 enable 和 disable 的相反。

◆ 使用上下光标键“↑”“↓”来选择已经执行过的命令来节省时间。

对输入命令的检查。

（1）成功返回信息。

通过键盘输入的所有命令都要经过 Shell 的语法检查。当用户正确输入相应模式下的命令后，且命令执行成功，不会显示信息。

（2）错误返回信息。

常见的错误返回信息如下表所示。

输出错误信息	错 误 原 因
Unrecognized command or illegal parameter!	命令不存在，或者参数的范围、类型、格式有错误
Ambiguous command	根据已有输入可以产生至少两种不同的解释
Invalid command or parameter	命令解析成功，但没有任何有效的参数记录
Shell task error	多任务时，新的 shell 任务启动失败
This command is not exist in current mode	命令可解析，但当前模式下不能配置该命令
Please configurate precursor command "*" at first !	当前输入可以被正确解析，但其前导命令尚未配置
syntax error : missing '"' before the end of command line!	输入中使用了引号，但没有成对出现

实训 3　交换机恢复出厂设置及其基本配置

一、应用场景

1．实际环境下

我正在配置一台 DCRS-5650，做了很多功能的配置，完成之后发现它不能正常工作。问题出在哪里了？检查了很多遍都没有发现错误。排错的难度远远大于重新做配置，不如清空交换机的所有配置，恢复到刚刚出厂的状态。

2．实训环境下

上一节网络实训课的同学们刚刚做完实训，已经离去。桌上的交换机他们已经配置过，通过 show run 命令发现他们对交换机作了很多配置，有些能看明白，有些看不明白。为了不影响这节课的实训，必须把他们做的配置都删除，最简单的方法就是清空配置，恢复到刚刚出厂的状态，让交换机的配置成为一张白纸，这样就能按照自己的思路进行配置，也能更清楚地了解我的配置是否生效，是否正确。

二、实训设备

1．DCRS-5650 交换机 1 台（SoftWare Version is DCRS-5650-28_5.2.1.0）。

2．PC 1 台。

3．Console 线 1 根。

三、实训拓扑

实训拓扑如图 1-1-74 所示。

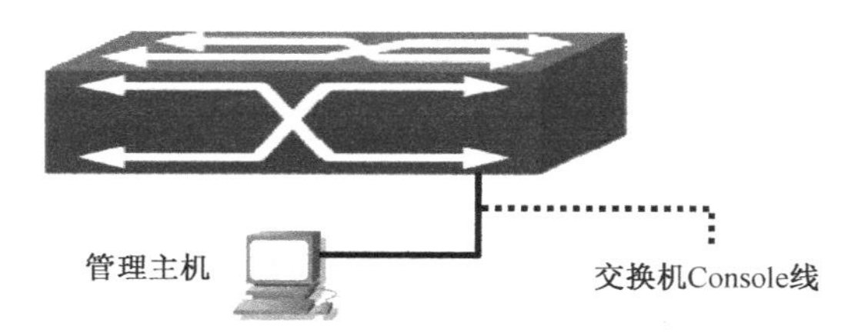

图 1-1-74　实训拓扑

四、实训要求

1．先给交换机设置 enable 密码，确定 enable 密码设置成功。

2．对交换机做恢复出厂设置，重新启动后发现 enable 密码消失，表明恢复成功。

3．了解 show flash 命令及显示内容。

4．了解 clock set 命令及显示内容。

5．了解 hostname 命令及显示内容。

6．了解 language 命令及显示内容。

五、实训步骤

第一步：为交换机设置 enable 密码。

```
switch>enable
switch#config t                          ！进入全局配置模式
switch(Config)#enable password 8 admin
switch(Config)#exit
switch#write
switch#
```

验证配置如下。

验证方法 1：重新进入交换机。

```
switch#exit                              ！退出特权用户配置模式
switch>
switch>enable                            ！进入特权用户配置模式
Password:*****
switch#
```

验证方法 2：show 命令来查看。

```
switch#show running-config
Current configuration:
!
   enable password 8 21232f297a57a5a743894a0e4a801fc3    ！该行显示了已经为
交换机配置了 enable 密码
   hostname switch
!
!
Vlan 1
   vlan 1
!
!
......                                   !省略部分显示
```

第二步：清空交换机的配置。

```
switch>enable                            ！进入特权用户配置模式
switch#set default                       ！使用 set default 命令
Are you sure? [Y/N] = y                  ！是否确认
switch#write                             ！清空 startup-config 文件
switch#reload                            ！重新启动交换机
Process with reboot? [Y/N] y
```

验证测试如下。

验证方法 1：重新进入交换机。

```
switch>
switch>enable
switch#                                  ！已经不需要输入密码就可进入特权模式
```

验证方法2：show 命令来查看。

```
switch#show running-config
!
no service password-encryption
!
hostname switch                                    ! 已经没有 enable 密码显示了
!
Vlan 1
  vlan 1
!
……                                                 ! 省略部分显示
```

第三步：show flash 命令。

```
switch#show flash
config.rom        452,636 1900-01-01 00:00:00 --SH
boot.rom        1,502,012 1900-01-01 00:00:00 --SH
nos.img         4,441,705 1980-01-01 00:05:44 ----        ! 交换机软件系统
nos.img.ecc       156,175 1980-01-01 00:04:36 ----
boot.conf             255 1980-01-01 00:00:00 ----
boot.conf.ecc          25 1980-01-01 00:00:00 ----
startup-config         24 1980-01-01 00:02:08 ----        ! 启动配置文件
switch#
```

第四步：设置交换机系统日期和时钟。

```
switch#clock set ?                                 ! 使用？查询命令格式
  HH:MM:SS  Hour:Minute:Second
switch#clock set 15:29:50                          ! 配置当前时间
Current time is MON JAN 01 15:29:50 2001           ! 配置完即有显示，注意年份不对

switch#clock set 15:29:50 ?                        ! 使用？查询，原来命令没有结束
  YYYY.MM.DD  Year.Month.Day
  <CR>
switch#clock set 15:29:50 2009.02.25               ! 配置当前年月日
Current time is WED FEB 25 15:29:50 2009           ! 正确显示
```

验证配置如下。

```
switch#show clock                                  ! 再用 show 命令验证
Current time is WED FEB 25 13:25:39 2009
switch#
```

第五步：设置交换机命令行界面的提示符（设置交换机的姓名）。

```
switch#
switch#config
switch(Config)#hostname DCRS-5650-28               ! 配置姓名
DCRS-5650-28(Config)#exit                          ! 无须验证，即配即生效
DCRS-5650-28#
DCRS-5650-28#
```

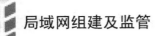

第六步：配置显示的帮助信息的语言类型。

```
DCRS-5650-28#language ?
  chinese  Set language to Chinese
  english  Set language to English

DCRS-5650-28#language chinese
DCRS-5650-28#language ?                    ！请注意再使用？时，帮助信息已经成了中文
  chinese  设置语言为中文
  english  设置语言为英语
```

六、思考与练习

1．怎样才能将 startup-config 文件和 running-config 文件保持一致？
2．为交换机设置 enable 密码为 digitalchina。
3．把交换机的时钟设置为当前时间。
4．为交换机设置姓名为 digitalchina-5650。
5．把交换机的帮助信息设置为中文。
6．把交换机恢复到出厂设置。

七、注意事项和排错

1．恢复出厂设置 set default 后一定要清空配置，重新启动后生效。
2．这几个命令中，hostname 命令是在全局配置模式下配置的。

实训 4　使用 Telnet 方式管理交换机

一、应用场景

学校有 20 台交换机支撑着校园网的运营，这 20 台交换机分别放置在学校的不同位置。作为网络管理员需要对这 20 台交换机做管理，通过前面学习的知识，我们可以通过带外管理的方式也就是通过 Console 端口去管理，那么管理员需要捧着自己的笔记本电脑，并且带着 Console 线去学校的不同位置去调试每台交换机，十分麻烦。

校园网既然是互联互通的，在网络的任何一个信息点都应该能访问其他的信息点，我们为什么不通过网络的方式来调试交换机呢？通过 Telnet 方式，管理员就可以坐在办公室中不动地方地调试全校所有的交换机。

二、实训设备

1．DCRS-5650 交换机 1 台（SoftWare Version is DCRS-5650-28_5.2.1.0）。
2．PC 1 台。
3．Console 线 1 根。
4．直通网线 1 根。

三、实训拓扑

实训拓扑如图 1-1-75 所示。

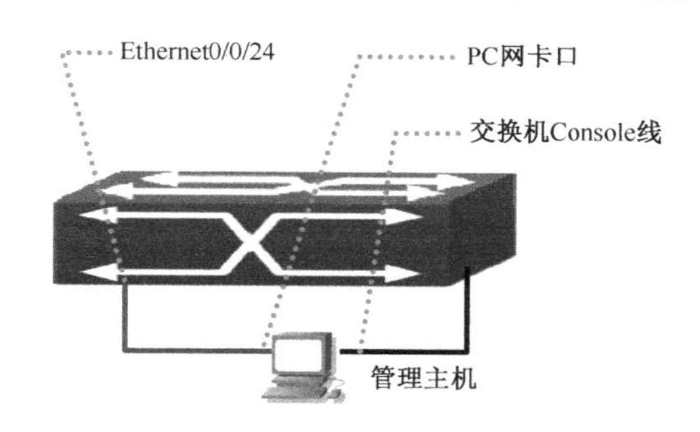

图 1-1-75　实训拓扑

四、实训要求

1. 按照拓扑图连接网络。
2. PC 和交换机的 24 端口用网线相连。
3. 交换机的管理 IP 为 192.168.1.100/24。
4. PC 网卡的 IP 地址为 192.168.1.101/24。
5. 限制可通过 Telnet 管理交换机的 IP 仅为 192.168.1.101。

五、实训步骤

第一步：交换机恢复出厂设置，设置正确的时钟和标识符（详见实训 3）。

```
switch#set default
Are you sure? [Y/N] = y
switch#write
switch#reload
Process with reboot? [Y/N] y

switch#clock set 14:04:39 2009.02.25
Current time is WED FEB 25 15:29:50 2009
switch#
switch#config
switch(Config)#hostname DCRS-5650
DCRS-5650(Config)#exit
DCRS-5650#
```

第二步：给交换机设置 IP 地址即管理 IP。

```
DCRS-5650#config
DCRS-5650(Config)#interface vlan 1               ! 进入 VLAN 1 接口
Feb 25 14:06:07 2009: %LINK-5-CHANGED: Interface Vlan1, changed state to
UP
DCRS-5650(Config-If-Vlan1)#ip address 192.168.1.100 255.255.255.0 ! 配置
地址
DCRS-5650(Config-If-Vlan1)#no shutdown           ! 激活 VLAN 接口
DCRS-5650(Config-If-Vlan1)#exit
DCRS-5650(Config)#exit
DCRS-5650#
```

验证配置如下。

```
DCRS-5650#show run
!
no service password-encryption
!
hostname DCRS-5650
!
vlan 1
!
Interface Ethernet0/0/1
......
Interface Ethernet0/0/28
!
interface Vlan1
  interface vlan 1
  ip address 192.168.1.100 255.255.255.0      ! 已经配置好交换机 IP 地址
!
no login
!
end
DCRS-5650#
```

第三步：为交换机设置授权 Telnet 用户。

```
DCRS-5650#config
DCRS-5650(Config)#telnet-server enable
Telnetd already enabled.
DCRS-5650(Config)#telnet-user xxp password 7 boss
DCRS-5650(Config)#exit
DCRS-5650#
```

验证配置如下。

```
DCRS-5650#show run
!
no service password-encryption
!
hostname DCRS-5650
!
telnet-user xxp password 7 ceb8447cc4ab78d2ec34cd9f11e4bed2
!
vlan 1
!
Interface Ethernet0/0/1
......
Interface Ethernet0/0/28
!
interface Vlan1
 ip address 192.168.1.100 255.255.255.0
```

```
!
no login
!
end
DCRS-5650#
```

第四步：配置主机的 IP 地址，在本实训中要与交换机的 IP 地址在一个网段，如图 1-1-76 所示。

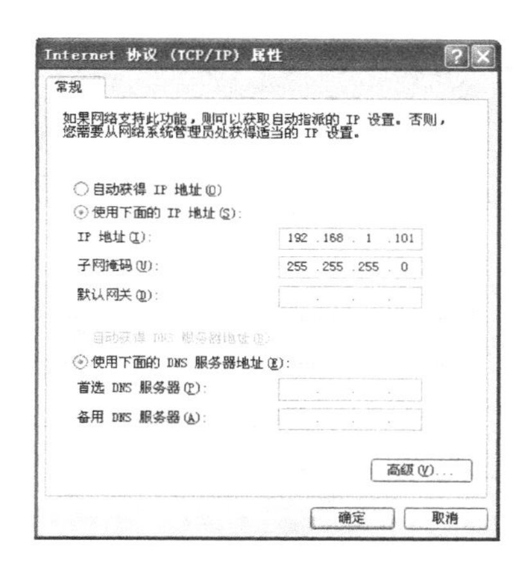

图 1-1-76　配置主机 IP

验证配置如下。

在 PC 主机的 DOS 命令行中使用 ipconfig 命令查看 IP 地址配置，如图 1-1-77 所示。

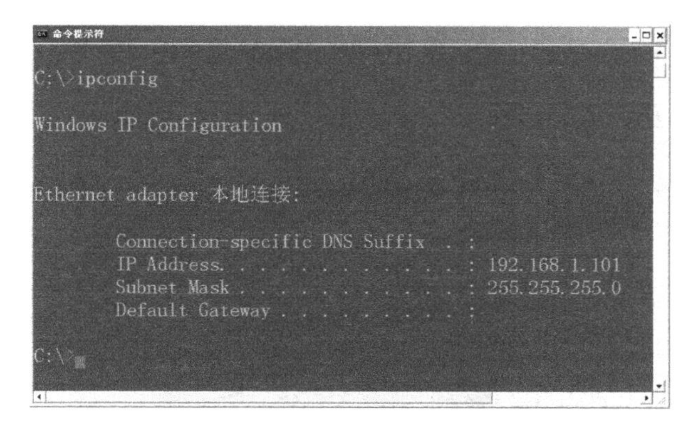

图 1-1-77　ipconfig 命令查看 IP 地址

第五步：验证主机与交换机是否连通。

验证方法 1：在交换机中 Ping 主机。

```
DCRS-5650#ping 192.168.1.101
Type ^c to abort.
Sending 5 56-byte ICMP Echos to 192.168.1.101, timeout is 2 seconds
!!!!!
Success rate is 100 percent (5/5), round-trip min/avg/max = 1/1/1 ms
DCRS-5650#
```

很快出现 5 个“!”表示已经连通。

验证方法 2：在主机 DOS 命令行中 Ping 交换机，出现以下显示表示连通，如图 1-1-78 所示。

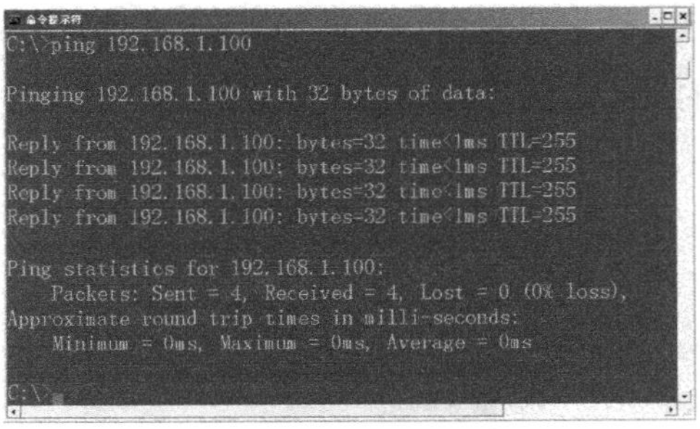

```
C:\>ping 192.168.1.100

Pinging 192.168.1.100 with 32 bytes of data:

Reply from 192.168.1.100: bytes=32 time<1ms TTL=255
Reply from 192.168.1.100: bytes=32 time<1ms TTL=255
Reply from 192.168.1.100: bytes=32 time<1ms TTL=255
Reply from 192.168.1.100: bytes=32 time<1ms TTL=255

Ping statistics for 192.168.1.100:
    Packets: Sent = 4, Received = 4, Lost = 0 (0% loss),
Approximate round trip times in milli-seconds:
    Minimum = 0ms, Maximum = 0ms, Average = 0ms

C:\>
```

图 1-1-78　Ping 结果

第六步：使用 Telnet 登录。

打开 Windows 系统，单击“开始”→“运行”命令，运行 Windows 自带的 Telnet 客户端程序，并且指定 Telnet 的目的地址，如图 1-1-79 所示。

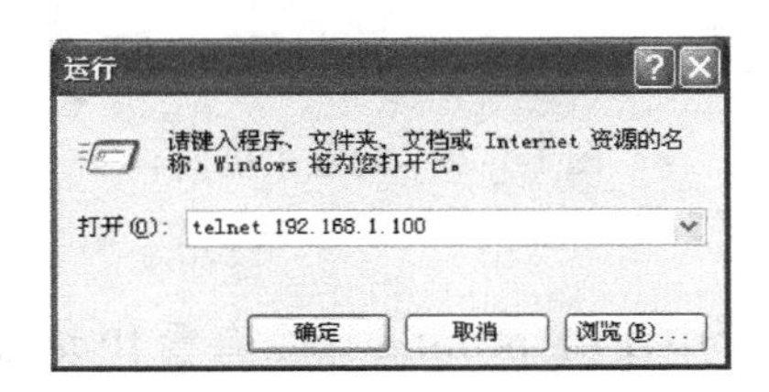

图 1-1-79　Telnet

需要输入正确的登录名和口令，登录名是 xxp，口令是 boss，如图 1-1-80 所示。

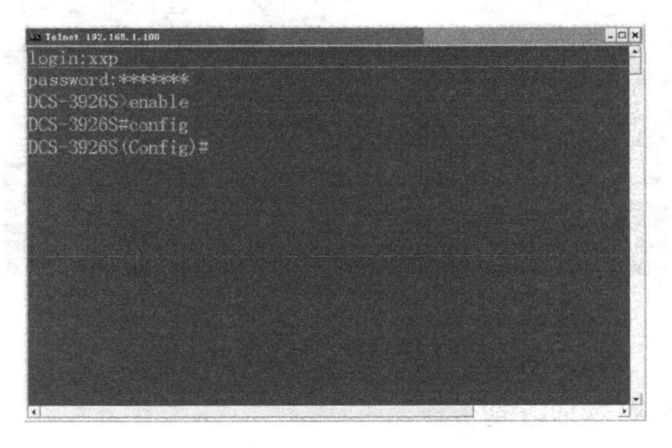

图 1-1-80　Telnet 登录

可以对交换机做进一步配置，本实训完成。

第七步：限制 Telnet 客户端登录地址。

```
DCRS-5650(Config)#telnet-server securityip 192.168.1.101
DCRS-5650(Config)#
```

验证配置如下。

PC 使用 192.168.1.101 telnet 交换机，可登录；

修改 PC 的 IP 为非 192.168.1.101 时，Telnet 交换机得到如图 1-1-81 所示的提示。

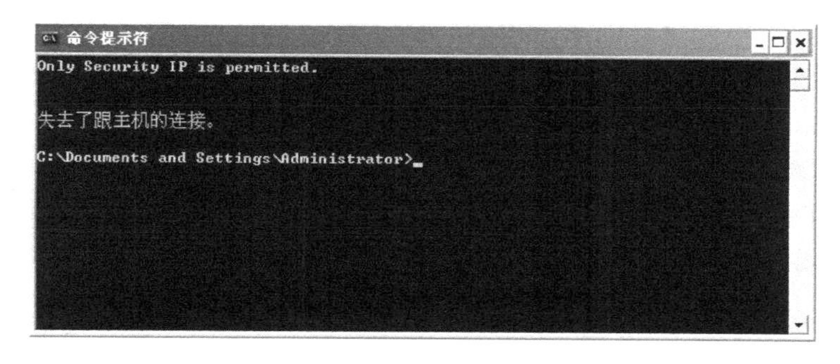

图 1-1-81　退出 Telnet

六、思考与练习

1. 三层交换机的 IP 地址可以配置多少个，为什么？
2. 能不能为 VLAN 2 配置 IP 地址？
3. telnet-user xxp password 7 boss 中把“7”换成“0”会是什么现象？
4. 删除 xxp 用户（不准用 set default）。
5. 设置交换机的管理 IP 为 10.1.1.1 255.255.255.0。
6. 使用用户名 aaa，密码 bbb，并且选择“0”作为参数配置 Telnet 功能。

七、注意事项和排错

1. 默认情况下，交换机所有端口都属于 VLAN1，因此我们通常把 VLAN1 作为交换机的管理 VLAN，因此 VLAN1 接口的 IP 地址就是交换机的管理地址。
2. 密码只能是 1～8 个字符。
3. 删除一个 Telnet 用户可以在 config 模式下使用 no telnet-user 命令。

实训 5　使用 Web 方式管理交换机

一、应用场景

Web 方式，又称为 HTTP 方式，和 Telnet 方式一样都可以使管理员做到坐在办公室中不动地方地调试全校所有的交换机。Web 方式比较简单，如果你不习惯于 CLI 界面的调试，就可以采用 Web 方式调试。

二、实训设备

1. DCRS-5650 交换机 1 台（SoftWare Version is DCRS-5650-28_5.2.1.0）。
2. PC 1 台。
3. Console 线 1 根。

4. 直通网线 1 根。

三、实训拓扑

实训拓扑如图 1-1-82 所示。

四、实训要求

1. 按照拓扑图连接网络。
2. PC 和交换机的 24 端口用网线相连。
3. 交换机的管理 IP 为 192.168.1.100/24。
4. PC 网卡的 IP 地址为 192.168.1.101/24。

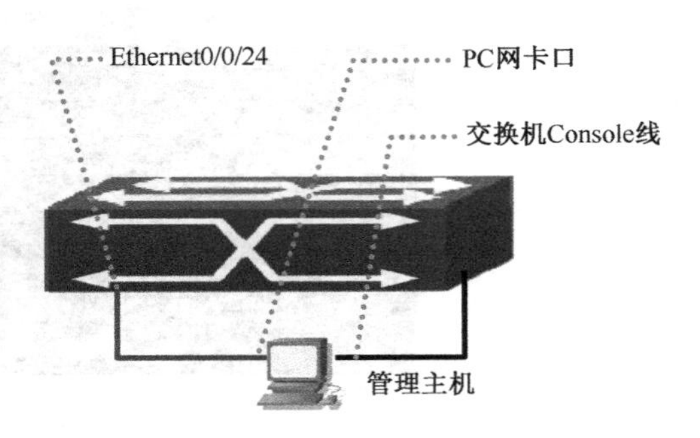

图 1-1-82 实训拓扑

五、实训步骤

第一步：交换机恢复出厂设置，设置正确的时钟和标识符。

第二步：给交换机配置管理 IP。

```
DCRS-5650#config
DCRS-5650(Config)#interface vlan 1
DCRS-5650(Config-If-Vlan1)#ip address 192.168.1.100 255.255.255.0
DCRS-5650(Config-If-Vlan1)#no shutdown
DCRS-5650(Config-If-Vlan1)#exit
DCRS-5650(Config)#
```

第三步：启动交换机 Web 服务。

```
DCRS-5650#config
DCRS-5650(Config)#ip http server
web server is on                        ！表明已经成功启动
DCRS-5650(Config)#
```

第四步：设置交换机授权 HTTP 用户。

```
DCRS-5650(Config)# web-user admin password 7 admin
add user of admin ok
DCRS-5650(Config)#
```

第五步：配置主机的 IP 地址，在本实训中要与交换机的 IP 地址在一个网段（详见实训 4）。配置之际的地址为 192.168.1.101。

第六步：验证主机与交换机是否连通（详见实训 4）。

验证方法 1：在交换机中 Ping 主机。

验证方法 2：在主机 DOS 命令行中 Ping 交换机。

第七步：使用 HTTP 登录。

打开 Windows 系统，单击“开始”→“运行”命令，指定目标，如图 1-1-83 所示。

需要输入正确的登录名和口令，登录名是 admin，口令是 admin，如图 1-1-84 所示。

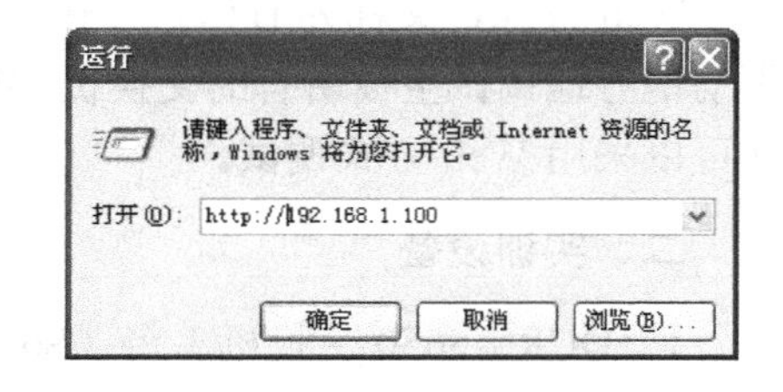

图 1-1-83 HTTP 登录

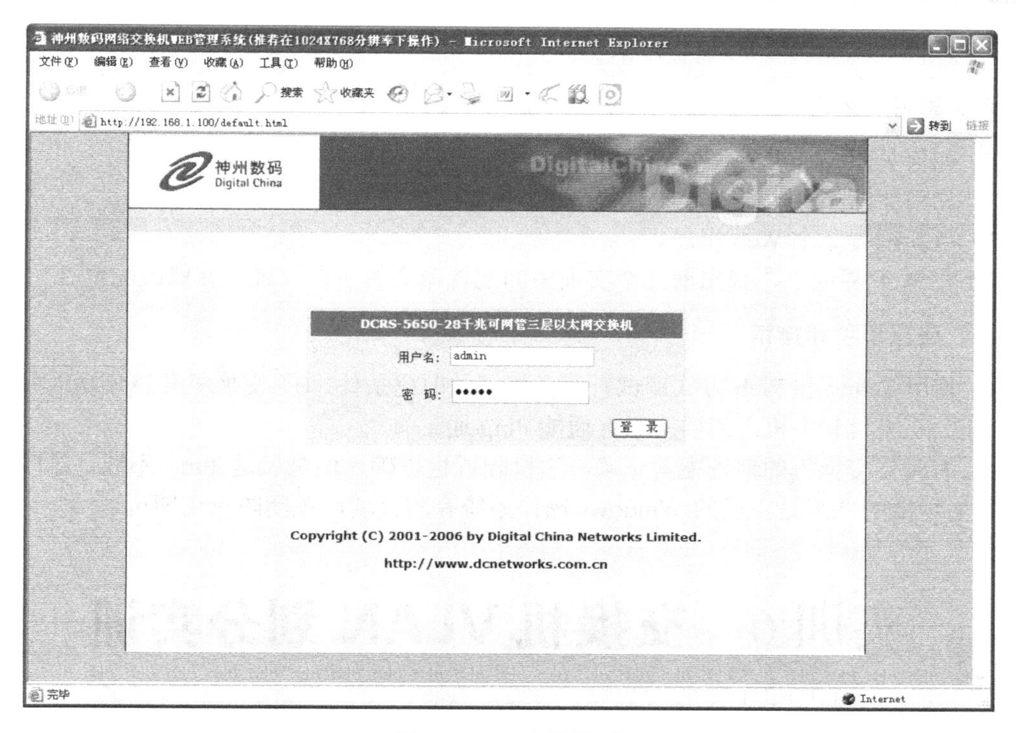

图 1-1-84　登录界面

图 1-1-85 所示是交换机 Web 调试界面的主界面。

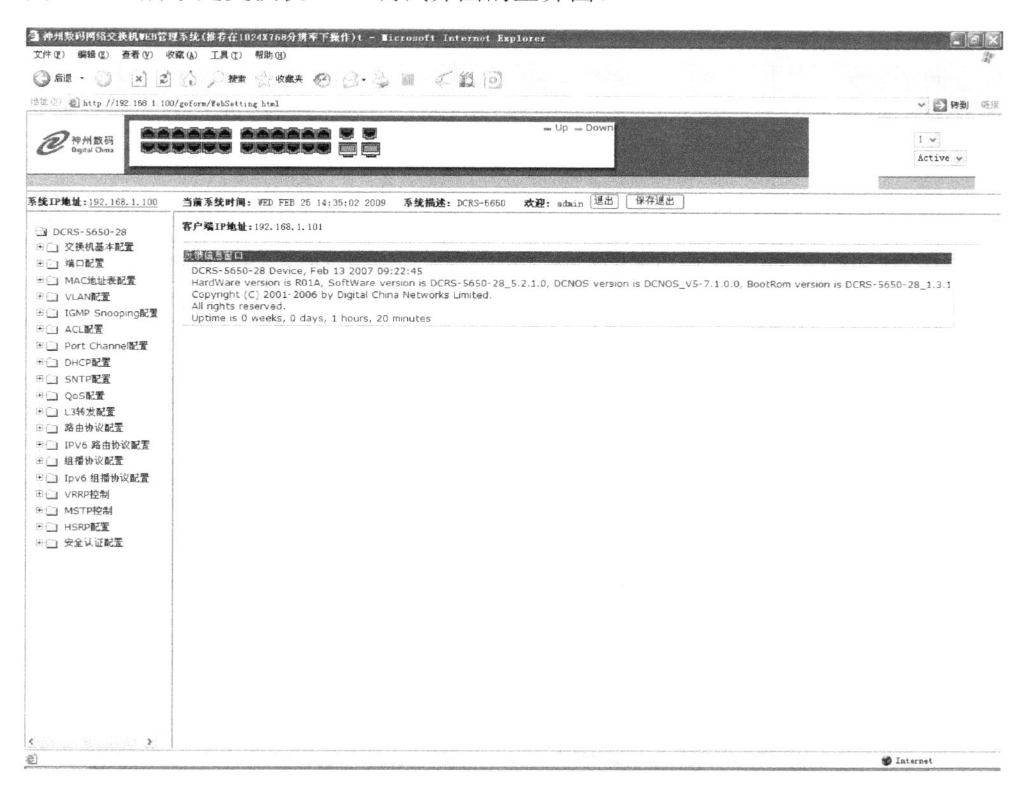

图 1-1-85　Web 调试界面

可以对交换机做进一步配置，本实训完成。

六、思考与练习

1．如何关闭 Web 服务？
2．如何删除 Web 用户？
3．重新配置一个 Web 用户。
4．在 Web 界面下，找出前几个实训中的配置命令的所在位置，并修改配置。

七、注意事项和排错

1．使用 Telnet 和 Web 方式调试有两个相同的前提条件：① 交换机开启该功能并设置用户；② 交换机和主机之间要互联互通能 Ping 通。

2．有时候交换机的地址配置正确，主机配置也正确，但是就是 Ping 不通。排除硬件问题之后可能的原因是主机的 Windows 操作系统有防火墙，关闭防火墙即可。

实训 6　交换机 VLAN 划分实训

一、应用场景

校园实训楼中有两个实训室位于同一楼层，一个是网络实训室，一个是多媒体实训室，两个实训室的信息端口都连接在一台交换机上。学校已经为实训楼分配了固定的 IP 地址段，为了保证两个实训室的相对独立，就需要划分对应的 VLAN，使交换机某些端口属于软件实训室，某些端口属于多媒体实训室，这样就能保证它们之间的数据互不干扰，也不影响各自的通信效率。

二、实训设备

1．DCRS-5650 交换机 1 台（SoftWare Version is DCRS-5650-28_5.2.1.0）。
2．PC 2 台。
3．Console 线 1 根。
4．直通网线 2 根。

三、实训拓扑

实训拓扑如图 1-1-86 所示。

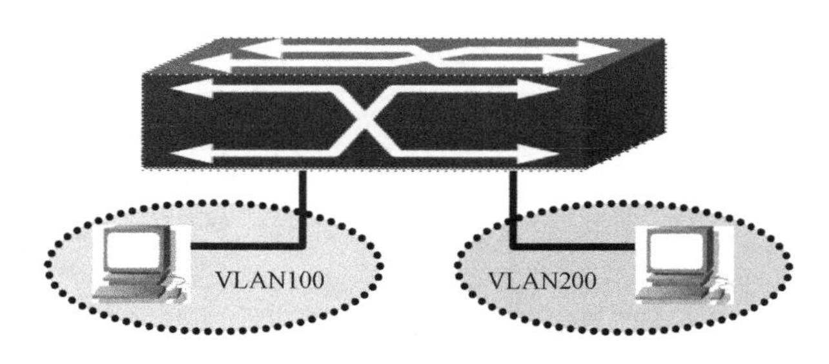

图 1-1-86　实训拓扑

使用一台交换机和两台 PC，还将其中 PC1 作为控制台终端，使用 Console 端口配置方式；使用两根网线分别将 PC1 和 PC2 连接到交换机的 RJ-45 接口上。

四、实训要求

在交换机上划分两个基于端口的 VLAN：VLAN100，VLAN200。

VLAN	端口成员
100	1～8
200	9～16

使得 VLAN100 的成员能够互相访问，VLAN200 的成员能够互相访问；VLAN100 和 VLAN200 成员之间不能互相访问。

PC1 和 PC2 的网络设置如下：

设　备	IP　地　址	Mask
交换机 A	192.168.1.11	255.255.255.0
PC1	192.168.1.101	255.255.255.0
PC2	192.168.1.102	255.255.255.0

PC1、PC2 接在 VLAN100 的成员端口 1～8 上，两台 PC 互相可以 Ping 通；PC1、PC2 接在 VLAN 的成员端口 9～16 上，两台 PC 互相可以 Ping 通；PC1 接在 VLAN100 的成员端口 1～8 上，PC2 接在 VLAN200 的成员端口 9～16 上，则互相 Ping 不通。

若实训结果和理论相符，则本实训完成。

五、实训步骤

第一步：交换机恢复出厂设置。

```
switch#set default
switch#write
switch#reload
```

第二步：给交换机设置 IP 地址即管理 IP。

```
switch#config
switch(Config)#interface vlan 1
switch(Config-If-Vlan1)#ip address 192.168.1.11 255.255.255.0
switch(Config-If-Vlan1)#no shutdown
switch(Config-If-Vlan1)#exit
switch(Config)#exit
```

第三步：创建 VLAN100 和 VLAN200。

```
switch(Config)#
switch(Config)#vlan 100
switch(Config-Vlan100)#exit
switch(Config)#vlan 200
switch(Config-Vlan200)#exit
switch(Config)#
```

验证配置如下。

```
switch#show vlan
VLAN Name         Type        Media     Ports
---- ------- ---------- --------- -------------- --------------
1    default      Static     ENET      Ethernet0/0/1    Ethernet0/0/2
                                       Ethernet0/0/3    Ethernet0/0/4
                                       Ethernet0/0/5    Ethernet0/0/6
......................
                                       Ethernet0/0/27   Ethernet0/0/28
100  VLAN0100     Static      ENET    ！已经创建了VLAN100，VLAN100中没有端口
200  VLAN0200     Static      ENET    ！已经创建了VLAN200，VLAN200中没有端口
```

第四步：给 VLAN100 和 VLAN200 添加端口。

```
switch(Config)#vlan 100                    ！进入VLAN 100
switch(Config-Vlan100)#switchport interface ethernet 0/0/1-8
！给vlan100加入端口1～8
Set the port Ethernet0/0/1 access vlan 100 successfully
Set the port Ethernet0/0/2 access vlan 100 successfully
Set the port Ethernet0/0/3 access vlan 100 successfully
Set the port Ethernet0/0/4 access vlan 100 successfully
Set the port Ethernet0/0/5 access vlan 100 successfully
Set the port Ethernet0/0/6 access vlan 100 successfully
Set the port Ethernet0/0/7 access vlan 100 successfully
Set the port Ethernet0/0/8 access vlan 100 successfully
switch(Config-Vlan100)#exit
switch(Config)#vlan 200                     ！进入VLAN 200
switch(Config-Vlan200)#switchport interface ethernet 0/0/9-16
！给VLAN200加入端口9～16
Set the port Ethernet0/0/9 access vlan 200 successfully
Set the port Ethernet0/0/10 access vlan 200 successfully
Set the port Ethernet0/0/11 access vlan 200 successfully
Set the port Ethernet0/0/12 access vlan 200 successfully
Set the port Ethernet0/0/13 access vlan 200 successfully
Set the port Ethernet0/0/14 access vlan 200 successfully
Set the port Ethernet0/0/15 access vlan 200 successfully
Set the port Ethernet0/0/16 access vlan 200 successfully
switch(Config-Vlan200)#exit
```

验证配置如下。

```
switch#show vlan
VLAN Name         Type        Media     Ports
---- -------- ---------- --------- ---------------------------------
1    default      Static     ENET      Ethernet0/0/17        Ethernet0/0/18
```

```
                                    Ethernet0/0/19      Ethernet0/0/20
                                    Ethernet0/0/21      Ethernet0/0/22
                                    Ethernet0/0/23      Ethernet0/0/24
                                    Ethernet0/0/25      Ethernet0/0/26
                                    Ethernet0/0/27      Ethernet0/0/28
100  VLAN0100     Static    ENET    Ethernet0/0/1       Ethernet0/0/2
                                    Ethernet0/0/3       Ethernet0/0/4
                                    Ethernet0/0/5       Ethernet0/0/6
                                    Ethernet0/0/7       Ethernet0/0/8
200  VLAN0200     Static    ENET    Ethernet0/0/9       Ethernet0/0/10
                                    Ethernet0/0/11      Ethernet0/0/12
                                    Ethernet0/0/13      Ethernet0/0/14
                                    Ethernet0/0/15      Ethernet0/0/16
```

第五步：验证实训。

PC1 位置	PC2 位置	动作	结果
1～8 端口		PC1 Ping 192.168.1.11	不通
9～16 端口		PC1 Ping 192.168.1.11	不通
17～24 端口		PC1 Ping 192.168.1.11	通
1～8 端口	1～8 端口	PC1 Ping PC2	通
1～8 端口	9～16 端口	PC1 Ping PC2	不通
1～8 端口	17～24 端口	PC1 Ping PC2	不通

六、思考与练习

1．怎样取消一个 VLAN。

2．怎样取消一个 VLAN 中的某些端口。

3．给交换机划分三个 VLAN，验证 VLAN 实训。

VLAN	端口成员
10	1～6
20	7～12
30	13～16

七、注意事项和排错

1．默认情况下，交换机所有端口都属于 VLAN1，因此我们通常把 VLAN1 作为交换机的管理 VLAN，因此 VLAN1 接口的 IP 地址就是交换机的管理地址。

2．在 DCRS-5650 中，一个普通端口只属于一个 VLAN。

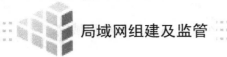

考核评价表

班级：________　　　　姓名：________　　　　日期：________

工作任务 3——活动三　设备配置与调试				
评　价　标　准				
考核内容	考核等级			
	优秀	良好	合格	不合格
实训报告	记录准确、清楚、完整	记录准确、清楚、完整	记录准确，较清楚、完整	记录基本准确，不清楚、不完整
工作过程	工作过程完全符合行业规范，成本意识高	工作过程符合行业规范	工作过程基本符合行业规范	工作过程不符合行业规范
成　绩　评　定				
评定				
自评				
互评				
师评				
反思：				

活动四　设备联调验收

学习情境

在单间办公局域网中，已经按网络功能需求，完成设备配置与调试，现需要提取配置文档，根据模板，书写设备验收报告。

学习方式

学生分组，提取配置文档，根据模板，书写设备验收报告。

工作流程

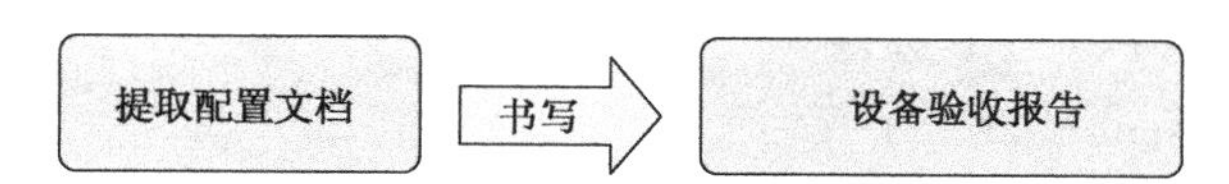

操作内容

1．提取配置文档。

2．书写设备验收报告。

知识解析

1．将 PC 的串口和交换机的 Console 端口用 Console 线连接，如图 1-1-87 所示。

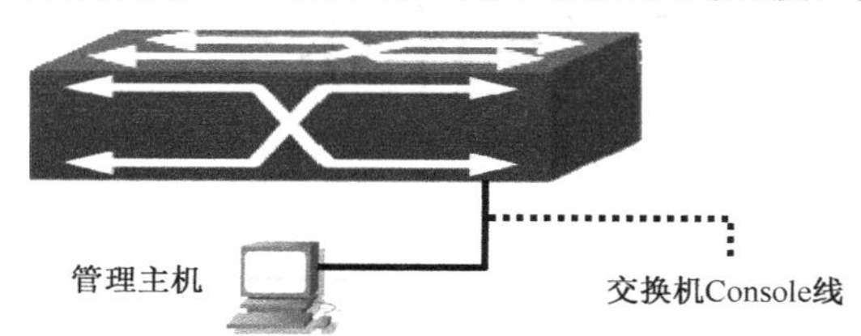

图 1-1-87　实训拓扑

2．使用 show running 查看当前配置。

```
Switch>enable                  !进入特权配置模式
switch#show running-config
Current configuration:
!
  hostname switch
!
Vlan 1
  vlan 1
!
!
Interface Ethernet0/0/1
!
Interface Ethernet0/0/2
!
Interface Ethernet0/0/3
!
Interface Ethernet0/0/4
!
Interface Ethernet0/0/5
!
Interface Ethernet0/0/6
!
Interface Ethernet0/0/7
!
Interface Ethernet0/0/8
```

```
!
Interface Ethernet0/0/9
…………
Interface Ethernet0/0/27
!
Interface Ethernet0/0/28
!
no login
!
end
switch#
```

考核评价表

班级：________　　　　姓名：________　　　　日期：________

工作任务 3——活动四　设备联调验收				
评　价　标　准				
考核内容	考核等级			
	优秀	良好	合格	不合格
设备联调记录	记录准确、清楚、完整	记录准确，较清楚、完整	记录基本准确，较清楚、完整	记录不准确、不完整
工作过程	工作过程完全符合行业规范，成本意识高	工作过程符合行业规范	工作过程基本符合行业规范	工作过程不符合行业规范
成　绩　评　定				
评定				
自评				
互评				
师评				
反思：				

工作任务4　单间办公局域网竣工验收

任务描述

对单间办公局域网网络实施网络功能验收，验收完成后整理、书写单间办公局域网竣工验收报告。

活动一　网络功能验收

学习情境

单间办公局域网已经搭建完成，需要按其标书中功能的要求，进行测试与验收。

学习方式

学生分组，根据标书中对单间办公局域网功能的要求，进行测试与验收。使学生掌握功能验收方法。

工作流程

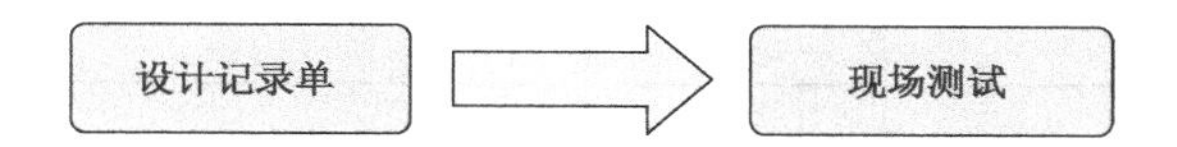

操作内容

1．通过标书设计测试记录单。

2．现场测试并记录。

知识解析

一、测试记录单的基本结构

标题、时间、地点、测试内容、记录单测试者签名。

二、竣工验收模板

[工作任务单]

1．基本信息

项目名称	
客户方	
施工方	
商务合同	
技术合同	

2．人员与角色

客户方验收人员	角色	职责
施工方人员	角色	职责

3．成果审查计划

应交付成果的名称、版本	客户方验收人员	施工方协助人员	时间、地点

4．验收测试计划

验收测试范围		
验收测试方法		
验收测试环境		
测试辅助工具		
验收测试用例	参考系统测试用例	
测试完成准则	参考系统测试完成准则	
验收测试任务 / 优先级	时间	人员与工作描述

考核评价表

班级：________　　姓名：________　　日期：________

工作任务4——活动一　网络功能验收				
评　价　标　准				
考核内容	考核等级			
	优秀	良好	合格	不合格
现场测试记录	记录准确、清楚、完整	记录准确，较清楚、完整	记录基本准确，较清楚、完整	记录不准确，不完整
工作过程	工作过程完全符合行业规范，成本意识高	工作过程符合行业规范	工作过程基本符合行业规范	工作过程不符合行业规范
成　绩　评　定				
评定				
自评				
互评				
师评				
反思：				

活动二　整理竣工验收报告

学习情境

单间办公局域网已经搭建并完成验收，需要整理记录、书写竣工验收报告。

学习方式

学生根据模板，分组整理、书写单间办公局域网竣工验收报告。

工作流程

操作内容

1. 分类整理前期工作过程中的记录单。
2. 根据竣工验收报告模板和记录单，书写单间办公局域网工程竣工验收报告。

[工作任务单]

项目验收报告

一、网络建设概况

1. 网络建设

（1）主干网络建设。

网络主干采用________结构，提供________Mb/s 的传输带宽，________Mb/s 交换到桌面，使每台计算机可以享有________Mb/s 的带宽。

（2）网络拓扑结构。

采用__________公司的__________作为中心交换机，具有第__________层交换功能，具有__________个扩展插槽，可支持__________模块；下联__________公司的__________作为二层交换机，形成__________Mb/s 主干，采用___________设计，__________Mb/s 交换到桌面（网络拓扑图见附件）。

2. 投资概况

（1）综合布线采用的产品及规格型号。

序号	品名	品牌	规格型号	说明
1	光纤			
2	光纤跳线			
3	网线			
4	RJ-45 接头			
5	配线架			
6				

（2）网络设备采用的产品及规格型号。

序　号	品　名		品　牌	规格型号	说　明
1	交换机	中心			
2		二层交换机			
3		接入交换机			
4	路由器				
5					
6					

（3）布线投资概况。

总点数	平均点位费（RMB：元）	布线总投资（RMB：万元）

（4）网络设备投资概况。

序号	设　备	总台数	金额（RMB：万元）
1	交换机		
2			
3			

二、网络验收

1．网络建设计划及施工情况验收

有网络建设方案		经专家组评审通过		有施工监理	
监理人		所在单位			
有施工记录		有系统调试记录		有系统试运行记录	

验收结论：合格　　不合格

2．货物验收

验收内容及要求如下：

① 检查货物是否与要求一致，外观有无破损；

② 检查随机资料是否齐全；

③ 检查设备是否能稳定运行。

（1）交换设备验收。　　　　验收结论：合格　　不合格

品名	型号	产地	详细描述	设备所在地	数量	是否与合同相符

续表

品名	型号	产地	详细描述	设备所在地	数量	是否与合同相符

注：①上述验收中只要有一条不符合要求，验收结论即为不合格。
②货物如有变更，需经各方认可同意。

（2）布线产品验收。　　　　验收结论：合格　　不合格

品名	型号	产地	详细描述	数量	是否与合同相符
光纤					
光纤跳线					
网线					
RJ-45 接头					
配线架					

注：①上述验收中只要有一条不符合要求，验收结论即为不合格。
②货物如有变更，需经各方认可同意。

3．安装验收

（1）交换机安装验收。

验收内容及要求如下：

① 所有网络主干交换机必须安装在标准机柜或墙柜中，安装牢固，位置合理；

② 墙柜安装要牢固，机柜或墙柜要放置在合理的位置上，不能因其他事由造成损坏；

③ 机柜内所有插接线要有明显标记，并进行分类捆扎固定，布线安全美观，不能遮挡设备指示灯显示，是否便于维护；

④ 光纤接入应先接在光纤配线箱上，再用光纤跳线接到网络设备上，禁止由光纤直接接到网络设备上；

⑤ 观察交换机上提供的 LED 指示灯的工作情况，初步了解联网计算机与网络的连接状态及整个网络的连通情况；

⑥ 所有可管理型交换机设备应按要求作好相应的配置；

⑦ VLAN 划分要合理，能确保网络资源按要求访问；

⑧ 根据标准机柜内的网络设备连接，检查由系统集成商提供绘制的“网络设备电器电路图”（见附件），并详细检查所标明的各设备的名称、IP 地址、输入/输出端口、所用连线的材质等是否正确无误。

◆ **中心交换机：**型号______________、IP 地址______________、位置______________

子网号	VLAN 名	范围	用途
1			
2			
3			
4			
5			
6			
VLAN 划分策略		基于交换端口　　基于 MAC 地址　　基于网络层	

◆ 二层交换机：型号____________、IP 地址____________、位置____________

子网号	VLAN 名	范围	用途
1			
2			
3			
4			
5			
6			
VLAN 划分策略		基于交换端口　　基于 MAC 地址　　基于网络层	

交换机安装验收结论：合格　　不合格

注意：

上述验收中只要有一条不符合要求，验收结论即为不合格。

（2）布线安装验收。

验收内容及要求如下：

① 布线系统应该是开放式结构，应能支持电话、文字、图像和视频等各种应用，并应能满足所支持的数据系统的传输速率；

② 布线系统中应采用 5 类以上正规厂家的品牌产品；

③ 布线系统中所有的网线、光缆、信息模块、接插件、配线架、机柜等在其被安装的场地内均应容易识别；

④ 布线中每根电缆、光缆、信息模块、配线架和端点应指定统一标识符，电缆在两端应有标注，在通道和安装布线的区间应采用适当的标识符；

⑤ 所有布线槽应安装整齐、美观、牢固、位置合理；

⑥ 线缆的连接正确；

⑦ 双绞线电缆不能弯曲过度，原则上双绞线电缆的弯曲半径对于 Cat 5 的双绞线而言，弯曲半径不能超过 3.18 cm；

⑧ Cat 3、Cat 5、Cat 5+、Cat 6 的双绞线，总长度都不能超过 100 m；

⑨ 尽量使用同一家厂商生产的双绞线电缆，而不要混用不同厂商生产的双绞线电缆；

⑩ 使用质量好的 RJ-45 接头，至少要达到双绞线的等级需求。

评价：____

____

____

布线安装验收结论：合格　　不合格

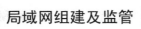

注意：

上述验收中只要有一条不符合要求，验收结论即为不合格。

（3）网络连通性测试及传输速率测试验收。

验收内容及要求如下：

① 依据系统集成商提供的线路测试报告对照下表标准验收；

序号	项　目	标　准
1	链路的频率衰减	基本链路 100MHz 时小于 23.2dB，信道链路 100MHz 时小于 24.2dB
2	链路的近端串扰	基本链路 100MHz 时小于 29.3dB，信道链路 100MHz 时小于 27.1dB
3	链路的衰减与近端串扰比	100MHz 时大于 4.0dB
4	链路的长度	基本链路的物理长度小于 90m，信道的物理长度小于 100m
5	链路的最大直流回路电阻	＜4Ω
6	链路的特征阻抗	100Ω±5Ω
7	链路的传输延迟	＜50ms
8	多模光纤衰减	波长 850nm＜3.9dB，波长 130nm＜2.6dB

② 如网络提供流媒体或 VOD 服务，可在每一栋楼的每一层中视信息点的多少随机选取 2～5 个信息点进行流媒体播放，查看流媒体播放的连续性；

③ 视信息点的多少随机选取 2～5 个信息点在每一栋楼的每一层中作网络连通性测试，并填写网络连通性测试情况表。

评价：____

____

网络连通性测试及传输速率测试验收结论：合格　　不合格

注意：

上述验收中要求链路的传输延迟＜50ms 即为合格。

（4）网络可用性测试验收。

验收内容及要求如下：

在每一栋楼的每一层中视信息点的多少随机选取 2～5 个信息点做网络可用性测试，并填写网络可用性测试情况表。

评价：____

____

____

网络可用性测试验收结论：合格　　不合格

注意：

上述验收中要求在任意信息点上能够按要求正常访问网络资源及服务即为合格。

网络连通性测试情况表

制表日期：__________　　制表人：______________

序号	信息点位置	测试对象	IP 地址	最小延迟	最大延迟	平均延迟	丢包率
	楼：________、层：_____、房间号：_____						
	楼：________、层：_____、房间号：_____						
	楼：________、层：_____、房间号：_____						
	楼：________、层：_____、房间号：_____						
	楼：________、层：_____、房间号：_____						

续表

序号	信息点位置	测试对象	IP 地址	最小延迟	最大延迟	平均延迟	丢包率
	楼：________、层：_____、房间号：____						
	楼：________、层：_____、房间号：____						
	楼：________、层：_____、房间号：____						
	楼：________、层：_____、房间号：____						
	楼：________、层：_____、房间号：____						
	楼：________、层：_____、房间号：____						
	楼：________、层：_____、房间号：____						
	楼：________、层：_____、房间号：____						

网络可用性测试情况表

制表日期：__________　　制表人：______________

序号	信息点位置	测试对象	访问资源及服务	访问情况
	楼：________、层：_____、房间号：_____			
	楼：________、层：_____、房间号：_____			
	楼：________、层：_____、房间号：_____			
	楼：________、层：_____、房间号：_____			
	楼：________、层：_____、房间号：_____			
	楼：________、层：_____、房间号：_____			
	楼：________、层：_____、房间号：_____			
	楼：________、层：_____、房间号：_____			
	楼：________、层：_____、房间号：_____			
	楼：________、层：_____、房间号：_____			
	楼：________、层：_____、房间号：_____			
	楼：________、层：_____、房间号：_____			

三、验收总结论

经网络验收组对整个网络系统按照上述各项进行评估、测试后认为，网络设计______，施工_______，_______国家及国际标准要求，_______达到够用、好用、规范的网络实施原则，网络_______一定超前性和可扩展性，硬软件配置_______，投资_______，整体网络性能_____，网络管理功能_______，整体网络的可用性和完整性_________，____________网络应用系统功能。

网络验收组认为整体网络工程________。

年　　月　　日

考核评价表

班级：________　　姓名：________　　日期：________

<table>
<tr><th colspan="5">工作任务 4——活动二　整理竣工验收报告</th></tr>
<tr><th colspan="5">评　价　标　准</th></tr>
<tr><td rowspan="2">考核内容</td><td colspan="4">考核等级</td></tr>
<tr><td>优秀</td><td>良好</td><td>合格</td><td>不合格</td></tr>
<tr><td>竣工验收报告</td><td>验收报告准确、清楚、完整</td><td>验收报告基本准确、清楚、完整</td><td>验收报告基本准确，较清楚、完整</td><td>验收报告不准确，或不清楚、不完整</td></tr>
<tr><td>工作过程</td><td>工作过程完全符合行业规范，成本意识高</td><td>工作过程符合行业规范</td><td>工作过程基本符合行业规范</td><td>工作过程不符合行业规范</td></tr>
<tr><th colspan="5">成　绩　评　定</th></tr>
<tr><td colspan="5">评定</td></tr>
<tr><td>自评</td><td></td><td></td><td colspan="2"></td></tr>
<tr><td>互评</td><td></td><td></td><td colspan="2"></td></tr>
<tr><td>师评</td><td></td><td></td><td colspan="2"></td></tr>
<tr><td colspan="5">反思：</td></tr>
</table>

学习单元 2

组建监管单层办公局域网

[单元学习目标]

➤ 知识目标

1．了解水平布线子系统、设备间子系统的工程设计规范及工程验收规范；

2．熟练掌握局域网中线槽及线缆的敷设方法；

3．熟练掌握配线架与模块的安装方法；

4．熟练掌握双绞线的端接方法；

5．熟练掌握网络连通性的测试方法；

6．掌握三层交换机的安装、配置、测试与调试；

7．熟悉局域网三层交换技术。

➤ 能力目标

1．能够阅读标书，分析、搜集、整理组建单层办公局域网所需要的资料；

2．能够实地勘察单层办公区域，根据模板完成调研记录；

3．能够根据用户需求和现场调研结果，完成单层办公局域网的网络设计规划；

4．能够利用工程绘图软件绘制单层办公局域网的网络拓扑结构图、综合布线施工图；

5．能够通过暗线布线完成水平布线子系统、设备间子系统的网络布线；

6．能够通过测试工具测试水平布线子系统、设备间子系统的连通性；

7．能够完成组建单层办公局域网的传输介质与设备功能选型；

8．能够阅读设备使用手册，正确安装使用三层交换机设备；

9．能够完成汇聚层交换机的设备上架并配置汇聚层交换机的基本功能；

10．能够完成单层办公局域网的网络测试与调试；

11．能够根据模板完成工作记录，书写组建单层办公局域网的调研记录、施工记录、监管记录、验收报告；

12．能够根据模板书写单层办公局域网竣工验收报告；

13．通过分组及角色扮演，在组建监管单层办公局域网项目的实施过程中，锻炼学生的组织与管理能力、团队合作意识、交流沟通能力、组织协调能力、口头表达能力。

➤ 情感态度价值观

1．通过单层办公局域网项目实施，树立学生认真细致的工作态度，逐步形成一切从用户需求出发的服务意识；

2．在组建监管单层办公局域网项目的实施过程中，树立学生的效率意识、质量意识、成本意识。

[单元学习内容]

承接单层办公局域网工程项目，阅读标书，与客户交流，协助制定组建单层办公局域网的具体实施方案，监督完成单层办公局域网工程项目的前期筹备、网络布线、设备调试、竣工验收，提交相关工程文档。

[工作任务]

工作任务1 单层办公局域网前期筹备

任务描述

阅读标书，了解组建单层办公局域网的用户需求分析，收集网络组建信息，初步制定单层办公局域网组建方案，通过现场调研与沟通，细化局域网组建方案，确定线缆位置、走向和敷设方法，配合设计人员根据设计规范设计现场图纸，列出材料及设备清单，做出概预算，确定单层办公局域网施工方案。

活动一 阅读标书，进行需求分析，初步制定施工方案

学习情境

公司租用写字楼的一个楼层作为办公区域，有若干房间作为不同功能的办公室，如图2-1-1所示，若干台计算机需要接入公司内部局域网，要组建一个中小型局域网络，使公司各处室之间资源可以共享。

图2-1-1 楼层办公环境

单层办公区域建筑结构示意图如图2-1-2所示。

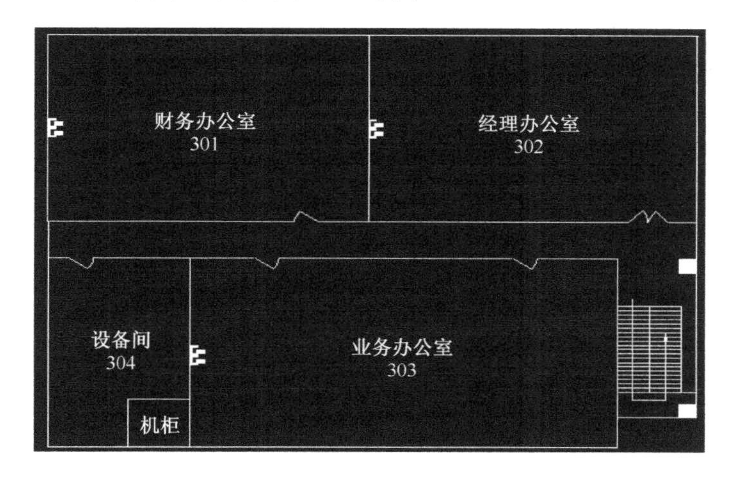

图2-1-2 单层办公区域建筑结构示意图

单层办公局域网拓扑结构示意图如图 2-1-3 所示。

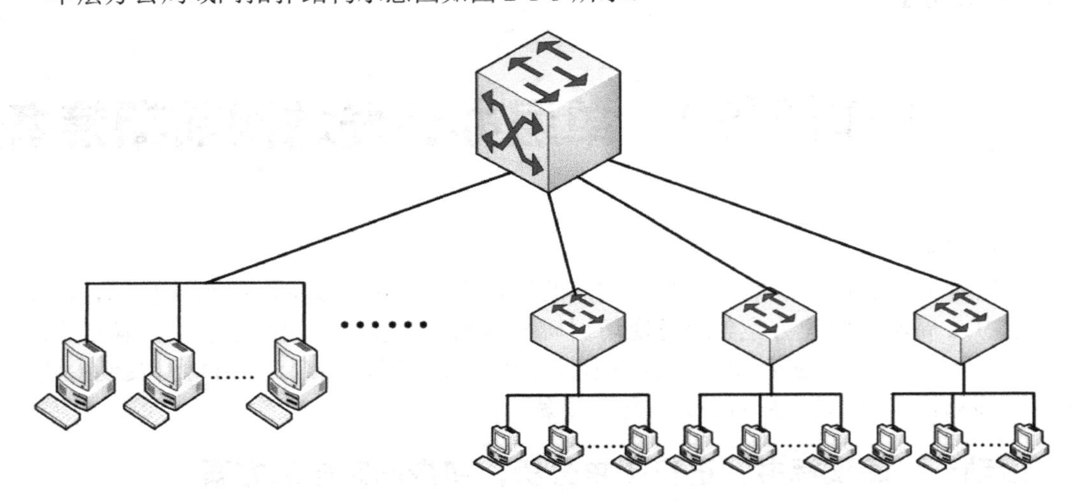

图 2-1-3　单层办公局域网拓扑结构示意图

学习方式

1．学生阅读标书，总结归纳单层办公局域网的用户需求。

2．学生分组进行角色扮演，分别以客户（委托方）和施工方的身份讨论需求信息。

3．学生收集组建单层办公局域网信息，编写需求文档，按照模板初步制定单层办公局域网的施工方案。

工作流程

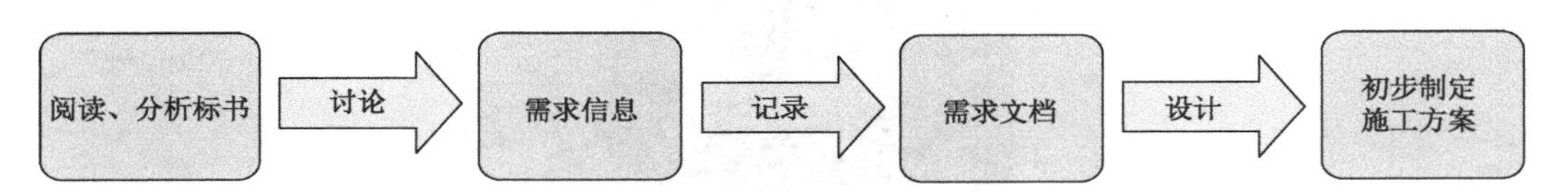

操作内容

1．阅读标书，在标书上标注重点。

2．角色扮演，分别列出施工方、客户需要交流的信息及具体调研的内容。

3．施工方与客户交流，并进行记录。

4．根据前期分析资料和施工方案模板，初步制定单层办公局域网的施工方案。

知识解析

一、标书的基本结构，工程人员对标书的主要关注点

（具体内容参看学习单元 1 相关章节）。

二、工程人员与客户交流的常见问题

（具体内容参看学习单元 1 相关章节）。

三、交流记录的基本结构

（具体内容参看学习单元 1 相关章节）。

四、需求分析信息

公司租用写字楼的一个楼层作为办公区域，设置了三个处室：财务室、业务室和经理室。每个处室安装至少两个信息点，所有线缆连接到设备间的交换设备上。需要敷设PVC暗管，保证每间房间安装至少两个信息点，所有PVC管汇总到设备间（竖井）。

考核评价表

班级：________　　姓名：________　　日期：________

考核内容	工作任务1——活动一　阅读标书，进行需求分析，初步制定施工方案		
评　价　标　准			
考核等级	优秀	良好	合格
标书上标注的重点	标注内容准确、完整	标注内容基本准确、完整	标注内容基本准确，但有少量遗漏
需求分析信息	信息归纳准确、完整	信息归纳基本准确、完整	信息归纳基本准确，但有少量遗漏
施工方案	初步设计正确，细节考虑全面	初步设计基本正确，细节考虑到位	初步设计基本正确，但细节考虑有少量遗漏
工作过程	工作过程完全符合行业规范，成本意识高	工作过程符合行业规范	工作过程基本符合行业规范
成　绩　评　定			
评定			
自评			
互评			
师评			
反思：			

活动二 现场调研与沟通

图 2-1-4 现场调研

学习情境

根据初步施工方案，到现场进行实地调研，观察现场实际情况，关注细节和建筑图纸上没有标明的地方，并就施工方案与客户进行进一步交流，填写勘察表和需求表，如图 2-1-4 所示。

学习方式

1. 现场调研，核实现场情况，填写勘察表。
2. 与客户沟通，确认需求信息，填写需求表。

工作流程

操作内容

1. 根据初步制定的施工方案，到现场调研，填写勘察表。
2. 根据初步制定的施工方案，到现场与客户沟通，填写需求表。

知识解析

一、调研记录的基本格式

（具体内容参看学习单元 1 相关章节）。

二、勘察表模板

（具体内容参看学习单元 1 相关章节）。

三、需求表模板

（具体内容参看学习单元 1 相关章节）。

四、观察施工现场情况

- ◆ 施工现场环境（施工面积，地面、墙体情况，建筑施工进展情况等）；
- ◆ 网络覆盖范围；
- ◆ 线缆敷设位置（墙面、房顶、地面）；
- ◆ 线槽采用材质、类型；
- ◆ 线槽的容量；
- ◆ 信息点的具体位置（如墙面、桌面、地面等）、数量；
- ◆ 信息点之间距离（最近、最远）；
- ◆ 信息点是否经常移动；
- ◆ 信息点周围有无电缆干扰源，若有，都有哪些，干扰强度如何；
- ◆ 布线线缆类型；
- ◆ 线缆上的标签如何设定。

[工作任务单]

1．勘察表模板

<table>
<tr><th colspan="6">工程现场勘察记录表</th></tr>
<tr><td>项目名称</td><td colspan="3"></td><td>项目编号</td><td></td></tr>
<tr><td>项目地址</td><td colspan="5"></td></tr>
<tr><td>委托方</td><td></td><td>委托方负责人</td><td></td><td>联系电话</td><td></td></tr>
<tr><td>施工方</td><td></td><td>施工方负责人</td><td></td><td>联系电话</td><td></td></tr>
<tr><td colspan="6">现场情况说明：</td></tr>
<tr><td colspan="6">现场照片：</td></tr>
<tr><td colspan="6">补充说明：

施工方签名盖章
年　　月　　日</td></tr>
</table>

2．需求表模板

客户需求信息记录表

<table>
<tr><th colspan="4">客户基本信息</th></tr>
<tr><td>客户名称</td><td></td><td>客户编号</td><td></td></tr>
<tr><td>客户地址</td><td colspan="3"></td></tr>
<tr><td>联系人</td><td></td><td>联系方式</td><td></td></tr>
<tr><th colspan="4">客户要求</th></tr>
<tr><td>基本要求</td><td colspan="3"></td></tr>
<tr><td>目标效果</td><td colspan="3"></td></tr>
<tr><td>特别要求</td><td colspan="3"></td></tr>
</table>

续表

客户资料准备	
资料准备	
图纸资料	
补充说明	（客户提供资料欠缺项） 信息记录人： 年　月　日

考核评价表

班级：__________　姓名：__________　日期：__________

工作任务 1——活动二　现场调研与沟通			
评　价　标　准			
考核内容	考核等级		
	优秀	良好	合格
与客户沟通	语言准确适当、表达清晰、沟通顺利	语言基本准确，表达清晰，沟通顺利	语言适当，表达清晰，沟通顺利
勘察表 需求表	填写内容准确、完整	填写内容基本准确、完整	填写内容基本准确，但有少量遗漏
工作过程	工作过程完全符合行业规范，体现职业素养	工作过程符合行业规范	工作过程基本符合行业规范
成　绩　评　定			
评定			
自评			
互评			
师评			
反思：			

活动三　确定施工方案

学习情境

根据现场勘察表和需求表，配合设计人员确定单层办公局域网施工方案。

学习方式

根据现场勘察表和需求表，配合设计人员确定单层办公局域网现场图纸，列出材料、设备清单，做出概预算，制定施工方案。

工作流程

操作内容

1．根据勘察表修改单层办公局域网的施工方案。

2．根据需求表修改单层办公局域网的施工方案。

3．确定单层办公局域网的施工方案，绘制图纸。

知识解析

一、网络布线的基本实施步骤

1．现场勘察

现场勘察的主要任务是与用户协商网络要求，根据用户提出的信息点位置和数量要求，参考建筑平面图等资料，结合网络设计方案对布线施工现场进行勘察，以初步预定信息点数目与位置，以及机柜和网络设备的初步定位。

2．规划设计

针对布线场地实地现场勘察情况和用户对网络的实际需求，制定合理的工程设计。工程设计将对网络布线全过程产生决定性的影响，因此应根据调研结果对费用预算、应用需求、施工进度等多方面进行综合考虑，并着手做出详细的设计方案。

3．制定方案

根据布线系统设计方案确定详细施工细节，综合考虑设计实施中的管理和操作，指定工程负责人和工程监理人员，规划各料、各工及内外协调、施工组织和管理等内容。施工方案中需要考虑用户方的配合程度，对于布线方案对路面和建筑物可能的破坏程度最好让用户知晓并得到对方管理部门批准。施工方案需要与用户方协商认可签字，并指定协调负责人予以配合。

4．经费概算

主要根据建筑平面图等资料计算线材的用量、信息插座的数目及机柜定位和数量。计算布线材料、工具、人工费用和工期等。

5．现场施工

主要是机柜内部安装、打信息模块、打配线架。机柜内部布置要整齐合理、分块鲜明、标识清楚，便于今后维护。

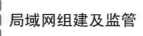

6．测试验收

根据相应的布线系统标准规范对布线系统进行各项技术指标的现场认证测试。

二、综合布线实施注意事项

1．合理计划，分工实施

根据施工要求，对施工过程作出合理的工作进程计划，将工作的职责具体化，分工到位，责任到人。

2．按照施工材料、设备标准实施

根据施工中所采用的布线材料和网络设备，采取标准的施工流程和规范的操作，保证材料和设备的安全、有效。

3．正确使用工具

正确使用网络布线工具，避免野蛮操作，损坏材料和工具。

考核评价表

班级：________ 姓名：________ 日期：________

工作任务 1——活动三　确定施工方案				
评　价　标　准				
考核内容	考核等级			
	优秀	良好	合格	不合格
施工方案	方案可行性强，内容准确、完整	方案可行，内容基本准确、完整	方案基本可行，内容基本准确、但有少量遗漏	方案不合理，内容不准确或有重大遗漏
工作过程	工作过程完全符合行业规范，成本意识高	工作过程符合行业规范	工作过程基本符合行业规范	工作过程不符合行业规范
成　绩　评　定				
评定				
自评				
互评				
师评				
反思：				

工作任务 2　单层办公局域网网络布线与监管

任务描述

根据施工方案查验施工材料进场情况，根据施工图纸，实施单层办公区域局域网络布线工程，按照施工进度，敷设管槽、线缆，进行双绞线端接，并进行链路连通性测试及敷设验收。

活动一　材料进场报验

学习情境

网络布线施工工具、设备与材料进场，需进行报验，如图 2-1-5 所示。

图 2-1-5　材料进场

学习方式

学生分组填写开工申请表，进行项目开工，开工前，完成工程材料的进场报验，根据模板，书写进场报验文档。

工作流程

填写开工申请表 → 进行进场报验 → 书写进场报验文档

操作内容

1. 填写开工申请表。
2. 按工程材料清单进行进场报验。
3. 填写物料进场验收单。

知识解析

施工工具简介

弯管弹簧：用于弯曲 PVC 管，如图 2-1-6 所示。

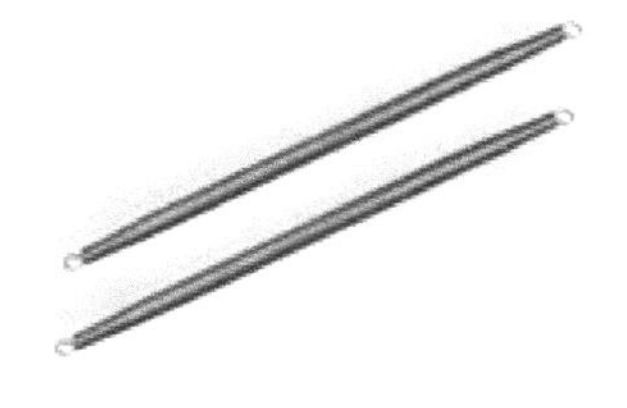

图 2-1-6　弯管弹簧

[工作任务单]

开工申请表

<table>
<tr><td>工程名称</td><td></td><td>文档编号：</td></tr>
<tr><td colspan="3">致：________________（监理单位）
根据合同的有关规定，我方认为工程具备了开工条件。经我单位上级负责人审查批准，特此申请__________项目开工，请予以审核批准。
附：1. 工程实施方案
2. 工程质量管理计划

承建单位（章）
项 目 经 理__________
日 期__________</td></tr>
<tr><td colspan="3">专业监理工程师审查意见：

专业监理工程师__________
日 期__________</td></tr>
<tr><td colspan="3">总监理工程师审核意见：

总监理工程师 __________
日 期 __________</td></tr>
</table>

物料进场签收单

单号：
日期：
客户名称：
联系电话：
物料清单：

序号	物料名称	产品型号	数量	单位	备注
1	RJ-45 接头			个	
2	双绞线	超 5 类		箱	
3	模块	超 5 类		个	
4	配线架	24 端口、超 5 类		个	
5	PVC 管	ϕ20		米	
6	直角弯头	ϕ20		个	
7	三通	ϕ20		个	
8	86 暗盒			套	
9	盒接			个	
10	管卡			个	
11	标签打印纸			卷	

施工工具清单：

序号	工具名称	数量	单位	备注
1	压线钳		个	
2	打线工具		个	
3	改锥		个	
4	螺钉		个	
5	卷尺		个	
6	剪管器		个	
7	打号机		台	
8	铅笔		支	
9	壁挂式机柜		个	

签收栏：

签收栏	以上货物已于　　年　　月　　日清点验收。 收货单位： 联系电话： 验收人：

请验证货物后填写以上内容，此签收单一式两份，发货方、收货方各执一份。

考核评价表

班级：________　　姓名：________　　日期：________

工作任务 2——活动一　材料进场报验			
评　价　标　准			
考核内容	考核等级		
	优秀	良好	合格
书写文档	文档准确、详细	文档准确，较详细	文档基本准确，较详细
物料验收	方法正确，清点准确	方法基本准确，清点准确	方法基本正确，清点基本正确
成　绩　评　定			
评定			
自评			
互评			
师评			
反思：			

活动二　管槽的敷设

学习情境

根据网络工程布线图进行明管的敷设。

学习方式

学生分组按施工图和施工进度表，敷设明管。

工作流程

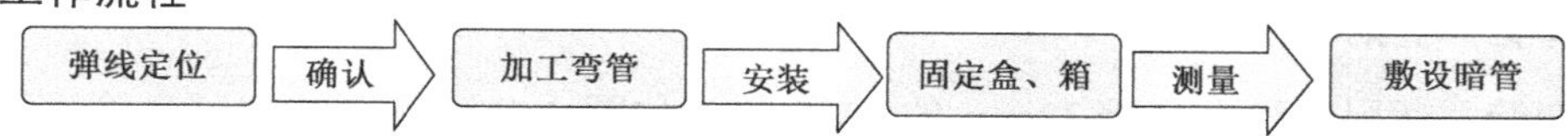

操作内容

1. 依照图纸，确认信息点位置。
2. 按施工图和施工进度表安装 86 暗盒。
3. 使用卷尺测量信息点间距，确认所需 PVC 管长度。
4. 测量 PVC 管长度，裁剪、弯曲 PVC 管。
5. 按施工图和施工进度表安装 PVC 管。
6. 检查管槽敷设的正确性和规范性，按模板填写管槽敷设检查记录。

敷设暗管示意图如图 2-1-7 所示。

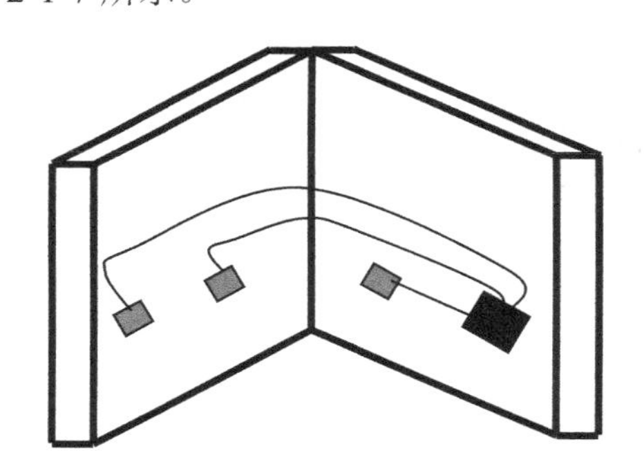

图 2-1-7　敷设暗管示意图

学生实施如图 2-1-8 所示。

暗管敷设完成效果如图 2-1-9 所示。

图 2-1-8　学生实施

图 2-1-9　敷设完成效果

知识解析

一、单层办公局域网布线施工操作规范

1．86信息盒、机柜、配线架安装正确、到位。

2．网络模块、网络配线架端接位置及线序正确（T568B）。

3．线缆预留长度合理，线管弯曲角度合理。

4．线标正确。

二、弯管弹簧的使用方法

手工弯管。适用管径不大于32mm的PVC管。如图2-1-10所示，先将弯管弹簧插入管内，两手抓住弯管弹簧在管内位置的两端，膝盖顶住被弯处，用力慢慢弯曲管子，考虑管子的回弹，弯曲度要控制合理，可以稍大一点，达到所需的角度后，抽出弹簧（用力均匀，避免受力点集中在一个点上），如图2-1-11所示。若弯管弹簧不易取出，可逆时针转动弹簧，使弹簧外径收缩，同时往外拉弹簧即可抽出，当管路较长时，可将弯管弹簧用细绳拴住一端，以便弯后方便抽出。

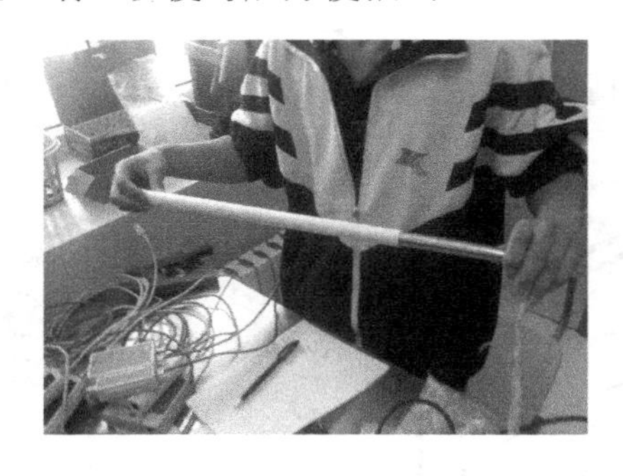

图2-1-10　弯管弹簧的使用

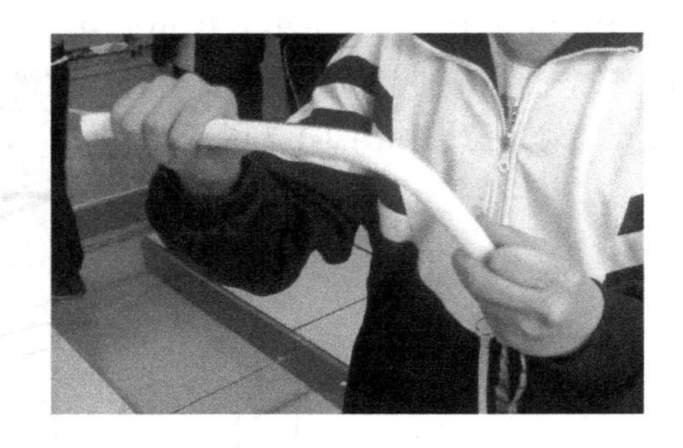

图2-1-11　弯曲角度合理

敷设暗管时应注意：不能使用弯头，每个管不得多于两处弯折点。

三、工作流程讲解

1．弹线定位

（1）根据设计图定位的要求，在现浇混凝土楼板的模板上进行测量，标注出灯头盒的准确位置。

（2）根据设计图的要求，在墙上确定盒、箱的位置，并进行弹线定位，按弹出的水平线用尺量出盒、箱的准确位置，并标出尺寸。

2．加工弯管

（1）冷弯法：适用管径不大于32mm的PVC管。可采用以下两种方法。

① 手工弯管。先将弯管弹簧插入管内，两手抓住弯管弹簧在管内位置的两端，膝盖顶住被弯处，用力慢慢弯曲管子，考虑管子的回弹，弯曲度要控制合理，可以稍大一点，达到所需的角度后，抽出弹簧。

② 使用手板弯管器弯管。将弯管弹簧插入管内，然后将管子插入手板弯管器内，手板一次即可以把管子弯出所需的角度。以上两种方法中，若弯管弹簧不易取出，可逆时针转动弹簧，使弹簧外径收缩，同时往外拉弹簧即可抽出，当管路较长时，可将弯管弹簧用细

绳拴住一端，以便煨弯后方便抽出。

（2）热弯法：适用管径大于32mm的PVC管。

将弯管弹簧插入管内需煨弯处，然后进行加热；热源可采用热风机、热水浴、油浴、电炉等加热，温度宜控制在80～100℃之间，加热部位应均匀受热，待管子被加热到所需的温度时，立即将管子放在平板上，固定管子一头，逐步弯出所需角度（注意：弯曲半径不得小于施工质量验收规范的规定，一般应≥6倍管内径），并用冷水湿布抹湿冷却，加速弯头硬化定型，然后抽出弯管弹簧。在加热和煨弯时，应避免管路出现烤伤、变色、破裂等现象。

3．固定盒、箱

（1）墙体内固定盒、箱，应根据设计图确定盒、箱的具体位置，然后手提切割机割好盒、箱的准确位置再剔洞，所剔孔洞应比盒箱体稍大一些，洞剔好后，应将洞中杂物清理干净，然后用水把洞内四壁浇湿；依照管路的走向敲掉盒（箱）的“敲落孔”，再用高标号水泥砂浆填入洞内将盒、箱稳端正，待水泥砂浆凝固后，方可接短管入盒箱。

（2）楼板上预埋吊钩和灯头盒时，应特别注意以下两点。

① 吊扇、花灯的吊钩应设于接线盒中心，吊钩宜在拆除模板后建筑粉刷前弯曲成型，吊扇、花灯的重心和吊钩的中心处应在同一直线上；预埋吊扇、花灯的吊钩应根据重量选择型材，采用不小于8mm的镀锌圆钢，预埋时应与板顶钢筋焊接或跨接固定。

② 楼板上灯头盒固定时，应采用镀锌铁丝和四根铁钉绑在盒体四角，钉在模板上，严禁用大号铁钉直接通过盒内钉入。

四、水平干线子系统

1．水平干线子系统结构

它是从工作区的信息插座开始到管理间子系统的配线架。结构一般为星形结构。是综合布线结构的一部分，它从工作区的信息插口一直到管理区，内有工作区的管理区，水平电缆的终端跳线架，如图2-1-12所示。完成水平布线的设计后，就要考虑以下的日常业务和系统。

（1）语音通信业务。

（2）室内交换设备。

（3）数据通信。

（4）局域网。

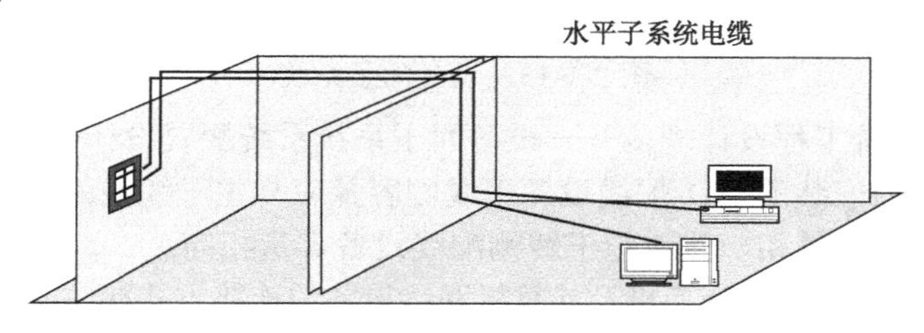

图2-1-12　水平子系统

2．综合布线系统工程设计规范——水平干线子系统配置设计

（1）干线子系统所需要的电缆总对数和光纤总芯数，应满足工程的实际需求，并留有适当的备份容量。主干缆线设置电缆与光缆，并互相作为备份路由。

（2）干线子系统主干缆线应选择较短的安全的路由。主干电缆宜采用点对点终接，也可采用分支递减终接。

（3）如果电话交换机和计算机主机设置在建筑物内不同的设备间，宜采用不同的主干缆线来分别满足语音和数据的需要。

（4）在同层若干电缆之间设置干线路由。

（5）主干电缆和光缆所需的容量要求及配置应符合以下规定。

① 对语音业务，大对数主干电缆的对数应按每一个电话8位模块通用插座配置1对线，并在总需求线对的基础上至少预留约10%的备用线对。

② 对于数据业务应以集线器（HUB）或交换机（SW）群（按4个HUB或SW组成1群），或以每个HUB或SW设备设置1个主干端口配置。每1群网络设备或每4个网络设备应考虑1个备份端口。主干端口为电端ICl时应按4对线容量，为光端口时则按2芯光纤容量配置。

③ 当工作区至电信间的水平光缆延伸至设备间的光配线设备（BD/CD）时，主干光缆的容量应包括所延伸的水平光缆光纤的容量在内。

④ 建筑物与建筑群配线设备处各类设备缆线和跳线的配备符合规定。

五、设备间子系统

1．设备间子系统组成

由电缆、连接器和相关支撑硬件组成。它把各种公共系统设备的多种不同设备互联起来，其中包括邮电部门的光缆、同轴电缆、程控交换机等。设备间是用来将建筑内的通信系统和布线系统的机械终端放置在一起。它与管理区的区别在于装有设备的特性和复杂性。设备间可提供管理区的任何功能，一个大楼内必须有一个管理区或设备间，如图2-1-13所示。

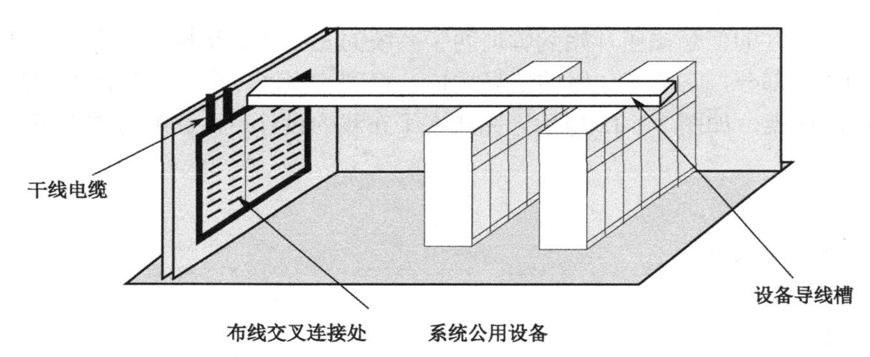

图2-1-13 设备间子系统

2．综合布线系统工程设计规范——设备间子系统系统配置设计

（1）在设备间内安装的BD配线设备干线侧容量应与主干缆线的容量相一致。设备侧的容量应与设备端口容量相一致或与干线侧配线设备容量相同。

（2）BD配线设备与电话交换机及计算机网络设备的连接方式亦应符合规定。

活动三 双绞线的敷设

学习情境

根据网络工程布线图进行双绞线的敷设。

学习方式

学生分组按施工图和施工进度表，敷设双绞线。

工作流程

操作内容

1．依据信息点位置，测量所需线缆长度。

2．裁剪双绞线。

3．PVC 管内穿入双绞线，两端预留适合长度。

4．双绞线编号，填写双绞线编号记录单。

5．检查双绞线敷设的正确性和规范性，按模板填写双绞线敷设检查记录。

知识解析

一、标注

为了便于区分线缆，我们常常使用专用打号机打印出线缆标签（图 2-1-14），并将标签粘贴在线缆的两端，如图 2-1-15 所示。标签上的标注内容可以根据实际情况自己设定，例如所连接的计算机编号、制作人姓名等。

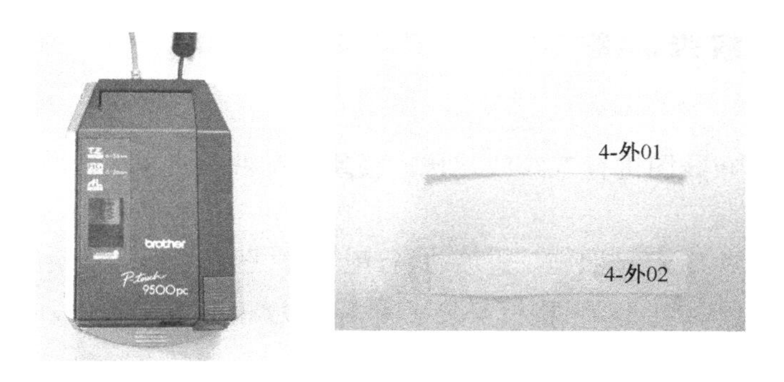

图 2-1-14　打号机　　　　图 2-1-15　标签

二、引线

房屋在做基础结构建设时通常按照施工图纸预先在墙壁中埋管，并同时在管中穿好钢丝引线（有足够强度的钢丝）。

如果预先没有穿引线或引线丢失，网线很难直接穿入到管槽中，可先把钢丝前面用钳子弯个小钩，把钢丝穿入 PVC 管内，推进的钢丝越深越好直至推不动为止，然后在 PVC 管的另一端拿另一根钢丝也同样弯个钩，推进 PVC 管内，当两根钢丝连接后，就开始旋转钢丝，让两根钢丝绞在一起，即完成一根钢丝引线。钢丝管外一端连上网线，把钢丝拉出来的同时，网线就可以穿进去。

[工作任务单]

线缆信息统计表

序　号	线 缆 编 号	连 通 情 况	备　注

活动四　双绞线端接

学习情境

根据网络工程布线图进行双绞线端接，模块和配线架安装。

学习方式

学生分组根据施工图，按照施工进度，进行配线架（图 2-1-16）、模块的端接（图 2-1-17）、RJ-45 接头的制作（图 2-1-18）、机柜安装（图 2-1-19），并测试双绞线的连通性。

工作流程

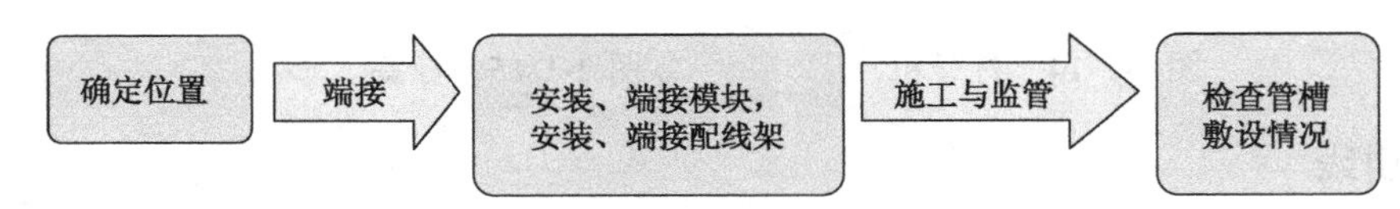

操作内容

1．按施工图和施工进度表安装模块，并做记录。

2．按施工图和施工进度表安装配线架，并做记录。

3．按施工进度表制作 RJ-45 接头。

4．测试双绞线的连通性，并做记录。

5．线缆编号，打标签。

6．检查双绞线端接的正确性和规范性，按模板填写双绞线端接检查记录。依照图纸，确认信息点位置。

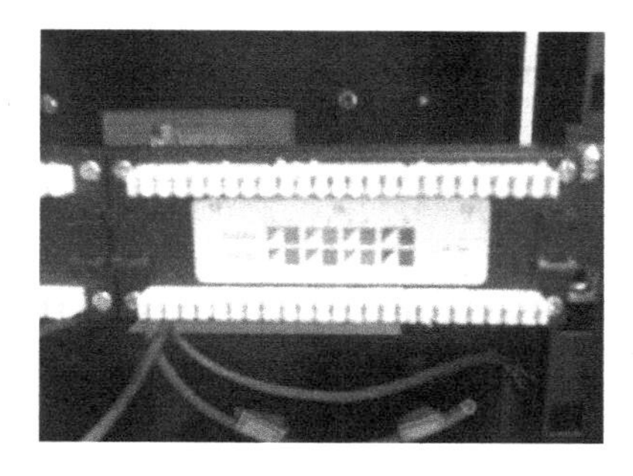

图 2-1-16　配线架端接

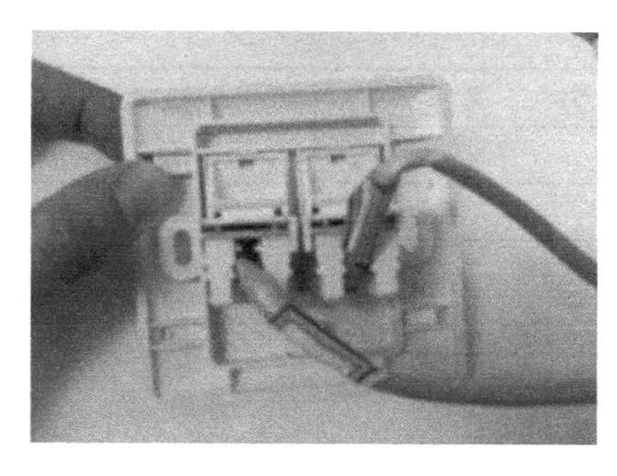

图 2-1-17　模块端接，贴标签

图 2-1-18　86 暗盒面板正面

图 2-1-19　壁挂式机柜

知识解析

配线架安装要求如下：

（1）采用下走线方式时，架底位置应与电缆上线孔相对应。

（2）各直列垂直倾斜误差应不大于 3mm，底座水平误差每平方米应不大于 2mm。

（3）接线端子各种标记应齐全。

（4）交接箱或暗线箱设在墙体内。安装机架、配线设备接地体应符合设计要求，并保持良好的电器连接。

[工作任务单]

线缆信息统计表

序　　号	线 缆 编 号	连 通 情 况	备　　注

续表

序　　号	线 缆 编 号	连 通 情 况	备　　注

工程质量验收记录表

组号：______ 填写人：_________

工程名称	单层办公局域网布线施工及监管			
施工组长		施工成员		
施工日期				
信息点对照表	信息点编号	配线架端口编号	连通性	
			□是　□否	
			□是　□否	
			□是　□否	
			□是　□否	
			□是　□否	
			□是　□否	
施工数据统计	信息点个数		86 暗盒个数	
检测项目	检测记录			
1．安装 86 暗盒	□定位准确 □安装垂直、水平度到位		□螺钉紧固、无松动 □底盒开口方向合理	
2．剪管	□长度合适		□角度合理、无死角	
3．敷设 PVC 管	□安装位置准确 □布局合理		□稳固	
4．敷设线缆	□符合布放缆线工艺要求 □预留合理		□线标准确 □缆线走向正确	
5．端接信息点模块	□线序正确		□符合工艺要求	
6．安装信息点面板	□安装位置正确		□螺钉紧固	
8．安装配线架	□安装位置正确 □螺钉紧固		□标志齐全 □安装符合工艺要求	
9．端接配线架	□线序正确 □线缆排列合理		□线标与配线架端口对应	
完成时间				
施工过程中遇到的问题及解决方案				

考核评价表

班级：________ 姓名：________ 日期：________

工作任务2、3、4——布线施工				
评　价　标　准				
考核内容	考核等级			
	优秀	良好	合格	不合格
管槽敷设检查记录	记录准确、清楚、完整	记录准确，较清楚、完整	记录基本准确，较清楚、完整	记录不准确，或不完整
双绞线敷设检查记录	记录准确、清楚、完整	记录准确，较清楚、完整	记录基本准确，较清楚、完整	记录不准确，或不完整
双绞线端接检查记录	记录准确、清楚、完整	记录准确，较清楚、完整	记录基本准确，较清楚、完整	记录不准确，或不完整
工作过程	工作过程完全符合行业规范，成本意识高	工作过程符合行业规范	工作过程基本符合行业规范	工作过程不符合行业规范
成　绩　评　定				
评定				
自评				
互评				
师评				
反思：				

活动五　链路连通性测试与敷设验收

学习情境

1．根据现场施工情况，测试线缆连通性，完成局域网布线。

2．单层办公局域网网络布线工程完成，需进行验收。

学习方式

1．根据编号统计表测试每根线缆连通性。

2．学生根据前面的检查记录，分组重新检查前期各种记录单中的所有问题是否已解决，按模板填写网络布线工程验收报告。

工作流程

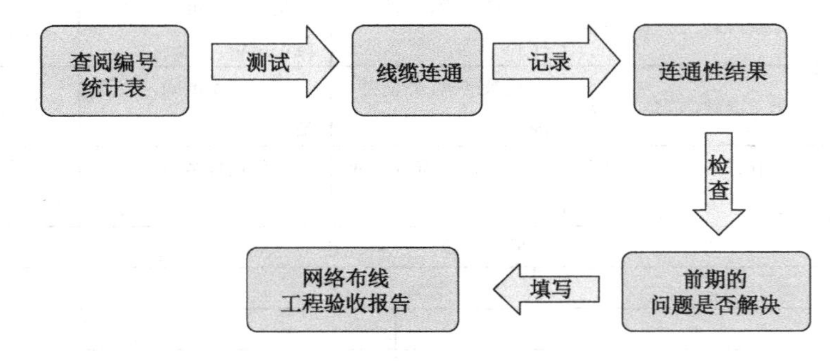

操作内容

1．依据编号统计表选择需要测试的线缆。

2．测试线缆连通性。

3．记录线缆连通性测试结果。

4．根据前面的检查记录，分组重新检查前期各种记录单中的所有问题是否已解决，并做记录。

5．按模板填写网络布线工程验收报告。

知识解析

测试双绞线连通性还可以使用专业测试仪，这种仪器测试多种类型的铜缆和光缆，功能强大，不仅可以测试线缆的连通性，还可以显示线缆的连接情况，分析具体的错误信息等多种用途，其数据具有权威性，多为专业网络测试公司和人员使用。如图 2-1-20 和图 2-1-21 所示。

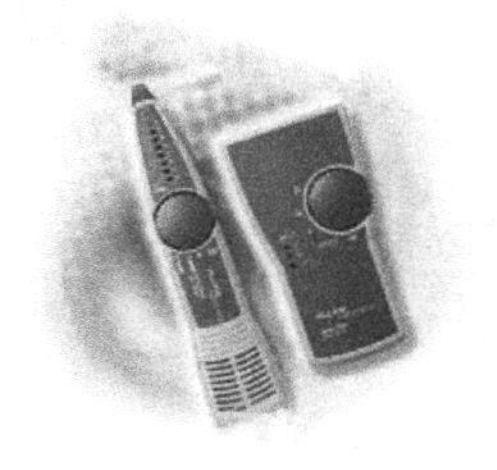

图 2-1-20　测线工具（一）

图 2-1-21　测线工具（二）

注意:

简易测线器只能简单的测试线缆是否导通，而传输质量的好坏则取决于一系列的因素，如线缆本身的衰减值、串扰的影响等。在这些因素影响下，有时会出现线缆工作不稳定，甚至完全不能工作的情况。这时我们往往需要更复杂和高级的测试设备才能准确地判断故障原因。

[工作任务单]

线缆连通性统计表

序号	线缆编号	连通情况	备注

工程阶段性测试验收（初验、终验）报审表

<table>
<tr><td>工程名称</td><td></td><td>文档编号：</td></tr>
<tr><td colspan="3">致：________________（监理单位）

我方已按要求完成了________________工程，经自检合格，请予以初验（终验）。
附录：工程阶段性测试验收（初验、终验）方案

承建单位（盖章）
项　目　经　理________
日　　　期________</td></tr>
</table>

续表

审查意见： 经初步验收，该工程 1．符合/不符合我国现行法律、法规要求； 2．符合/不符合我国现行工程建设标准； 3．符合/不符合设计方案要求； 4．符合/不符合承建合同要求。 综上所述，该工程初步验收合格/不合格，可以/不可以组织正式验收。 监理单位　　　　业主单位 确认人：________　　　　确认人：________ 日　期：________　　　　日　期：________

考核评价表

班级：________　　　　姓名：________　　　　日期：________

工作任务 2——活动五　链路连通性测试与敷设验收				
评　价　标　准				
考核内容	考核等级			
	优秀	良好	合格	不合格
网络布线工程验收报告	测试报告准确、清楚、完整	测试报告准确，较清楚、完整	测试报告基本准确，较清楚、完整	测试报告不准确、或不清楚、不完整
工作过程	工作过程完全符合行业规范，成本意识高	工作过程符合行业规范	工作过程基本符合行业规范	工作过程不符合行业规范
成　绩　评　定				
评定				
自评				
互评				
师评				

续表

反思：

综合实训 单层办公区网络布线

一、实训要求

利用实验室仿真墙构建单层办公室局域网络，采用暗管的方式敷设线缆，如图 2-1-22 所示，并安装机柜和端接模块、配线架，如图 2-1-23 所示。

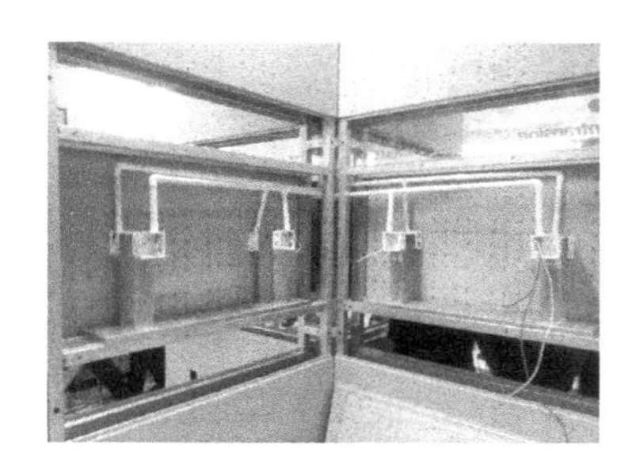

图 2-1-22 仿真墙敷设暗管效果

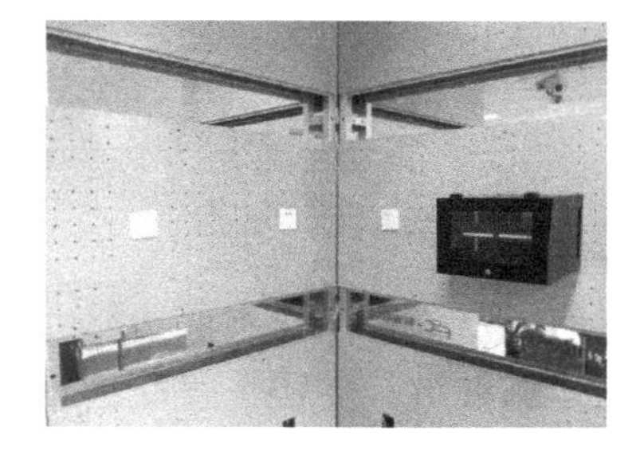

图 2-1-23 仿真墙安装暗管后效果

二、实训耗材及工具

PVC 管、86 底盒、螺钉、弯头、直通、三通、CAT5e 双绞线、盒接、CAT5e 模块、面板、卷尺、改锥、剪管钳、铅笔、弯管器、配线架、壁挂式机柜。

三、实训操作步骤

1. 拆卸仿真墙。
2. 固定信息点。
3. 测量信息点之间距离。
4. 裁剪 PVC 管。
5. 固定 PVC 管。
6. 穿线。
7. 安装仿真墙。
8. 安装机柜、模块、配线架。

9．安装信息点面板。

10．测试线缆连通性。

四、实训重点

◆ 正确拆卸安装仿真墙。
◆ 正确测量、固定 PVC 管。
◆ 正确安装信息点底盒、面板、连接件。
◆ 楼层布线，水平布线。

五、注意事项

◆ 施工过程中时刻注意安全，不可打闹。
◆ 工具使用后立刻归还原位，不得手持工具说笑打闹。
◆ 规划耗材使用量，不得随意浪费。
◆ 严格按照示意图施工，不得随意改变。
◆ 严格按照施工要求操作，不得野蛮拆卸。

工作任务 3　单层办公局域网设备调试与监管

任务描述

根据单层办公局域网实现功能，完成设备功能选型，规划机柜布局完成网络设备上架，根据实施任务，完成三层交换设备的基本配置与调试，最终完成设备联调验收。

活动一　设备功能选型与开箱验收

学习情境

网络布线工程验收完毕，依据标书中对单层办公局域网实现功能的要求，进行网络设备功能选型，并监管网络设备的开箱验收。

学习方式

学生分组根据标书中单层办公局域网实现功能要求，完成设备功能选型。根据模板，书写设备开箱验收记录。

工作流程

操作内容

1．阅读标书，找出单层办公局域的网络功能和设备要求，正确识读标书内关键部分——技术偏离表。

2．按实现功能要求，完成设备功能选型。

3．核对装箱单，根据装箱单的清单检查附件是否完备。

4．根据模板，书写设备开箱检验记录文档。

5．设备核对完毕后填写甲乙双方签收单。

知识解析

一、网络设备技术规范

要求投标方充分了解业主现有的网络情况，合理设计网络方案并做出方案详细说明及设备配置，要求方案设计合理并具有高安全性、易管理性、一定的前瞻性，未参照以上要求优化网络并提供设计方案的，视为对标书的不响应行为。

基本要求如下。

（1）高可靠性：所有部件可热插拔，故障的恢复时间在秒级间隔内完成，没有任何单一故障点；接入层交换机应从堆叠方式、上联方式及电源等方面考虑其可靠性；

（2）可扩充性：核心交换机应具备灵活的端口及模块的扩充能力，以满足网络规模的扩大；接入层交换机应具有丰富灵活的上联端口（光纤、双绞线、千兆、百兆等）；

（3）QoS 特性：从网络的核心层至桌面实现端到端的 QoS 解决方案，具有支持多媒体应用的能力，满足视频会议、VOD 应用的要求；

（4）安全性：从构筑的网络整体考虑其安全性，可有效控制网络的访问，灵活地实施网络安全控制策略及设备自身安全管理；

（5）可管理性：所构筑的网络中的任何设备均可以通过网管平台进行控制，设备状态、故障报警等都可以通过网管平台进行监控，从而提高网络管理的效率。

二、网络分层设计

对于网络，经常会有核心网络、接入网络等称呼，这些就是对网络进行分层的称呼；网络的分层设计具有四个优点：节约投资成本；理解简单；网络扩充容易；故障隔离方便。

如图 2-1-24 所示，网络分层一般会把网络分为核心层、汇聚层和接入层。

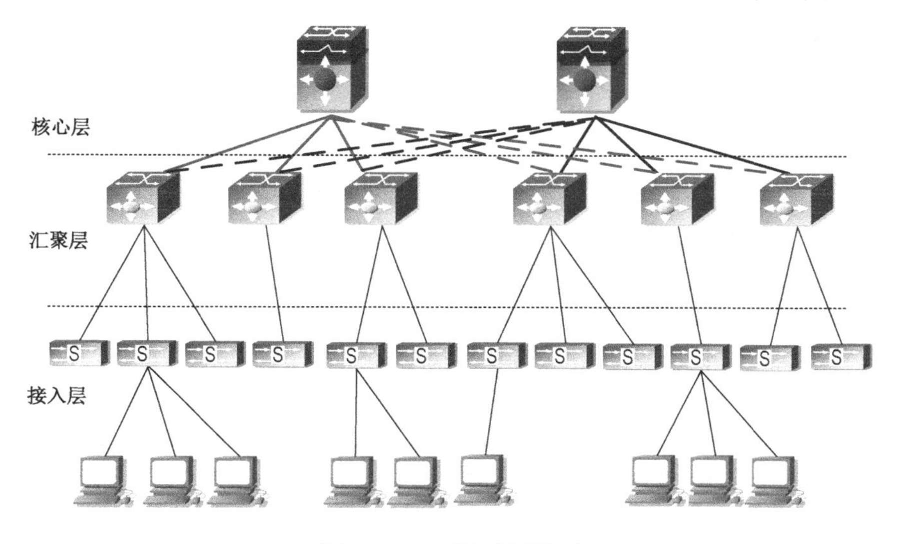

图 2-1-24　网络分层模型

核心层主要的任务是高速的数据交换，保证整个数据网络的传输快捷、平稳；在这一层一般不会大量的部署网络策略，以保证核心网络交换的高速、可靠。汇聚层主要的任务是保证网络具有以策略为基础的连通性，汇聚层把大量的来自接入层的访问路径进行汇聚和集中，在核心层和接入层之间提供协议转换和带宽管理。

汇聚层是整个网络的策略的实施和部署的地方，可以实现的功能如下：

（1）安全策略；

（2）部门或工作组的接入；

（3）VLAN 的划分；

（4）广播域的定义；

（5）QoS 服务质量；

（6）路由的汇聚。

在很多的中小型网络中，为了较少设备的投入，汇聚层和核心层往往会合为一层， 这样对核心设备的功能和性能的考验就比较艰巨。

接入层又分为局域网的接入层和广域网的接入层，由于互联网的普及，现在几乎所有的网络都需要互联网接入，这样都会有一个互联网络的接入层。

用来确定接入层的产品特征如下：

（1）提供用户本地接入网络；

（2）交换或共享式局域网特性；

（3）提供远程站点接入网络使用：ISDN，Frame Relay and Leased Lines，ADSL，DDN 等。

通过网络的分层模型，可以将网络简化为一个一个的小模块来设计，这样既保证了整个设计的简易性，又通过网络分层模型将网络有机地结合在一起，各个子层的功能相互有机的结合，为我们的网络设备的选区提供了依据。

[工作任务单]

单层办公局域网工具及设备清单

序号	类型名称	设备及工具名称	规格型号	数量
1	交换机	核心交换机		
		三层交换机		
		二层交换机		
2	路由器			
3	交换机机架			
4	环境制冷	空调		

设备开箱检验记录文档

<table>
<tr><td colspan="4">设备开箱检验记录</td><td>编　号</td><td colspan="2"></td></tr>
<tr><td colspan="2">设备名称</td><td colspan="2"></td><td>检查日期</td><td colspan="2"></td></tr>
<tr><td colspan="2">规格型号</td><td colspan="2"></td><td>总数量</td><td colspan="2"></td></tr>
<tr><td colspan="2">装箱单号</td><td colspan="2"></td><td>检验数量</td><td colspan="2"></td></tr>
<tr><td rowspan="5">检验记录</td><td>包装情况</td><td colspan="5"></td></tr>
<tr><td>随机文件</td><td colspan="5"></td></tr>
<tr><td>备件与附件</td><td colspan="5"></td></tr>
<tr><td>外观情况</td><td colspan="5"></td></tr>
<tr><td>测试情况</td><td colspan="5"></td></tr>
<tr><td rowspan="9">检验结果</td><td colspan="6">缺、损附备件明细表</td></tr>
<tr><td>序号</td><td>名称</td><td>规格</td><td>单位</td><td>数量</td><td>备注</td></tr>
<tr><td></td><td></td><td></td><td></td><td></td><td></td></tr>
<tr><td></td><td></td><td></td><td></td><td></td><td></td></tr>
<tr><td></td><td></td><td></td><td></td><td></td><td></td></tr>
<tr><td></td><td></td><td></td><td></td><td></td><td></td></tr>
<tr><td></td><td></td><td></td><td></td><td></td><td></td></tr>
<tr><td></td><td></td><td></td><td></td><td></td><td></td></tr>
<tr><td></td><td></td><td></td><td></td><td></td><td></td></tr>
<tr><td colspan="7">结论</td></tr>
<tr><td colspan="7"></td></tr>
<tr><td rowspan="2">签字栏</td><td colspan="2">建设（监理）单位</td><td colspan="2">施工单位</td><td colspan="2">供应单位</td></tr>
<tr><td colspan="2"></td><td colspan="2"></td><td colspan="2"></td></tr>
</table>

考核评价表

班级：＿＿＿＿＿　　姓名：＿＿＿＿＿　　日期：＿＿＿＿＿

<table>
<tr><td colspan="5">工作任务3——活动一　设备功能选型与开箱验收</td></tr>
<tr><td colspan="5">评　价　标　准</td></tr>
<tr><td rowspan="2">考核内容</td><td colspan="4">考核等级</td></tr>
<tr><td>优秀</td><td>良好</td><td>合格</td><td>不合格</td></tr>
<tr><td>设备清单</td><td>文档准确、详细</td><td>文档准确，较详细</td><td>文档基本准确，较详细</td><td>文档不准确</td></tr>
<tr><td>设备开箱检验记录文档</td><td>文档准确、详细</td><td>文档准确，较详细</td><td>文档基本准确，较详细</td><td>文档不准确</td></tr>
<tr><td>工作过程</td><td>工作过程完全符合行业规范，成本意识高</td><td>工作过程符合行业规范</td><td>工作过程基本符合行业规范</td><td>工作过程不符合行业规范</td></tr>
</table>

续表

成　绩　评　定			
评定			
自评			
互评			
师评			
反思：			

活动二　设备上架

学习情境

在实现单层办公局域网中，网络设备开箱验收后，按机柜规划，完成设备上架。

学习方式

通过观看视频、设备安装使用说明书，使学生了解单层办公局域网中网络设备上架的安装工艺，学生分组规划机柜布局并完成网络设备上架。

工作流程

操作内容

1．详细阅读所用型号网络设备的硬件安装手册。

2．规划机柜布局。

3．完成设备上架。

知识解析

一、机架配置

交换机的尺寸是按照 19 in 标准机柜设计的，整体尺寸大小为宽×高×深＝440mm × 44mm × 230mm。至于通风散热，请注意如下情况。

1. 机架上每一台设备工作时都会发热，因此封闭的机架必须有散热口和冷却风扇，而且设备不能放得太密集，以确保通风散热良好。

2. 在开放的机架上安装交换机时，注意机架的框架不要挡住交换机两侧的通风孔。在安装好交换机后要仔细检查交换机的安装状态，防止上述情况发生。

3. 确保已经为安装在机架底部的设备提供有效的通风措施。

4. 隔板帮助分开废气和吸入的空气，同时帮助冷空气在箱内流动，隔板的最佳位置取决于机架内的气流形式。

注意:

如果没有 19in 标准机柜，那么就需要将交换机安装在平稳的、干净的桌面上，同时四周要留出 10mm 的散热空间，同时不要在交换机上面放置重物。

二、机柜设备布局

1.6m 机柜设备布局图如图 2-1-25 所示。

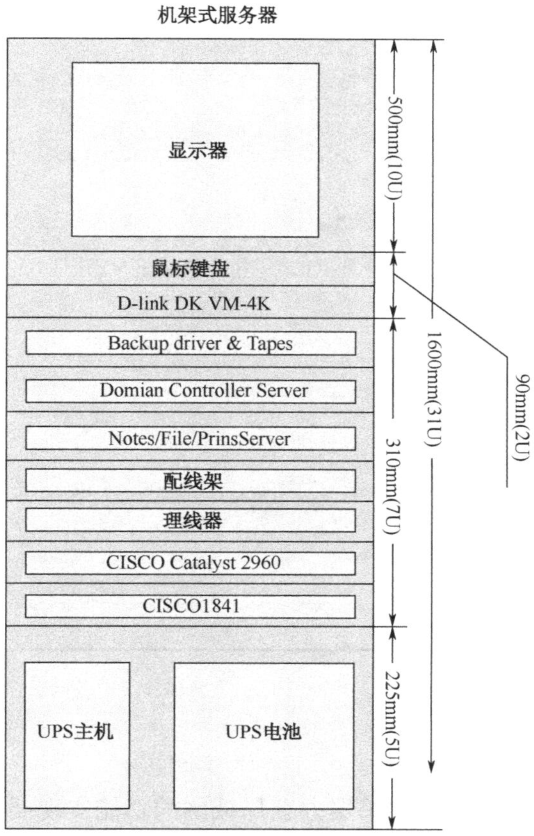

图 2-1-25　机柜布局图

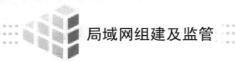

考核评价表

班级：________ 姓名：________ 日期：________

工作任务 3——活动二　设备上架				
评　价　标　准				
考核内容	考核等级			
	优秀	良好	合格	不合格
规划机柜布局	布局合理、位置最佳、便于升级维护	布局合理、通风散热良好、便于升级维护	布局基本合理	布局不合理
设备上架	工作过程完全符合行业规范，成本意识高	工作过程符合行业规范	工作过程基本符合行业规范	工作过程不符合行业规范
成　绩　评　定				
评定				
自评				
互评				
师评				
反思：				

活动三　设备配置与调试

学习情境

设备已经安装上架，现在要按单层办公局域网的功能实现要求，完成设备的配置与调试。单层办公局域网主要采用交换机管理。

学习方式

学生分组，根据实施任务，完成设备的基本配置与调试。掌握三层交换技术的实现。

工作流程

操作内容

1．按单层办公局域网的功能实现要求，完成设备的配置。
2．按单层办公局域网的功能实现要求，完成设备的调试。

[实训任务]

实训1　跨交换机相同VLAN间通信

一、应用场景

教学楼有两层，分别是一年级、二年级，每个楼层都有一台交换机满足老师上网需求；每个年级都有语文教研组和数学教研组；两个年级的语文教研组的计算机可以互相访问；两个年级的数学教研组的计算机可以互相访问；语文教研组和数学教研组之间不可以自由访问。

通过划分VLAN使得语文教研组和数学教研组之间不可以自由访问；使用802.1Q进行跨交换机的VLAN。

二、实训设备

1．DCRS-5650交换机2台（SoftWare Version is DCRS-5650-28_5.2.1.0）。
2．PC 2台。
3．Console线1根。
4．直通网线2根。

三、实训拓扑

实训拓扑如图2-1-26所示。

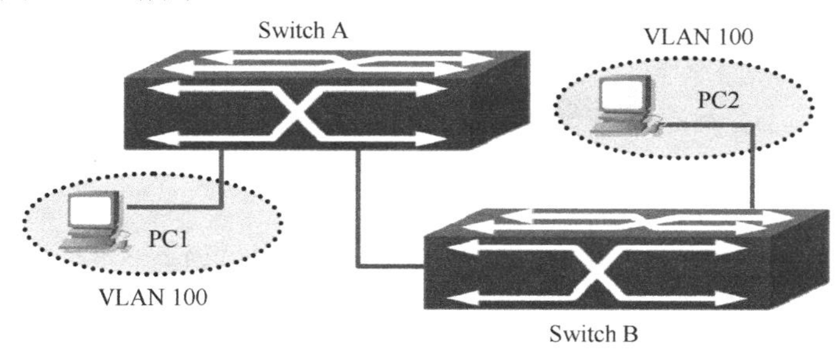

图2-1-26　实训拓扑

四、实训要求

在交换机 A 和交换机 B 上分别划分两个基于端口的 VLAN：VLAN100、VLAN200。

VLAN	端口成员
100	1～8
200	9～16
Trunk 端口	24

使得交换机之间 VLAN100 的成员能够互相访问，VLAN200 的成员能够互相访问；VLAN100 和 VLAN200 成员之间不能互相访问。

PC1 和 PC2 的网络设置如下：

设备	IP 地址	Mask
交换机 A	192.168.1.11	255.255.255.0
交换机 B	192.168.1.12	255.255.255.0
PC1	192.168.1.101	255.255.255.0
PC2	192.168.1.102	255.255.255.0

PC1、PC2 分别接在不同交换机 VLAN100 的成员端口 1～8 上，两台 PC 互相可以 Ping 通；PC1、PC2 分别接在不同交换机 VLAN 的成员端口 9～16 上，两台 PC 互相可以 Ping 通；PC1 和 PC2 接在不同 VLAN 的成员端口上则互相 Ping 不通。

若实训结果和理论相符，则本实训完成。

五、实训步骤

第一步：交换机恢复出厂设置。

```
switch#set default
switch#write
switch#reload
```

第二步：给交换机设置标示符和管理 IP。

交换机 A：

```
switch(Config)#hostname switchA
switchA(Config)#interface vlan 1
switchA(Config-If-Vlan1)#ip address 192.168.1.11 255.255.255.0
switchA(Config-If-Vlan1)#no shutdown
switchA(Config-If-Vlan1)#exit
switchA(Config)#
```

交换机 B：

```
switch(Config)#hostname switchB
switchB(Config)#interface vlan 1
switchB(Config-If-Vlan1)#ip address 192.168.1.12 255.255.255.0
switchB(Config-If-Vlan1)#no shutdown
switchB(Config-If-Vlan1)#exit
switchB(Config)#
```

第三步：在交换机中创建 VLAN100 和 VLAN200，并添加端口。

交换机 A：

```
switchA(Config)#vlan 100
switchA(Config-Vlan100)#
switchA(Config-Vlan100)#switchport interface ethernet 0/0/1-8
switchA(Config-Vlan100)#exit
switchA(Config)#vlan 200
switchA(Config-Vlan200)#switchport interface ethernet 0/0/9-16
switchA(Config-Vlan200)#exit
switchA(Config)#
```

验证配置如下。

```
switchA#show vlan
VLAN Name         Type       Media     Ports
  -- ----------- ---------- --------- --------------------------
1    default      Static     ENET      Ethernet0/0/17       Ethernet0/0/18
                                       Ethernet0/0/19       Ethernet0/0/20
                                       Ethernet0/0/21       Ethernet0/0/22
                                       Ethernet0/0/23       Ethernet0/0/24
                                       Ethernet0/0/25       Ethernet0/0/26
                                       Ethernet0/0/27       Ethernet0/0/28
100  VLAN0100     Static     ENET      Ethernet0/0/1        Ethernet0/0/2
                                       Ethernet0/0/3        Ethernet0/0/4
                                       Ethernet0/0/5        Ethernet0/0/6
                                       Ethernet0/0/7        Ethernet0/0/8
200  VLAN0200     Static     ENET      Ethernet0/0/9        Ethernet0/0/10
                                       Ethernet0/0/11       Ethernet0/0/12
                                       Ethernet0/0/13       Ethernet0/0/14
                                       Ethernet0/0/15       Ethernet0/0/16
switchA#
```

交换机 B 配置与交换机 A 一样。

第四步：设置交换机 Trunk 端口。

交换机 A：

```
switchA(Config)#interface ethernet 0/0/24
switchA(Config-Ethernet0/0/24)#switchport mode trunk
Set the port Ethernet0/0/24 mode TRUNK successfully
switchA(Config-Ethernet0/0/24)#switchport trunk allowed vlan all
set the port Ethernet0/0/24 allowed vlan successfully
switchA(Config-Ethernet0/0/24)#exit
switchA(Config)#
```

验证配置如下。

```
switchA#show vlan
VLAN Name         Type       Media     Ports
 ---- ------------ ---------- --------- ------------------------------
1    default      Static     ENET      Ethernet0/0/17   Ethernet0/0/18
                                       Ethernet0/0/19   Ethernet0/0/20
                                       Ethernet0/0/21   Ethernet0/0/22
                                       Ethernet0/0/23   Ethernet0/0/24 (T)
                                       Ethernet0/0/25   Ethernet0/0/26
                                       Ethernet0/0/27   Ethernet0/0/28
100  VLAN0100     Static     ENET      Ethernet0/0/1    Ethernet0/0/2
                                       Ethernet0/0/3    Ethernet0/0/4
                                       Ethernet0/0/5    Ethernet0/0/6
                                       Ethernet0/0/7    Ethernet0/0/8
                          Ethernet0/0/24 (T)
200  VLAN0200     Static     ENET      Ethernet0/0/9    Ethernet0/0/10
                                       Ethernet0/0/11   Ethernet0/0/12
                                       Ethernet0/0/13   Ethernet0/0/14
                                       Ethernet0/0/15   Ethernet0/0/16
                          Ethernet0/0/24 (T)
switchA#
```

24 端口已经出现在 VLAN1、VLAN100 和 VLAN200 中，并且 24 端口不是一个普通端口，是 tagged 端口。

交换机 B 配置同交换机 A。

第五步：验证实训。

交换机 A 上 Ping 交换机 B:

```
switchA#ping 192.168.1.12
Type ^c to abort
Sending 5 56-byte ICMP Echos to 192.168.1.12, timeout is 2 seconds
!!!!!
Success rate is 100 percent (5/5), round-trip min/avg/max = 1/1/1 ms
switchA#
```

表明交换机之前的 Trunk 链路已经成功建立。

按下表验证，PC1 插在交换机 A 上，PC2 插在交换机 B 上。

PC1 位置	PC2 位置	动　作	结　果
1～8 端口		PC1 Ping 交换机 B	不通
9～16 端口		PC1 Ping 交换机 B	不通
17～24 端口		PC1 Ping 交换机 B	通
1～8 端口	1～8 端口	PC1 Ping PC2	通
1～8 端口	9～16 端口	PC1 Ping PC2	不通

六、思考与练习

VLAN 及其端口成员如下表所示。

（1）Trunk、access、tagged、untagged 这几个专业术语的关联与区别是什么？

（2）请给交换机 A 和 B 分别划分三个 VLAN，验证 VLAN 实训。

VLAN	端口成员
10	5～8
20	9～12
30	13～16
Trunk 端口	1～4

七、注意事项和排错

1．取消一个 VLAN 可以使用 no vlan 命令。

2．取消 VLAN 的某个端口可以在 VLAN 模式下使用 no switchport interface ethernet 0/0/x 命令。

3．当使用 switchport trunk allowed vlan all 命令后，所有以后创建的 VLAN 中都会自动添加 Trunk 端口为成员端口。

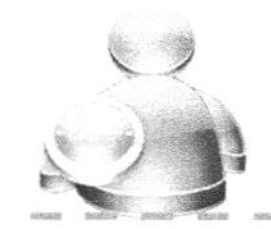

实训 2　生成树实训

一、应用场景

交换机之间具有冗余链路本来是一件很好的事情，但是它有可能引起的问题比它能够解决的问题还要多。如果准备两条以上的路，就必然形成了一个环路，交换机并不知道如何处理环路，只是周而复始地转发帧，形成一个“死循环”，这个死循环会造成整个网络处于阻塞状态，导致网络瘫痪。

采用生成树协议可以避免环路。

生成树协议的根本目的是将一个存在物理环路的交换网络变成一个没有环路的逻辑树形网络。IEEE 802.1d 协议通过在交换机上运行一套复杂的算法 STA（Spanning-tree Algorithm），使冗余端口置于“阻断状态”，使得接入网络的计算机在与其他计算机通信时，只有一条链路生效，而当这个链路出现故障无法使用时，IEEE 802.1d 协议会重新计算网络链路，将处于“阻断状态”的端口重新打开，从而既保障了网络正常运转，又保证了冗余能力。

二、实训设备

1．DCRS-5650 交换机 2 台（SoftWare Version is DCRS-5650-28_5.2.1.0）。

2．PC 2 台。

3．Console 线 1～2 根。

4．直通网线 4～8 根。

三、实训拓扑

实训拓扑如图 2-1-27 所示。

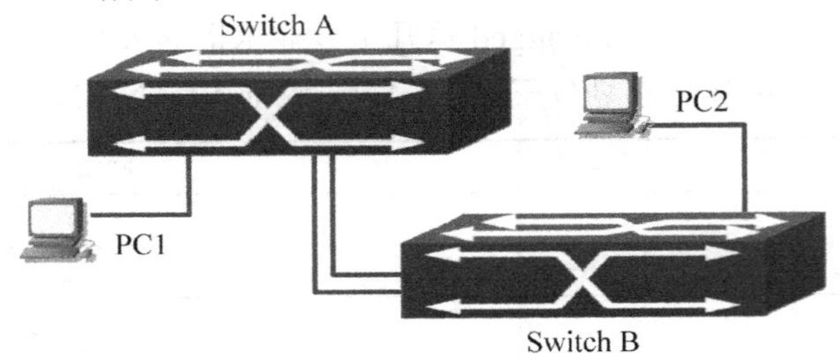

图 2-1-27　实训拓扑

四、实训要求

IP 地址设置如下表所示。

设备	IP	Mask
交换机 A	192.168.1.11	255.255.255.0
交换机 B	192.168.1.12	255.255.255.0
PC1	192.168.1.101	255.255.255.0
PC2	192.168.1.102	255.255.255.0

网线连接如下表所示。

交换机 A　E0/0/1	交换机 B　E0/0/3
交换机 A　E0/0/2	交换机 B　E0/0/4
PC1	交换机 A　E0/0/24
PC2	交换机 B　E0/0/23

如果生成树成功，则 PC1 可以 Ping 通 PC2。

五、实训步骤

第一步：正确连接网线，恢复出厂设置之后，做初始配置。

交换机 A：

```
switch#config
switch(Config)#hostname switchA
switchA(Config)#interface vlan 1
switchA(Config-If-Vlan1)#ip address 192.168.1.11 255.255.255.0
switchA(Config-If-Vlan1)#no shutdown
switchA(Config-If-Vlan1)#exit
switchA(Config)#
```

交换机 B：

```
switch#config
switch(Config)#hostname switchB
switchB(Config)#interface vlan 1
switchB(Config-If-Vlan1)#ip address 192.168.1.12 255.255.255.0
switchB(Config-If-Vlan1)#no shutdown
```

```
switchB(Config-If-Vlan1)#exit
switchB(Config)#
```

第二步："PC1 Ping PC2-t　"观察现象。

（1）ping 不通。

（2）所有连接网线的端口的绿灯很频繁地闪烁，表明该端口收发数据量很大，已经在交换机内部形成广播风暴。

（3）使用 show cpu usage 命令观察两台交换机 CPU 使用率。

```
switchA#sh cpu usage

Last  5 second CPU IDLE:  96%
Last 30 second CPU IDLE:  96%
Last  5 minute CPU IDLE:  97%
From  running  CPU IDLE:  97%

switchB#sh cpu usage

Last  5 second CPU IDLE:  96%
Last 30 second CPU IDLE:  97%
Last  5 minute CPU IDLE:  97%
From  running  CPU IDLE:  97%
```

第三步：在两台交换机中都启用生成树协议。

```
switchA(Config)#spanning-tree
MSTP is starting now, please wait..........
MSTP is enabled successfully.
switchA(Config)#

switchB(Config)#spanning-tree
MSTP is starting now, please wait..........
MSTP is enabled successfully.
switchB(Config)#
```

验证配置如下。

```
switchA#show spanning-tree
                  -- MSTP Bridge Config Info --

Standard     :  IEEE 802.1s
Bridge MAC   :  00:03:0f:0f:6e:ad
Bridge Times :  Max Age 20, Hello Time 2, Forward Delay 15
Force Version:  3

############################ Instance 0 ############################
Self Bridge Id   : 32768 -  00:03:0f:0f:6e:ad
Root Id          : 32768.00:03:0f:0b:f8:12
Ext.RootPathCost : 200000
```

```
Region Root Id   : this switch
Int.RootPathCost : 0
Root Port ID     : 128.1
Current port list in Instance 0:
Ethernet0/0/1 Ethernet0/0/2 (Total 2)

  PortName      ID     ExtRPC    IntRPC  State Role     DsgBridge        DsgPort
---------- ------- --------- --------- --- ---- ------------------ -------
 Ethernet0/0/1 128.001       0         0 FWD ROOT 32768.00030f0bf812 128.003
 Ethernet0/0/2 128.002       0         0 BLK ALTR 32768.00030f0bf812 128.004

switchB#show spanning-tree
              -- MSTP Bridge Config Info --

Standard      :  IEEE 802.1s
Bridge MAC    :  00:03:0f:0b:f8:12
Bridge Times  :  Max Age 20, Hello Time 2, Forward Delay 15
Force Version:  3

########################### Instance 0 ###########################
Self Bridge Id   : 32768 -  00:03:0f:0b:f8:12
Root Id          : this switch
Ext.RootPathCost : 0
Region Root Id   : this switch
Int.RootPathCost : 0
Root Port ID     : 0
Current port list in Instance 0:
Ethernet0/0/3 Ethernet0/0/4  (Total 2)

  PortName      ID     ExtRPC    IntRPC  State Role     DsgBridge        DsgPort
---------- ------- --------- --------- --- ---- ------------------ -------
 Ethernet0/0/3 128.003       0         0 FWD DSGN 32768.00030f0bf812 128.003
 Ethernet0/0/4 128.004       0         0 FWD DSGN 32768.00030f0bf812 128.004
```

从 show 中可以看出，交换机 B 是根交换机，交换机 A 的 1 端口是根端口。

第四步：继续使用“PC1 Ping PC2 –t ”观察现象。

（1）拔掉交换机 B 端口 4 的网线，观察现象。

（2）插上交换机 B 端口 4 的网线，观察现象。

六、思考与练习

1．生成树协议怎样选取根端口和指定端口。

2．MSTP 通过怎样的策略可以使备份链路实现快速启用。

3．使用 4 根网线连接两台交换机，观察根端口的选择，观察备份线路启用时候的 debug 信息。

4．使用“spanning-tree”来进行上面的实训，体验备份链路启用和断开所需要的时间长短。

七、注意事项和排错

1．如果想在交换机上运行 MSTP，首先必须在全局打开 MSTP 开关。在没有打开全局 MSTP 开关之前，打开端口的 MSTP 开关是不允许的。

2．用户在修改 MSTP 参数时，应该清楚所产生的各个拓扑。除了全局的基于网桥的参数配置外，其他的是基于各个实例的配置，在配置时一定要注意配置参数对应的实例是否正确。

实训 3　多实例生成树实训

一、应用场景

相对于基本生成树，多实例生成树允许多个具有相同拓扑的 VLAN 映射到一个生成树实例上，而这个生成树拓扑同其他生成树实例相互独立。这种机制多重生成树实例为映射到它的 VLAN 的数据流量提供了独立的发送路径，实现不同实例间 VLAN 数据流量的负载分担。

多实例生成树由于多个 VLAN 可以映射到一个单一的生成树实例，IEEE 802.1s 委员会提出了 MST 域的概念，用来解决如何判断某个 VLAN 映射到哪个生成树实例的问题。在这个实训环境中我们来进一步理解多 VLAN 的生成树协议原理和实训拓扑生成。

二、实训设备

1．DCRS-5650 交换机 2 台（SoftWare Version is DCRS-5650-28_5.2.1.0）。

2．PC 2 台。

3．Console 线 1～2 根。

4．直通网线 4～8 根。

三、实训拓扑

实训拓扑如图 2-1-28 所示。

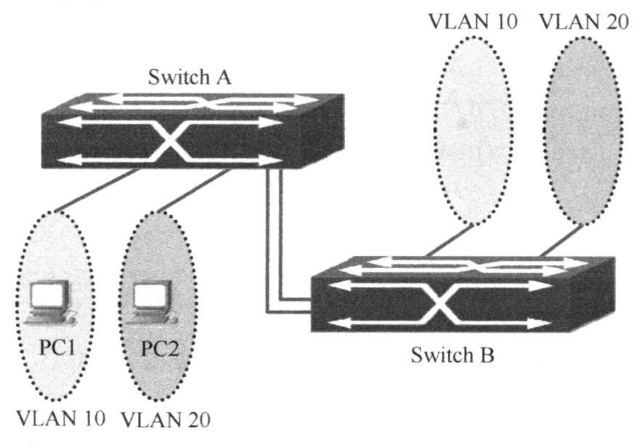

图 2-1-28　实训拓扑

四、实训要求

网线连接如下表所示。

交换机 A　E0/0/23	交换机 B　E0/0/23
交换机 A　E0/0/24	交换机 B　E0/0/24
PC1	交换机 A　E0/0/1
PC2	交换机 B　E0/0/9

如果多实例生成树成功，则通过 show spanning-tree mst 观察到不同实例中 Trunk 链路的阻塞状况，实现 VLAN10 只通过 23 端口，VLAN20 只通过 24 端口，用多实例生成树完成数据流量的负载均衡。

五、实训步骤

第一步：正确连接网线，恢复出厂设置之后，配置交换机的 VLAN 信息，配置端口到 VLAN 的映射关系。

交换机 A：

```
DCRS-5650-A#config
DCRS-5650-A(Config)#vlan 10
DCRS-5650-A(Config-Vlan10)#switchport interface ethernet 0/0/1-8
Set the port Ethernet0/0/1 access vlan 10 successfully
Set the port Ethernet0/0/2 access vlan 10 successfully
Set the port Ethernet0/0/3 access vlan 10 successfully
Set the port Ethernet0/0/4 access vlan 10 successfully
Set the port Ethernet0/0/5 access vlan 10 successfully
Set the port Ethernet0/0/6 access vlan 10 successfully
Set the port Ethernet0/0/7 access vlan 10 successfully
Set the port Ethernet0/0/8 access vlan 10 successfully
DCRS-5650-A(Config-Vlan10)#exit
DCRS-5650-A(Config)#vlan 20
DCRS-5650-A(Config-Vlan20)#switchport interface ethernet 0/0/9-16
Set the port Ethernet0/0/9 access vlan 20 successfully
Set the port Ethernet0/0/10 access vlan 20 successfully
Set the port Ethernet0/0/11 access vlan 20 successfully
Set the port Ethernet0/0/12 access vlan 20 successfully
Set the port Ethernet0/0/13 access vlan 20 successfully
Set the port Ethernet0/0/14 access vlan 20 successfully
Set the port Ethernet0/0/15 access vlan 20 successfully
Set the port Ethernet0/0/16 access vlan 20 successfully
DCRS-5650-A(Config-Vlan20)#exit
DCRS-5650-A(Config)#interface ethernet 0/0/23-24
DCRS-5650-A(Config-If-Port-Range)#switchport mode trunk
Set the port Ethernet0/0/23 mode TRUNK successfully
Set the port Ethernet0/0/24 mode TRUNK successfully
DCRS-5650-A(Config-If-Port-Range)#exit
DCRS-5650-A(Config)#
```

交换机 B：

```
DCRS-5650-B#config
DCRS-5650-B(Config)#vlan 10
DCRS-5650-B(Config-Vlan10)#switchport interface ethernet 0/0/1-8
Set the port Ethernet0/0/1 access vlan 10 successfully
Set the port Ethernet0/0/2 access vlan 10 successfully
Set the port Ethernet0/0/3 access vlan 10 successfully
Set the port Ethernet0/0/4 access vlan 10 successfully
Set the port Ethernet0/0/5 access vlan 10 successfully
Set the port Ethernet0/0/6 access vlan 10 successfully
Set the port Ethernet0/0/7 access vlan 10 successfully
Set the port Ethernet0/0/8 access vlan 10 successfully
DCRS-5650-B(Config-Vlan10)#exit
DCRS-5650-B(Config)#vlan 20
DCRS-5650-B(Config-Vlan20)#switchport interface ethernet 0/0/9-16
Set the port Ethernet0/0/9 access vlan 20 successfully
Set the port Ethernet0/0/10 access vlan 20 successfully
Set the port Ethernet0/0/11 access vlan 20 successfully
Set the port Ethernet0/0/12 access vlan 20 successfully
Set the port Ethernet0/0/13 access vlan 20 successfully
Set the port Ethernet0/0/14 access vlan 20 successfully
Set the port Ethernet0/0/15 access vlan 20 successfully
Set the port Ethernet0/0/16 access vlan 20 successfully
DCRS-5650-B(Config-Vlan20)#exit
DCRS-5650-B(Config)#interface ethernet 0/0/23-24
DCRS-5650-B(Config-If-Port-Range)#switchport mode trunk
Set the port Ethernet0/0/23 mode TRUNK successfully
Set the port Ethernet0/0/24 mode TRUNK successfully
DCRS-5650-B(Config-If-Port-Range)#exit
DCRS-5650-B(Config)#
```

第二步：配置多实例生成树，在交换机 A、B 上分别将 VLAN 10 映射到实例 1 上；将 VLAN 20 映射到实例 2 上。

交换机 A：

```
DCRS-5650-A(Config)# spanning-tree mst configuration
DCRS-5650-A(Config-Mstp-Region)#name mstp
DCRS-5650-A(Config-Mstp-Region)#instance 1 vlan 10
DCRS-5650-A(Config-Mstp-Region)#instance 2 vlan 20
DCRS-5650-A(Config-Mstp-Region)#exit
DCRS-5650-A(Config)# spanning-tree
MSTP is starting now, please wait..........
MSTP is enabled successfully.
```

交换机 B：

```
DCRS-5650-B(Config)# spanning-tree mst configuration
DCRS-5650-B(Config-Mstp-Region)#name mstp
```

```
DCRS-5650-B(Config-Mstp-Region)#instance 1 vlan 10
DCRS-5650-B(Config-Mstp-Region)#instance 2 vlan 20
DCRS-5650-B(Config-Mstp-Region)#exit
DCRS-5650-B(Config)# spanning-tree
MSTP is starting now, please wait..........
MSTP is enabled successfully.
```

第三步：在根交换机中配置端口在不同实例中的优先级，确保不同实例阻塞不同端口。

查找根交换机：

```
switchA#show spanning-tree
                -- MSTP Bridge Config Info --

Standard      :  IEEE 802.1s
Bridge MAC    :  00:03:0f:0b:f8:12
Bridge Times :  Max Age 20, Hello Time 2, Forward Delay 15
Force Version:  3

########################### Instance 0 ###########################
Self Bridge Id    : 32768 -  00:03:0f:0b:f8:12
Root Id           : this switch
Ext.RootPathCost : 0
Region Root Id    : this switch
Int.RootPathCost : 0
Root Port ID      : 0
Current port list in Instance 0:
.........................
```

从 show 中可以看出，交换机 A 是根交换机，在根交换机上修改 Trunk 端口在不同实例中的优先级。

```
DCRS-5650-A(Config)#interface ethernet 0/0/23
DCRS-5650-A(Config-If-Ethernet0/0/23)#spanning-tree mst 1 port-priority
32
DCRS-5650-A(Config-If-Ethernet0/0/23)#exit
DCRS-5650-A(Config)#interface ethernet 0/0/24
DCRS-5650-A(Config-If-Ethernet0/0/24)#spanning-tree mst 2 port-priority
32
DCRS-5650-A(Config-If-Ethernet0/0/24)#exit
DCRS-5650-A(Config)#
```

第四步：配置交换机 B 的 Loopback 端口，验证多实例生成树。

1．配置交换机 B 上各 VLAN 所属 Loopback 端口，保证各 VLAN 在线。

```
DCRS-5650-B(Config)#interface ethernet 0/0/1
DCRS-5650-B(Config-If-Ethernet0/0/1)#loopback
DCRS-5650-B(Config-If-Ethernet0/0/1)#exit
DCRS-5650-B(Config)#interface ethernet 0/0/9
DCRS-5650-B(Config-If-Ethernet0/0/9)#loopback
DCRS-5650-B(Config-If-Ethernet0/0/9)#exit
```

2．用 show spanning-tree mst 命令，观察各现象。

```
DCRS-5650-A#show spanning-tree mst
############################ Instance 0 ############################
vlans mapped     : 1-9;11-19;21-4094
Self Bridge Id   : 32768.00:03:0f:0b:f8:12
Root Id          : this switch
Root Times       : Max Age 20, Hello Time 2, Forward Delay 15 ,max hops 20
   PortName   ID     ExtRPC    IntRPC  State Role    DsgBridge        DsgPort
-------------- ------- --------- --------- --- ---- ------------------ -------
 Ethernet0/0/1 128.001         0       0 FWD DSGN 32768.00030f0bf812 128.001
 Ethernet0/0/9 128.009         0       0 FWD DSGN 32768.00030f0bf812 128.009
Ethernet0/0/23 128.023         0       0 FWD DSGN 32768.00030f0bf812 128.023
Ethernet0/0/24 128.024         0       0 FWD DSGN 32768.00030f0bf812 128.024
############################ Instance 1 ############################
vlans mapped     : 10
Self Bridge Id   : 32768-00:03:0f:0b:f8:12
Root Id          : this switch
   PortName      ID     IntRPC   State Role     DsgBridge      DsgPort
-------------- ------- --------- --- ---- ------------------ -------
 Ethernet0/0/1  128.001          0  FWD DSGN 32768.00030f0bf812 128.001
Ethernet0/0/23  032.023          0  FWD DSGN 32768.00030f0bf812 032.023
Ethernet0/0/24  128.024          0  FWD DSGN 32768.00030f0bf812 128.024
############################ Instance 2 ############################
vlans mapped     : 20
Self Bridge Id   : 32768-00:03:0f:0b:f8:12
Root Id          : this switch
   PortName      ID     IntRPC   State Role     DsgBridge      DsgPort
-------------- ------- --------- --- ---- ------------------ -------
 Ethernet0/0/9  128.009          0  FWD DSGN 32768.00030f0bf812 128.009
Ethernet0/0/23  128.023          0  FWD DSGN 32768.00030f0bf812 128.023
Ethernet0/0/24  032.024          0  FWD DSGN 32768.00030f0bf812 032.024
############################ Instance 3 ############################

DCRS-5650-B(config)#sh spanning-tree mst
############################ Instance 0 ############################
vlans mapped     : 1-9;11-19;21-4094
Self Bridge Id   : 32768.00:03:0f:0f:6e:ad
Root Id          : 32768.00:03:0f:0b:f8:12
Root Times       : Max Age 20, Hello Time 2, Forward Delay 15 ,max hops 19
PortName       ID      ExtRPC    IntRPC   State Role    DsgBridge        DsgPort
---------- ------- --------- --------- --- ---- ------------------ -------
 Ethernet0/0/1 128.001     0    200000 FWD DSGN 32768.00030f0f6ead 128.001
 Ethernet0/0/9 128.009     0    200000 FWD DSGN 32768.00030f0f6ead 128.009
Ethernet0/0/22 128.022     0    200000 FWD DSGN 32768.00030f0f6ead 128.022
Ethernet0/0/23 128.023        0        0 FWD ROOT 32768.00030f0bf812 128.023
Ethernet0/0/24 128.024        0        0 BLK ALTR 32768.00030f0bf812 128.024
############################ Instance 1 ############################
```

```
vlans mapped    : 10
Self Bridge Id  : 32768-00:03:0f:0f:6e:ad
Root Id        : 32768.00:03:0f:0b:f8:12
  PortName      ID     IntRPC  State Role     DsgBridge       DsgPort
-------------- ------- --------- --- ---- ------------------ -------
 Ethernet0/0/1 128.001   200000 FWD DSGN 32768.00030f0f6ead 128.001
Ethernet0/0/23 128.023        0 FWD ROOT 32768.00030f0bf812 032.023
Ethernet0/0/24 128.024        0 BLK ALTR 32768.00030f0bf812 128.024
############################ Instance 2 ############################
vlans mapped    : 20
Self Bridge Id  : 32768-00:03:0f:0f:6e:ad
Root Id        : 32768.00:03:0f:0b:f8:12
  PortName      ID     IntRPC  State Role     DsgBridge       DsgPort
-------------- ------- --------- --- ---- ------------------ -------
 Ethernet0/0/9 128.009   200000 FWD DSGN 32768.00030f0f6ead 128.009
Ethernet0/0/23 128.023        0 BLK ALTR 32768.00030f0bf812 128.023
Ethernet0/0/24 128.024        0 FWD ROOT 32768.00030f0bf812 032.024
```

六、思考与练习

1．多实例生成树协议怎样选取根端口和指定端口。

2．MSTP 通过怎样的策略可以使备份链路实现快速启用。

3．使用 4 根网线连接两台交换机，观察根端口的选择，观察备份线路启用时候的 debug 信息。

4．使用“spanning-tree”来进行上面的实训，体验备份链路启用和断开所需要的时间长短。

七、注意事项和排错

MSTP 仅仅是多个 VLAN 共享同一个拓扑实例，其作为生成树的形成过程和分析方法与传统生成树一致。

实训 4　交换机链路聚合

一、应用场景

两个实训室分别使用一台交换机提供 20 多个信息点，两个实训室的互通通过一根级联网线。每个实训室的信息点都是百兆到桌面。两个实训室之间的带宽也是 100Mb/s，如果实训室之间需要大量传输数据，就会明显感觉带宽资源紧张。当楼层之间大量用户都希望以 100Mb/s 传输数据的时候，楼层间的链路就呈现出了独木桥的状态，必然造成网络传输效率下降等后果。

解决这个问题的办法就是提高楼层主交换机之间的连接带宽，实现的办法可以是采用千兆端口替换原来的 100Mb/s 端口进行互联，但这样无疑会增加组网的成本，需要更新端口模块，并且线缆也需要作进一步的升级。另一种相对经济的升级办法就是链路聚合技术。

顾名思义，链路聚合，是将几个链路做聚合处理，这几个链路必须是同时连接两个相同的设备的，这样，当做了链路聚合之后就可以实现几个链路相加的带宽了。例如，我们可以将 4 个 100Mb/s 链路使用链路聚合做成一个逻辑链路，这样在全双工条件下就可以达到 800Mb/s 的带宽，即将近 1000Mb/s 的带宽。这种方式比较经济，实现也相对容易。

二、实训设备

1. DCRS-5650 交换机 2 台（SoftWare Version is DCRS-5650-28_5.2.1.0）。
2. PC 2 台。
3. Console 线 1～2 根。
4. 直通网线 4～8 根。

三、实训拓扑

实训拓扑如图 2-1-29 所示。

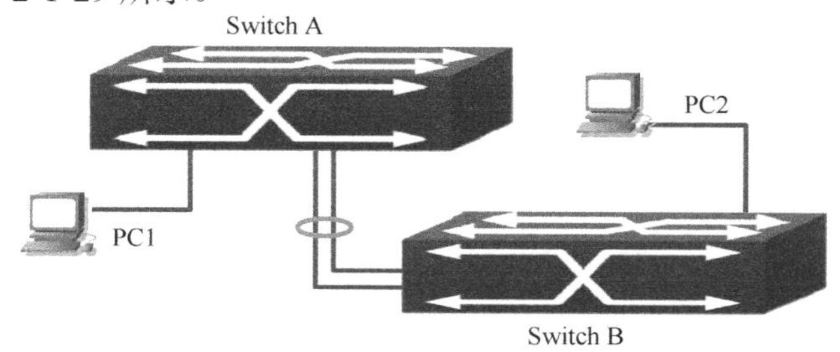

图 2-1-29　实训拓扑

四、实训要求

设　　备	IP	Mask	端　　口
交换机 A	192.168.1.11	255.255.255.0	0/0/1-2 Trunking
交换机 B	192.168.1.12	255.255.255.0	0/0/3-4 Trunking
PC1	192.168.1.101	255.255.255.0	交换机 A0/0/23
PC2	192.168.1.102	255.255.255.0	交换机 B0/0/24

如果链路聚合成功，则 PC1 可以 Ping 通 PC2。

五、实训步骤

第一步：正确连接网线，交换机全部恢复出厂设置，做初始配置，避免广播风暴出现。

交换机 A：

```
switch#config
switch(Config)#hostname switchA
switchA(Config)#interface vlan 1
switchA(Config-If-Vlan1)#ip address 192.168.1.11 255.255.255.0
switchA(Config-If-Vlan1)#no shutdown
switchA(Config-If-Vlan1)#exit
switchA(Config)#spanning-tree
MSTP is starting now, please wait..........
MSTP is enabled successfully.
switchA(Config)#
```

交换机 B：

```
switch#config
switch(Config)#hostname switchB
switchB(Config)#interface vlan 1
switchB(Config-If-Vlan1)#ip address 192.168.1.12 255.255.255.0
switchB(Config-If-Vlan1)#no shutdown
switchB(Config-If-Vlan1)#exit
switchB(Config)#spanning-tree
MSTP is starting now, please wait..........
MSTP is enabled successfully.
switchB(Config)#
```

第二步：创建 port group。

交换机 A：

```
switchA(Config)#port-group 1
switchA(Config)#
```

验证配置如下。

```
switchA#show port-group brief
Port-group number : 1
the attributes of the port-group are as follows:

Number of ports in port-group : 2  Maxports in port-channel = 8
Number of port-channels : 1  Max port-channels : 1
switchA#
```

交换机 B：

```
switchB(Config)#port-group 2
switchB(Config)#
```

第三步：手动生成链路聚合组（第三、四步任选其一操作）。

交换机 A：

```
switchA(Config)#interface ethernet 0/0/1-2
switchA(Config-Port-Range)#port-group 1 mode on
switchA(Config-Port-Range)#exit
switchA(Config)#interface port-channel 1
switchA(Config-If-Port-Channel1)#
```

验证配置如下。

```
switchA#show vlan
VLAN Name         Type       Media     Ports
---- ------------ ---------- --------- -------------------
1    default      Static     ENET      Ethernet0/0/3          Ethernet0/0/4
                                       Ethernet0/0/5          Ethernet0/0/6
                                       Ethernet0/0/7          Ethernet0/0/8
                                       Ethernet0/0/9          Ethernet0/0/10
```

```
                                        Ethernet0/0/11       Ethernet0/0/12
                                        Ethernet0/0/13       Ethernet0/0/14
                                        Ethernet0/0/15       Ethernet0/0/16
                                        Ethernet0/0/17       Ethernet0/0/18
                                        Ethernet0/0/19       Ethernet0/0/20
                                        Ethernet0/0/21       Ethernet0/0/22
                                        Ethernet0/0/23       Ethernet0/0/24
                                        Port-Channel1
switchA#                                   ! port-channel1 已经存在
```

交换机 B：

```
switchB(Config)#int e 0/0/3-4
switchB(Config-Port-Range)#port-group 2 mode on
switchB(Config-Port-Range)#exit
switchB(Config)#interface port-channel 2
switchB(Config-If-Port-Channel2)#
```

验证配置如下。

```
switchB#show port-group brief
Port-group number : 2
the attributes of the port-group are as follows:

Number of ports in port-group : 2   Maxports in port-channel = 8
Number of port-channels : 1   Max port-channels : 1
switchB#
```

第四步：LACP 动态生成链路聚合组（第三、四步任选其一操作）。

```
switchA(Config)#interface ethernet 0/0/1-2
switchA(Conifg-Port-Range)#port-group 1 mode active
switchA(Config)#interface port-channel 1
switchA(Config-If-Port-Channel1)#
```

验证配置如下。

```
switchA#show vlan
VLAN Name         Type       Media     Ports
---- ------------ ---------- --------- -------------------
1    default      Static     ENET      Ethernet0/0/3        Ethernet0/0/4
                                       Ethernet0/0/5        Ethernet0/0/6
                                       Ethernet0/0/7        Ethernet0/0/8
                                       Ethernet0/0/9        Ethernet0/0/10
                                       Ethernet0/0/11       Ethernet0/0/12
                                       Ethernet0/0/13       Ethernet0/0/14
                                       Ethernet0/0/15       Ethernet0/0/16
                                       Ethernet0/0/17       Ethernet0/0/18
                                       Ethernet0/0/19       Ethernet0/0/20
                                       Ethernet0/0/21       Ethernet0/0/22
                                       Ethernet0/0/23       Ethernet0/0/24
```

```
                                    Port-Channel1
switchA#                                  ! port-channel1 已经存在
```

交换机 B：

```
switchB(Config)#interface ethernet 0/0/3-4
switchB(Conifg-Port-Range)#port-group 2 mode passive
switchB(Config)#interface port-channel 2
switchB(Config-If-Port-Channel2)#
```

验证配置如下。

```
switchB#show port-group brief
Port-group number : 2
Number of ports in port-group : 2   Maxports in port-channel = 8
Number of port-channels : 1   Max port-channels : 1
switchB#
```

第五步：使用 Ping 命令验证。

使用 PC1 Ping PC2

交换机 A	交换机 B	结果	原　因
0/0/1 0/0/2	0/0/3 0/0/4	通	链路聚合组连接正确
0/0/1 0/0/2	0/0/3	通	拔掉交换机 B 端口 4 的网线，仍然可以通（需要一点时间），此时用 show vlan 命令查看结果，port-channel 消失。只有一个端口连接的时候，没有必要再维持一个 port-channel 了
0/0/1 0/0/2	0/0/5 0/0/6	通	等候一小段时间后，仍然是通的。用 show vlan 命令看结果。此时把两台交换机的 spanning-tree 功能 disable 掉，这时候使用第三步和第四步的结果会不同。采用第四步的，将会形成环路

六、思考与练习

1．使用 4 根网线做链路聚合，通过插拔线缆观察结果。

2．把链路聚合组作为交换机之间的 Trunk 链路，实现跨交换机的 VLAN。

七、注意事项和排错

1．为使 Port Channel 正常工作，Port Channel 的成员端口必须具备以下相同的属性：

① 端口均为全双工模式；

② 端口速率相同；

③ 端口的类型必须一样，例如同为以太口或同为光纤口；

④ 端口同为 Access 端口并且属于同一个 VLAN 或同为 Trunk 端口；

⑤ 如果端口为 Trunk 端口，则其 Allowed VLAN 和 Native VLAN 属性也应该相同。

2．支持任意两个交换机物理端口的汇聚，最大组数为 6 个，组内最多的端口数为 8 个。

实训 5　多层交换机 VLAN 的划分和 VLAN 间路由

一、应用场景

网络实训室的 IP 地址段是 192.168.10.0/24，多媒体实训室的 IP 地址段是 192.168.20.0/24，为了保证它们之间的数据互不干扰，也不影响各自的通信效率，我们划分了 VLAN，使两个实训室属于不同的 VLAN。

两个实训室有时候也需要相互通信，此时就要利用三层交换机划分 VLAN。

二、实训设备

1．DCRS-5650 交换机 1 台（SoftWare Version is DCRS-5650-28_5.2.1.0）。
2．PC 2 台。
3．Console 线 1 根。
4．直通网线若干。

三、实训拓扑

使用一台交换机和两台 PC，将其中 PC2 作为控制台终端，使用 Console 端口配置方式；使用两根网线分别将 PC1 和 PC2 连接到交换机的 RJ-45 接口上，如图 2-1-30 所示。

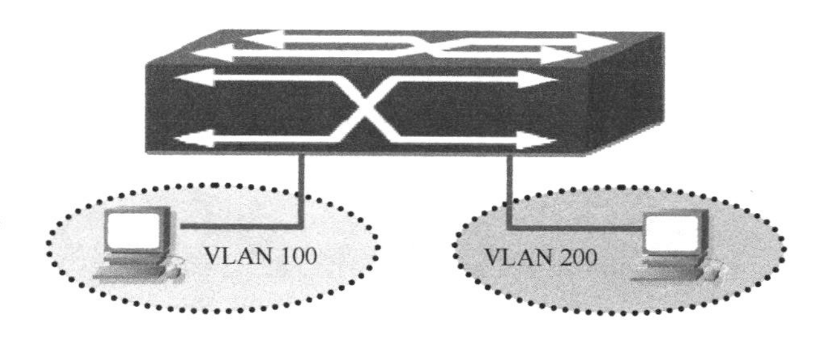

图 2-1-30　实训拓扑

四、实训要求

在交换机上划分两个基于端口的 VLAN：VLAN100、VLAN200。

VLAN	端口成员
100	0/0/1～0/0/12
200	0/0/13～0/0/24

使得 VLAN100 的成员能够互相访问，VLAN200 的成员能够互相访问；VLAN100 和 VLAN200 成员之间不能互相访问。

PC1 和 PC2 的网络设置如下：

配置 I

设备	端口	IP	网关 1	Mask
交换机 A		192.168.1.1	无	255.255.255.0
VLAN100		无	无	255.255.255.0
VLAN200		无	无	255.255.255.0
PC1	1～12	192.168.1.101	无	255.255.255.0
PC2	13～24	192.168.1.102	无	255.255.255.0

配置 II

设备	端口	IP	网关 1	Mask
交换机 A		192.168.1.1	无	255.255.255.0
VLAN100		192.168.10.1	无	255.255.255.0
VLAN200		192.168.20.1	无	255.255.255.0
PC1	1～12	192.168.10.11	192.168.10.1	255.255.255.0
PC2	13～24	192.168.20.11	192.168.20.1	255.255.255.0

各设备的 IP 地址首先使用配置 I 地址，使用 PC1 Ping PC2，应该不通；

再按照配置 II 地址，并在交换机上配置 VLAN 接口 IP 地址，使用 PC1 Ping PC2，则通，该通信属于 VLAN 间通信，要经过三层设备的路由。

若实训结果和理论相符，则本实训完成。

五、实训步骤

第一步：交换机恢复出厂设置。

```
switch#set default
switch#write
switch#reload
```

第二步：给交换机设置 IP 地址及管理 IP。

```
switch#config
switch(Config)#interface vlan 1
switch(Config-If-Vlan1)#ip address 192.168.1.1 255.255.255.0
switch(Config-If-Vlan1)#no shutdown
switch(Config-If-Vlan1)#exit
switch(Config)#exit
```

第三步：创建 VLAN100 和 VLAN200。

```
switch(Config)#
switch(Config)#vlan 100
switch(Config-Vlan100)#exit
switch(Config)#vlan 200
switch(Config-Vlan200)#exit
switch(Config)#
```

验证配置如下。

```
switch#show vlan
VLAN Name         Type       Media     Ports
---- ------------ ---------- --------- ------------------------------
1    default      Static     ENET      Ethernet0/0/1        Ethernet0/0/2
                                       Ethernet0/0/3        Ethernet0/0/4
                                       Ethernet0/0/5        Ethernet0/0/6
                                       Ethernet0/0/7        Ethernet0/0/8
                                       Ethernet0/0/9        Ethernet0/0/10
```

```
                                      Ethernet0/0/11        Ethernet0/0/12
                                      Ethernet0/0/13        Ethernet0/0/14
                                      Ethernet0/0/15        Ethernet0/0/16
                                      Ethernet0/0/17        Ethernet0/0/18
                                      Ethernet0/0/19        Ethernet0/0/20
                                      Ethernet0/0/21        Ethernet0/0/22
                                      Ethernet0/0/23        Ethernet0/0/24
                                      Ethernet0/0/25        Ethernet0/0/26
                                      Ethernet0/0/27        Ethernet0/0/28
100  VLAN0100     Static     ENET
200  VLAN0200     Static     ENET
```

第四步：给 VLAN100 和 VLAN200 添加端口。

```
switch(Config)#vlan 100                      ! 进入 VLAN 100
switch(Config-Vlan100)#switchport interface ethernet 0/0/1-12
Set the port Ethernet0/0/1 access vlan 100 successfully
Set the port Ethernet0/0/2 access vlan 100 successfully
Set the port Ethernet0/0/3 access vlan 100 successfully
Set the port Ethernet0/0/4 access vlan 100 successfully
Set the port Ethernet0/0/5 access vlan 100 successfully
Set the port Ethernet0/0/6 access vlan 100 successfully
Set the port Ethernet0/0/7 access vlan 100 successfully
Set the port Ethernet0/0/8 access vlan 100 successfully
Set the port Ethernet0/0/9 access vlan 100 successfully
Set the port Ethernet0/0/10 access vlan 100 successfully
Set the port Ethernet0/0/11 access vlan 100 successfully
Set the port Ethernet0/0/12 access vlan 100 successfully
switch(Config-Vlan100)#exit
switch(Config)#vlan 200                      ! 进入 VLAN 200
switch(Config-Vlan200)#switchport interface ethernet 0/0/13-24
Set the port Ethernet0/0/13 access vlan 200 successfully
Set the port Ethernet0/0/14 access vlan 200 successfully
Set the port Ethernet0/0/15 access vlan 200 successfully
Set the port Ethernet0/0/16 access vlan 200 successfully
Set the port Ethernet0/0/17 access vlan 200 successfully
Set the port Ethernet0/0/18 access vlan 200 successfully
Set the port Ethernet0/0/19 access vlan 200 successfully
Set the port Ethernet0/0/20 access vlan 200 successfully
Set the port Ethernet0/0/21 access vlan 200 successfully
Set the port Ethernet0/0/22 access vlan 200 successfully
Set the port Ethernet0/0/23 access vlan 200 successfully
Set the port Ethernet0/0/24 access vlan 200 successfully
switch(Config-Vlan200)#exit
```

验证配置如下。

```
switch#show vlan
VLAN Name         Type       Media     Ports
---- ------------ ---------- --------- ------------------------------------
1    default      Static     ENET      Ethernet0/0/25        Ethernet0/0/26
                                       Ethernet0/0/27        Ethernet0/0/28
100  VLAN0100     Static     ENET      Ethernet0/0/1         Ethernet0/0/2
                                       Ethernet0/0/3         Ethernet0/0/4
                                       Ethernet0/0/5         Ethernet0/0/6
                                       Ethernet0/0/7         Ethernet0/0/8
                                       Ethernet0/0/9         Ethernet0/0/10
                                       Ethernet0/0/11        Ethernet0/0/12
200  VLAN0200     Static     ENET      Ethernet0/0/13        Ethernet0/0/14
                                       Ethernet0/0/15        Ethernet0/0/16
                                       Ethernet0/0/17        Ethernet0/0/18
                                       Ethernet0/0/19        Ethernet0/0/20
                                       Ethernet0/0/21        Ethernet0/0/22
                                       Ethernet0/0/23        Ethernet0/0/24
switch#
```

第五步：验证实训。

配置 I 的地址

PC1 位置	PC2 位置	动作	结果
0/0/1-0/0/12 端口	0/0/13-0/0/24 端口	PC1 Ping PC2	不通

第六步：添加 VLAN 地址。

```
    switch(Config)#interface vlan 100
    switch(Config-If-Vlan100)#  %Jan  01  00:00:59  2006  %LINK-5-CHANGED:
Interface Vlan100, changed state to UP
    switch(Config-If-Vlan100)#ip address 192.168.10.1 255.255.255.0
    switch(Config-If-Vlan100)#no shut
    switch(Config-If-Vlan100)#exit
    switch(Config)#interface vlan 200
    switch(Config-If-Vlan200)#  %Jan  01  00:00:59  2006  %LINK-5-CHANGED:
Interface Vlan100, changed state to UP
    switch(Config-If-Vlan200)#ip address 192.168.20.1 255.255.255.0
    switch(Config-If-Vlan200)#no shut
    switch(Config-If-Vlan200)#exit
    switch(Config)#
```

按要求连接 PC1 与 PC2，验证配置如下。

```
switch#show ip route
Codes: K - kernel, C - connected, S - static, R - RIP, B - BGP
       O - OSPF, IA - OSPF inter area
       N1 - OSPF NSSA external type 1, N2 - OSPF NSSA external type 2
```

```
        E1 - OSPF external type 1, E2 - OSPF external type 2
      i - IS-IS, L1 - IS-IS level-1, L2 - IS-IS level-2, ia - IS-IS inter area
        * - candidate default

C       127.0.0.0/8 is directly connected, Loopback
C       192.168.10.0/24 is directly connected, Vlan100
C       192.168.20.0/24 is directly connected, Vlan200
switch#
```

第七步：验证实训。

配置 II 的地址

PC1 位置	PC2 位置	动作	结果
0/0/1-0/0/12 端口	0/0/13-0/0/24 端口	PC1 Ping PC2	通

六、思考与练习

1. 如果第二次配置 IP 地址的时候，没有给 PC 配置网关，请问还会通信吗？为什么？
2. 给交换机划分多个 VLAN，验证 VLAN 实训。

七、注意事项和排错

和二层交换机不同，三层交换机可以在多个 VLAN 接口上配置 IP 地址。

实训 6　使用多层交换机实现二层交换机 VLAN 之间的路由

一、应用场景

二层交换机属于接入层交换机，在二层交换机上根据连接用户的不同，划分了不同 VLAN，有时候会出现同一个 VLAN 处于不同的交换机上。这些二层交换机被一台三层交换机所汇聚。因此既需要实现多交换机的跨交换机 VLAN 通信，也需要实现 VLAN 间的通信。因此出现本实训所要演示的功能。

二、实训设备

1. DCRS-5650 交换机 1 台（SoftWare Version is DCRS-5650-28_5.2.1.0）。
2. DCS-3926S 交换机 1～2 台。
3. PC 2～4 台。
4. Console 线 1～3 根。
5. 直通网线若干。

三、实训拓扑

实训拓扑如图 2-1-31 所示。

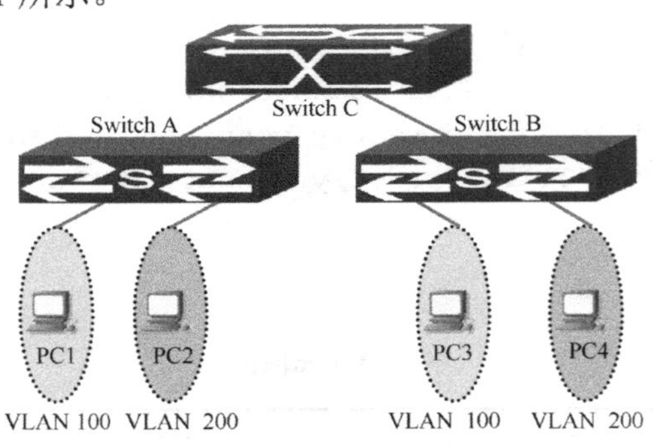

图 2-1-31　实训拓扑

四、实训要求

在交换机 A 和交换机 B 上分别划分两个基于端口的 VLAN：VLAN100、VLAN200。

VLAN	端口成员
100	1～8
200	9～16
Trunk 端口	24

在交换机 C 上也划分两个基于端口的 VLAN：VLAN100、VLAN200。把端口 1 和端口 2 都设置成 Trunk 端口。

VLAN	IP	Mask
100	192.168.10.1	255.255.255.0
200	192.168.20.1	255.255.255.0
Trunk 端口		1/1 和 1/2

交换机 A 的 24 端口连接交换机 C 的 1 端口，交换机 B 的 24 端口连接交换机 C 的 2 端口。

PC1-PC4 的网络设置如下：

设备	IP 地址	gateway	Mask
PC1	192.168.10.11	192.168.10.1	255.255.255.0
PC2	192.168.20.22	192.168.20.1	255.255.255.0
PC3	192.168.10.33	192.168.10.1	255.255.255.0
PC4	192.168.20.44	192.168.20.1	255.255.255.0

验证如下。

（1）不给 PC 设置网关：

PC1、PC3 分别接在不同交换机 VLAN100 的成员端口 1～8 上，两台 PC 互相可以 Ping 通；PC2、PC4 分别接在不同交换机 VLAN 的成员端口 9～16 上，两台 PC 互相可以 Ping 通；PC1、PC3 和 PC2、PC4 接在不同 VLAN 的成员端口上则互相 Ping 不通。

（2）给 PC 设置网关：

PC1、PC3 和 PC2、PC4 接在不同 VLAN 的成员端口上也可以互相 Ping 通。

若实训结果和理论相符，则本实训完成。

五、实训步骤

第一步：交换机恢复出厂设置。

```
switch#set default
switch#write
switch#reload
```

第二步：给交换机设置标识符和管理 IP。

交换机 A：

```
switch(Config)#hostname switchA
switchA(Config)#interface vlan 1
switchA(Config-If-Vlan1)#ip address 192.168.1.11 255.255.255.0
switchA(Config-If-Vlan1)#no shutdown
switchA(Config-If-Vlan1)#exit
switchA(Config)#
```

交换机 B：

```
switch(Config)#hostname switchB
switchB(Config)#interface vlan 1
switchB(Config-If-Vlan1)#ip address 192.168.1.12 255.255.255.0
switchB(Config-If-Vlan1)#no shutdown
switchB(Config-If-Vlan1)#exit
switchB(Config)#
```

交换机 C：

```
DCRS-5650#config
DCRS-5650(Config)#
DCRS-5650(Config)#hostname switchC
switchC(Config)#interface vlan 1
switchC(Config-If-Vlan1)#ip address 192.168.1.13 255.255.255.0
switchC(Config-If-Vlan1)#no shutdown
switchC(Config-If-Vlan1)#exit
switchC(Config)#exit
switchC#
```

第三步：在交换机中创建 VLAN100 和 VLAN200，并添加端口。

交换机 A：

```
switchA(Config)#vlan 100
switchA(Config-Vlan100)#
switchA(Config-Vlan100)#switchport interface ethernet 0/0/1-8
switchA(Config-Vlan100)#exit
switchA(Config)#vlan 200
switchA(Config-Vlan200)#switchport interface ethernet 0/0/9-16
switchA(Config-Vlan200)#exit
switchA(Config)#
```

验证配置如下。

```
switchA#show vlan
VLAN Name         Type       Media     Ports
-------------------------- --------- -----------------------------------
1    default      Static     ENET      Ethernet0/0/17        Ethernet0/0/18
                                       Ethernet0/0/19        Ethernet0/0/20
                                       Ethernet0/0/21        Ethernet0/0/22
                                       Ethernet0/0/23        Ethernet0/0/24
100  VLAN0100     Static     ENET      Ethernet0/0/1         Ethernet0/0/2
                                       Ethernet0/0/3         Ethernet0/0/4
                                       Ethernet0/0/5         Ethernet0/0/6
                                       Ethernet0/0/7         Ethernet0/0/8
200  VLAN0200     Static     ENET      Ethernet0/0/9         Ethernet0/0/10
                                       Ethernet0/0/11        Ethernet0/0/12
                                       Ethernet0/0/13        Ethernet0/0/14
                                       Ethernet0/0/15        Ethernet0/0/16
switchA#
```

交换机 B 配置与交换机 A 一样。

第四步：设置交换机 Trunk 端口。

交换机 A：

```
switchA(Config)#interface ethernet 0/0/24
switchA(Config-Ethernet0/0/24)#switchport mode trunk
Set the port Ethernet0/0/24 mode TRUNK successfully
switchA(Config-Ethernet0/0/24)#switchport trunk allowed vlan all
set the port Ethernet0/0/24 allowed vlan successfully
switchA(Config-Ethernet0/0/24)#exit
switchA(Config)#
```

验证配置如下。

```
switchA#show vlan
VLAN Name         Type       Media     Ports
---- ------------ ---------- --------- -----------------------------------
1    default      Static     ENET      Ethernet0/0/17        Ethernet0/0/18
                                       Ethernet0/0/19        Ethernet0/0/20
                                       Ethernet0/0/21        Ethernet0/0/22
                                       Ethernet0/0/23
Ethernet0/0/24(T)
100  VLAN0100     Static     ENET      Ethernet0/0/1         Ethernet0/0/2
                                       Ethernet0/0/3         Ethernet0/0/4
                                       Ethernet0/0/5         Ethernet0/0/6
                                       Ethernet0/0/7         Ethernet0/0/8
                                       Ethernet0/0/24(T)
200  VLAN0200     Static     ENET      Ethernet0/0/9         Ethernet0/0/10
                                       Ethernet0/0/11        Ethernet0/0/12
```

```
                                  Ethernet0/0/13          Ethernet0/0/14
                                  Ethernet0/0/15          Ethernet0/0/16
                                  Ethernet0/0/24(T)
switchA#
```

24 端口已经出现在 VLAN1、VLAN100 和 VLAN200 中，并且 24 端口不是一个普通端口，是 tagged 端口。

交换机 B 配置同交换机 A。

交换机 C：

```
switchC(Config)#vlan 100
switchC(Config-Vlan100)#exit
switchC(Config)#vlan 200
switchC(Config-Vlan200)#exit
switchC(Config)#interface ethernet 1/1-2
switchC(Config-Port-Range)#switchport mode trunk
Set the port Ethernet1/1 mode TRUNK successfully
Set the port Ethernet1/2 mode TRUNK successfully
switchC(Config-Port-Range)#switchport trunk allowed vlan all
set the port Ethernet1/1 allowed vlan successfully
set the port Ethernet1/2 allowed vlan successfully
switchC(Config-Port-Range)#exit
switchC(Config)#exit
```

验证配置如下。

```
switchC#show vlan
VLAN Name        Type      Media     Ports
------------- ---------- --------- ------------------------------------
1    default     Static    ENET      Ethernet1/1(T)       Ethernet1/2(T)
                                     Ethernet1/3          Ethernet1/4
                                     Ethernet1/5          Ethernet1/6
                                     Ethernet1/7          Ethernet1/8
                                     Ethernet1/9          Ethernet1/10
                                     Ethernet1/11         Ethernet1/12
                                     Ethernet1/13         Ethernet1/14
                                     Ethernet1/15         Ethernet1/16
                                     Ethernet1/17         Ethernet1/18
                                     Ethernet1/19         Ethernet1/20
                                     Ethernet1/21         Ethernet1/22
                                     Ethernet1/23         Ethernet1/24
                                     Ethernet1/25         Ethernet1/26
                                     Ethernet1/27         Ethernet1/28
100  VLAN0100    Static    ENET      Ethernet1/1(T)       Ethernet1/2(T)
200  VLAN0200    Static    ENET      Ethernet1/1(T)       Ethernet1/2(T)
switchC#
```

第五步：交换机 C 添加 VLAN 地址。

```
switchC(Config)#interface vlan 100
switchC(Config-If-Vlan100)#ip address 192.168.10.1 255.255.255.0
switchC(Config-If-Vlan100)#no shut
switchC(Config-If-Vlan100)#exit
switchC(Config)#interface vlan 200
switchC(Config-If-Vlan100)#ip address 192.168.20.1 255.255.255.0
switchC(Config-If-Vlan200)#no shutdown
switchC(Config-If-Vlan200)#exit
switchC(Config)#
```

验证配置如下。

```
switch#show ip route
Codes: K - kernel, C - connected, S - static, R - RIP, B - BGP
    O - OSPF, IA - OSPF inter area
    N1 - OSPF NSSA external type 1, N2 - OSPF NSSA external type 2
    E1 - OSPF external type 1, E2 - OSPF external type 2
  i - IS-IS, L1 - IS-IS level-1, L2 - IS-IS level-2, ia - IS-IS inter area
   * - candidate default

C       127.0.0.0/8 is directly connected, Loopback
C       192.168.10.0/24 is directly connected, Vlan100
C       192.168.20.0/24 is directly connected, Vlan200
switch#
```

第六步：验证实训。

1．PC 不配置网关，互相 Ping，查看结果。

2．PC 配置网关，互相 Ping，查看结果。

六、思考与练习

1．如果两台三层交换机级联，如何进行 VLAN 的配置？需要把某些端口的模式设置为 Trunk 吗？

2．在交换机 A 和交换机 B 上分别划分两个基于端口的 VLAN：VLAN10、VLAN20。

VLAN	端口成员
10	2～4
20	5～8
Trunk 端口	1

在交换机 C 上也划分两个基于端口的 VLAN：VLAN10、VLAN20。把端口 1 和端口 2 都设置成 Trunk 端口。

VLAN	IP	Mask
10	10.1.10.1	255.255.255.0
20	10.1.20.1	255.255.255.0
Trunk 端口		1/1 和 1/2

交换机 A 的 1 端口连接交换机 C 的 1 端口，交换机 B 的 1 端口连接交换机 C 的 2 端口。PC 的网络设置如下：

设备	端口	IP 地址	gateway	Mask
PC1	Switch A 2 端口	10.1.10.11	10.1.10.1	255.255.255.0
PC2	Switch B 8 端口	10.1.20.22	10.1.20.1	255.255.255.0

要求 PC1 可以 Ping 通 PC2。

七、注意事项和排错

show ip route 的时候，如果在某一个网段上没有 active 的设备连接在三层交换机上，则这个网段的路由不会被显示出来。

考核评价表

班级：________　　姓名：________　　日期：________

工作任务 3——活动三　设备配置与调试				
评　价　标　准				
考核内容	考核等级			
	优秀	良好	合格	不合格
实训报告	记录准确、清楚、完整	记录准确，较清楚、完整	记录基本准确，较清楚、完整	记录不准确，不清楚、不完整
工作过程	工作过程完全符合行业规范，成本意识高	工作过程符合行业规范	工作过程基本符合行业规范	工作过程不符合行业规范
成　绩　评　定				
评定				
自评				
互评				
师评				
反思：				

活动四　设备联调验收

学习情境

在单层办公局域网中，已经按网络功能需求，完成设备配置与调试，现需要提取配置文档，根据模板，书写设备验收报告。

学习方式

学生分组，提取配置文档，根据模板，书写设备验收报告。

工作流程

操作内容

1．提取配置文档。

2．书写设备验收报告。

知识解析

TFTP 服务器——配置文件的上传下载

对交换机做好相应的配置之后，明智的管理员会把正确的配置从交换机上下载并保存在稳妥的地方，防止日后交换机出了故障导致配置文件丢失的情况出现。有了保存的配置文件，直接上传到交换机上，就会避免重新配置的麻烦。下面就介绍一种目前最流行的上传下载的方法——采用 TFTP 服务器。

TFTP 服务器是 FTP 服务器的简化版本，特点是功能不多，小而灵活。目前市场上 TFTP 服务器的软件很多，所有的网络设备供应商基本上都有自己的 TFTP 服务器软件，每种软件虽然界面不同，但是功能都一样，使用方法也都类似：首先是软件安装，安装完毕之后设定根目录，需要使用的时候，开启 TFTP 服务器即可。

在使用 TFTP 服务器上传下载配置文件之前，要使得 TFTP 服务器与交换机是互相连通的，如图 2-1-32 所示，TFTP 服务器与交换机之间使用网线互联，并且 TFTP 服务器的主机地址为 192.168.1.2，交换机的地址为 192.168.1.1，两者的 IP 地址在一个网段。在 TFTP 服务器上执行 Ping 192.168.1.1 命令，应该显示 Ping 通；若 Ping 不通，则需要再检查原因。

图中，另有一台计算机通过 Console 端口连接到交换机上，其实 TFTP 服务器可以和该计算机是同一台机器。只要安装并启动了 TFTP 服务器软件的机器都可以称为 TFTP 服务器。

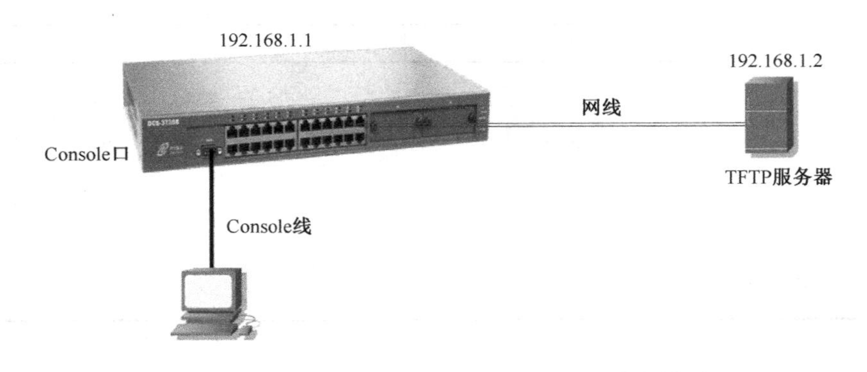

图 2-1-32　交换机维护过程的物理连接

1．配置文件上传及下载

配置文件上传是将交换机 Flash 中的文件保存到一个 TFTP 服务器上做备份。配置文件下载就是从 TFTP 服务器下载文件到系统 Flash 中，它是配置文件上传反向工作。

同理，也可以用这个方式将操作代码和启动代码文件复制到 TFTP 文件中作为备份。

以上采用 copy 命令的方法是最常用的方法，众多交换机设备的生产厂商基本上都支持这种方式作为文件上传下载的主要方式。

2．管理 Flash 中的文件

使用一台交换机和一台 PC，把 PC 的串口和交换机的 Console 端口用专用 Consloe 线缆连接。在 Windows 下通过超级终端配置交换机。

在一般用户配置模式下输入 enable 命令进入特权用户配置模式，在特权用户配置模式下输入 show flash 命令查看当前系统保存的系统文件和配置文件，如图 2-1-33 所示。

```
DCS-3926S>enable
DCS-3926S#show flash
file name             file length
nos.img               1516285 bytes
startup-config        953 bytes
running-config        953 bytes
DCS-3926S#_
```

图 2-1-33　查看 Flash 终端存储文件

.img 文件是操作系统文件，操作系统文件比较大，使用了 1516285bytes。

startup-config 和 running-config 是配置文件，保存之后使用了 953bytes，running-config 文件是在交换机的运行内存 SDRAM 中，交换机的运行内存主要存放当前运行文件，每次重启交换机，SDRAM 中的文件内容会丢失。

NVRAM 中存放交换机配置好的配置文件，重启交换机，NVRAM 中的内容也不会丢失，startup-config 就在 NVRAM 中，当交换机启动到正常读取了操作系统版本并加载成功之后，即会从NVRAM 中读取配置文件到SDRAM 中运行，以对交换机当前的硬件进行适当的配置。

Flash 中存放当前运行的操作系统，即交换机的软件版本或者操作代码。

3．配置文件的上传和下载

配置文件上传是将交换机 Flash 中的文件保存到一个 TFTP 服务器上做备份。配置文件下载就是从 TFTP 服务器下载文件到系统 Flash 中，它是配置文件上传反向工作。

同理，也可以用这个方式将操作代码和启动代码文件复制到 TFTP 文件中作为备份。

采用 copy 命令的方法是最常用的方法，众多交换机设备的生产厂商基本上都支持这种方式作为文件上传下载的主要方式。

（1）先在 PC 上启动 TFTP Server 软件，并将合适的 nos.img 放到 PC 的 TFTP Server 的目录下。

（2）设置交换机的 IP 地址。

```
 Console(config)#interface vlan 1      //进入交换机管理 VLAN 中配置 IP 地址
 Console(config-if)#ip address 192.168.1.1 255.255.255.0  //配置交换机的 IP
地址
 Console(config-if)#exit                      //退回到特权用户模式
```

（3）配置主机的 IP 地址。如图 2-1-34 所示，主机和交换机的 IP 在一个网段。

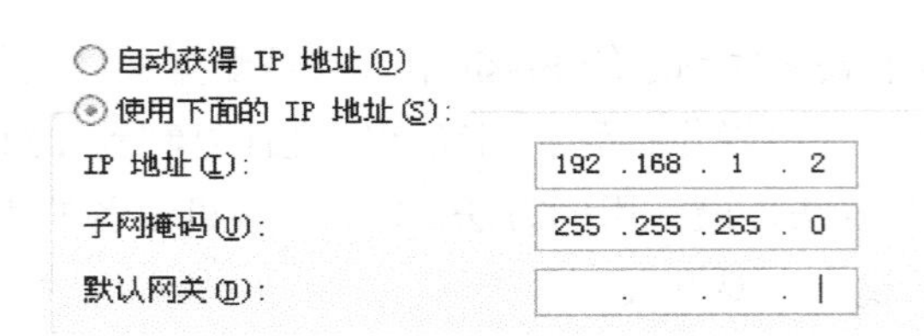

图 2-1-34　主机配置

（4）可以通过交换机查看与 TFTP 服务器的网络连通性，如图 2-1-35 所示。

```
DCS-3926S#ping 192.168.1.2
Type ^c to abort.
Sending 5 56-byte ICMP Echos to 192.168.1.2, timeout is 2 seconds.
!!!!!  ——> 感叹号表示 Ping 通
Success rate is 100 percent (5/5), round-trip min/avg/max = 1/1/1 ms
```

图 2-1-35　测试连通性

注意:

交换机如果没有清空配置而存在其他 VLAN 时，如果把网线接在 VLAN2 上，主机和交换机肯定 Ping 不通。因为设的交换机 VLAN1 的 IP 地址为 192.168.1.1。

（5）开启 TFTP 服务器如图 2-1-36 所示。

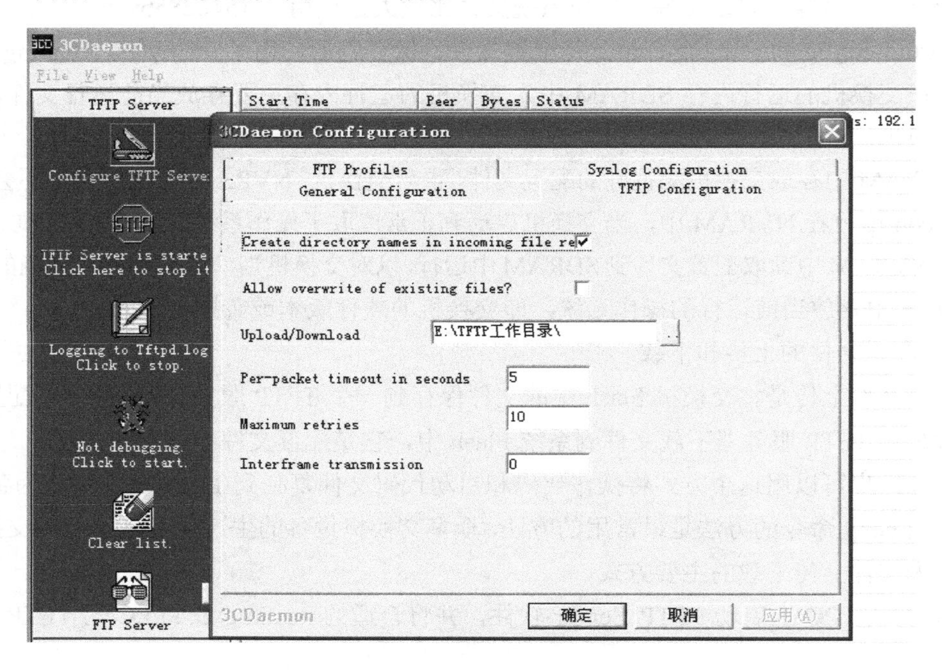

图 2-1-36　TFTP 服务器的开启

（6）在超级终端中执行文件下载命令，如下所示。

```
Console#copy startup-config tftp://10.1.145.82/startup01
//将启动配置文件的内容存放到 TFTP 服务器的根目录下，并起名为“startup01”
Confirm [Y/N]:y    //确认此操作，以下为系统提示
```

```
begin to transfer file,wait...
file transfers complete.
close tftp client
```

这样 startup-config 文件会存到所设置的目录里。

在超级终端中执行文件的上传命令则如下所示。

```
Console#copy tftp://10.1.145.82/startup01 startup-config
//将存放在 TFTP 服务器上的 startup01 文件复制到交换机中，并覆盖 startup-config 文件
Confirm [Y/N]:y   //确认此操作，以下为系统提示
begin to receive file,wait...
file transfers complete.
close tftp client
```

4．操作系统文件的上传和下载

（1）操作系统文件的上传。

使用同样的命令把操作系统文件上传到 TFTP 服务器上已设置好的目录下，如图 2-1-37 所示。

```
DCS-3926S#copy nos.img tftp://192.168.1.2/nos-old.img

Confirm [Y/N]:y
nos.img file length = 1755476
read file ok
begin to send file,wait...
_
```

图 2-1-37　操作系统文件的上传

把操作系统文件 old.img 备份到主机里。用 show flash 命令可以查到它已下载了 1516285bytes。用 show version 命令可以查看目前的版本是 DCNOS-4.1.5，如图 2-1-38 所示。

```
switch#
switch#show version
  DCS-3926S Device, Jul 12 2004 16:28:27N
  HardWare version is 1.30, SoftWare version is DCNOS-4.1.5, BootRom version is/
1.2.0
  Copyright (C) 2001-2002 by Digital China Networks Limited.
  All rights reserved.
switch#
switch#

switch#reload
Process with reboot? [Y/N] y
```

图 2-1-38　查看当前交换机版本

（2）操作系统文件的下载。

把升级文件放到 TFTP 目录下，使用 copy tftp://192.168.1.2/DCS3926S_5.1.5_nosD.img nos.img 命令来下载。DCS3926S_5.1.5_nosD.img 是升级文件名。由于交换机只认 nos.img 命令，所以目的文件一定是 nos.img，如图 2-1-39 所示。

```
switch#copy tftp://192.168.1.2/DCS3926S_5.1.5_nosD.img nos.img


Confirm [Y/N]:y
begin to receive file,wait...
recv 1755476
write ok
transfer complete
close tftp client.
```

图 2-1-39　操作系统文件的下载

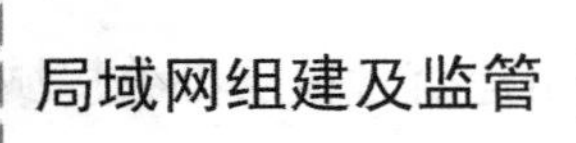

使用 show flash 命令，可以查到它已下载了 1755476bytes。重新启动交换机后用 show version 命令可以看出它已升级到 DCNOS-5.1.5，如图 2-1-40 所示。

```
DCS-3926S>enable
DCS-3926S#show version
  DCS-3926S Device, Sep 30 2004 17:56:09
  HardWare version is 1.30, SoftWare version is DCNOS-5.1.5, BootRom version is
1.2.0
  Copyright (C) 2001-2002 by Digital China Networks Limited.
  All rights reserved.
```

图 2-1-40 查看升级后的版本

考核评价表

班级：＿＿＿＿＿　　姓名：＿＿＿＿＿　　日期：＿＿＿＿＿

<table>
<tr><th colspan="5">工作任务 3——活动四　设备联调验收</th></tr>
<tr><th colspan="5">评　价　标　准</th></tr>
<tr><td rowspan="2">考核内容</td><td colspan="4">考核等级</td></tr>
<tr><td>优秀</td><td>良好</td><td>合格</td><td>不合格</td></tr>
<tr><td>设备联调记录</td><td>记录准确、清楚、完整</td><td>记录准确，较清楚、完整</td><td>记录基本准确，较清楚、完整</td><td>记录不准确，或不完整</td></tr>
<tr><td>工作过程</td><td>工作过程完全符合行业规范，成本意识高</td><td>工作过程符合行业规范</td><td>工作过程基本符合行业规范</td><td>工作过程不符合行业规范</td></tr>
<tr><th colspan="5">成　绩　评　定</th></tr>
<tr><td colspan="5">评定</td></tr>
<tr><td>自评</td><td></td><td></td><td colspan="2"></td></tr>
<tr><td>互评</td><td></td><td></td><td colspan="2"></td></tr>
<tr><td>师评</td><td></td><td></td><td colspan="2"></td></tr>
<tr><td colspan="5">反思：</td></tr>
</table>

工作任务4　单层办公局域网竣工验收

任务描述

对单层办公局域网网络实施网络功能验收，验收完成后整理、书写单层办公局域网竣工验收报告。

活动一　网络功能验收

学习情境

单层办公局域网已经搭建完成，需要按其标书中的功能的要求，进行测试与验收。

学习方式

学生分组，根据标书中对单层办公局域网功能的要求，进行测试与验收，使学生掌握功能验收方法。

工作流程

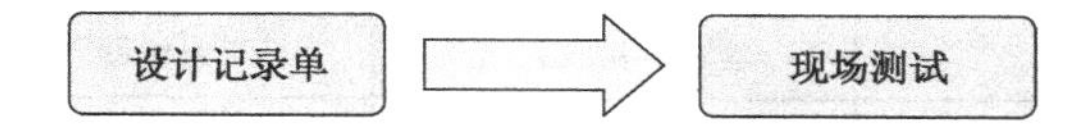

操作内容

1．通过标书设计测试记录单。

2．现场测试并记录。

知识解析

一、测试记录单的基本结构

标题、时间、地点、测试内容、记录单测试者签名。

二、竣工验收模板

[工作任务单]

1．基本信息

项目名称	
客户方	
施工方	
商务合同	
技术合同	

2．人员与角色

客户方验收人员	角色	职责
施工方人员	角色	职责

3．成果审查计划

应交付成果的名称、版本	客户方验收人员	施工方协助人员	时间、地点

4．验收测试计划

验收测试范围	
验收测试方法	
验收测试环境	
测试辅助工具	
验收测试用例	参考系统测试用例
测试完成准则	参考系统测试完成准则

续表

验收测试任务 / 优先级	时间	人员与工作描述

附录　本计划审批意见

项目经理审批意见： 签字 日期
客户方负责人审批意见： 签字 日期

考核评价表

班级：________　　姓名：________　　日期：________

工作任务 4——活动一　网络功能验收				
评　价　标　准				
考核内容	考核等级			
	优秀	良好	合格	不合格
现场测试记录	记录准确、清楚、完整	记录准确，较清楚、完整	记录基本准确，较清楚、完整	记录不准确，不完整
工作过程	工作过程完全符合行业规范，成本意识高	工作过程符合行业规范	工作过程基本符合行业规范	工作过程不符合行业规范
成　绩　评　定				
评定				
自评				
互评				
师评				

续表

反思：

活动二　整理竣工验收报告

学习情境

单层办公局域网已经搭建并完成验收，需要整理记录、书写竣工验收报告。

学习方式

学生根据模板，分组整理、书写单层办公局域网竣工验收报告。

工作流程

操作内容

1. 分类整理前期工作过程中的记录单。
2. 根据竣工验收报告模板和记录单，书写单层办公局域网工程竣工验收报告。

[工作任务单]

项目验收报告（同单元1工作单）

验收总结论

经网络验收组对整个网络系统按照上述各项进行评估、测试后认为，网络设计________，施工________，________国家及国际标准要求，________达到够用、好用、规范的网络实施原则，网络________一定超前性和可扩展性，硬软件配置________，投资________，整体网络性能______，网络管理功能________，整体网络的可用性和完整性________，________________网络应用系统功能。

网络验收组认为整体网络工程__________。

年　　月　　日

考核评价表

班级：__________　　　　姓名：__________　　　　日期：__________

工作任务4——活动二　整理竣工验收报告				
评　价　标　准				
考核内容	考核等级			
	优秀	良好	合格	不合格
竣工验收报告	验收报告准确、清楚、完整	验收报告准确，较清楚、完整	验收报告基本准确，较清楚、完整	验收报告不准确或不清楚、不完整
工作过程	工作过程完全符合行业规范，成本意识高	工作过程符合行业规范	工作过程基本符合行业规范	工作过程不符合行业规范
成　绩　评　定				
评定				
自评				
互评				
师评				
反思：				

学习单元3

组建监管楼宇办公局域网

[单元学习目标]

➢ 知识目标

1. 了解垂直布线子系统、管理间子系统的工程设计规范及工程验收规范；
2. 掌握桥架安装方法；
3. 了解光纤的分类，识别光纤接口；
4. 掌握光纤的端接、熔接方法；
5. 掌握光纤连通性的测试方法；
6. 掌握三层交换机的安装、配置、测试与调试；
7. 熟悉局域网静态路由交换技术。

➢ 能力目标

1. 能够阅读标书，分析、搜集、整理组建楼宇办公局域网所需要的资料；
2. 能够实地勘察楼宇办公区域，根据模板完成调研记录；
3. 能够根据用户需求和现场调研结果，完成楼宇办公局域网的网络设计规划；
4. 能够利用工程绘图软件绘制楼宇办公局域网的网络拓扑结构图、综合布线施工图；
5. 能够通过竖井布线完成垂直布线子系统、管理间子系统的网络布线；
6. 能够进行室内光纤连接；
7. 能够通过测试工具测试垂直布线子系统、管理间子系统的连通性；
8. 能够完成组建楼宇办公局域网的传输介质与设备功能选型；
9. 能够阅读设备使用手册，正确安装使用三层交换机设备；
10. 能够完成核心层交换机的设备上架并配置核心层交换机的基本功能；
11. 能够完成楼宇办公局域网的网络测试与调试；
12. 能够根据模板完成工作记录，书写组建楼宇办公局域网的调研记录、施工记录、监管记录、验收报告；
13. 能够根据模板书写楼宇办公局域网竣工验收报告；
14. 通过分组及角色扮演，在组建监管楼宇办公局域网项目的实施过程中，锻炼学生的组织与管理能力、团队合作意识、交流沟通能力、组织协调能力、口头表达能力。

➢ 情感态度价值观

1. 通过楼宇办公局域网项目实施，树立学生认真细致的工作态度，逐步形成一切从用户需求出发的服务意识；
2. 在组建监管楼宇办公局域网项目的实施过程中，树立学生的效率意识、质量意识、成本意识。

[单元学习内容]

承接楼宇办公局域网工程项目，阅读标书，与客户交流，协助制定组建楼宇办公局域网的具体实施方案，监督完成楼宇办公局域网工程项目的前期筹备、网络布线、设备调试、竣工验收，提交相关工程文档。

[工作任务]

工作任务1 楼宇办公局域网前期筹备

任务描述

阅读标书，了解组建楼宇办公局域网的用户需求分析，收集网络组建信息，初步制定楼宇办公局域网组建方案，通过现场调研与沟通，细化局域网组建方案，确定线缆位置、走向和敷设方法，配合设计人员根据设计规范设计现场图纸，列出材料及设备清单，做出概预算，确定楼宇办公局域网施工方案。

活动一 阅读标书，进行需求分析，初步制定施工方案

学习情境

公司业务发展壮大，租用一栋楼房作为办公区域，如图3-1-1所示。有若干房间作为不同功能的办公室，若干台计算机需要接入公司内部局域网，要组建一个中小型局域网络，使公司各处室之间资源可以共享。

图3-1-1 楼宇办公环境

楼宇办公区域建筑结构示意图如图3-1-2所示。

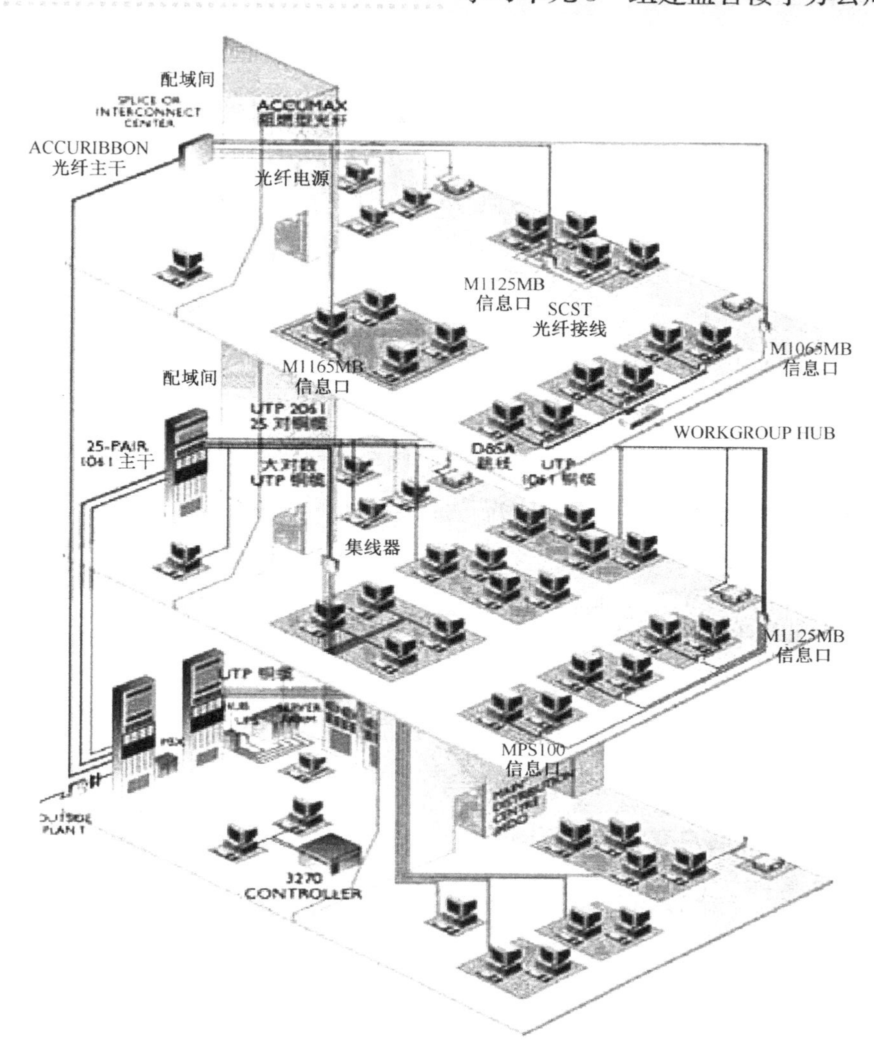

图 3-1-2　楼宇办公区域建筑结构示意图

楼宇办公局域网拓扑结构示意图如图 3-1-3 所示。

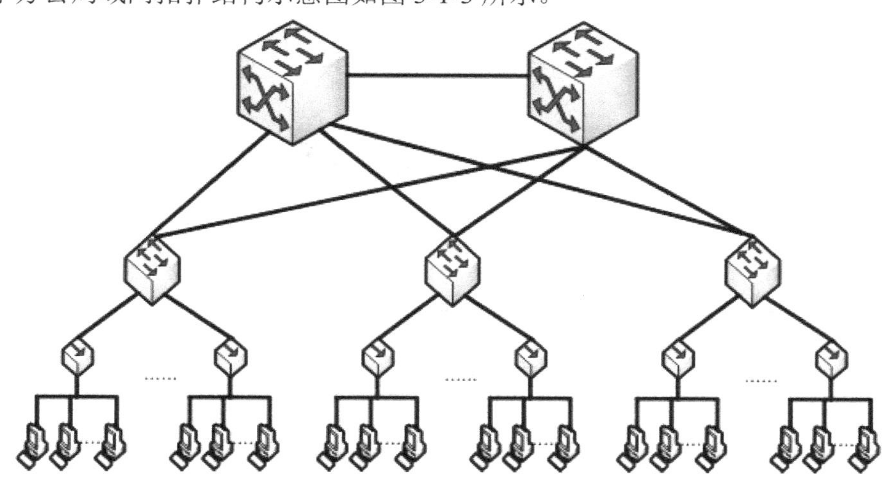

图 3-1-3　楼宇办公局域网拓扑结构示意图

学习方式

1．学生阅读标书，总结归纳楼宇办公局域网的用户需求。

2．学生分组进行角色扮演，分别以客户（委托方）和施工方的身份讨论需求信息。

3．学生收集组建楼宇办公局域网信息，编写需求文档，按照模板初步制定楼宇办公局域网的施工方案。

工作流程

操作内容

1．阅读客户需求信息，总结归纳重点。

2．角色扮演，分别列出施工方、客户需要交流的信息及具体调研的内容。

3．施工方与客户交流，并进行记录。

4．根据前期分析资料和施工方案模板，初步制定楼宇办公局域网的施工方案。

知识解析

一、标书的基本结构，工程人员对标书的主要关注点

（具体内容参看学习单元 1 相关章节）。

二、工程人员与客户交流的常见问题

（具体内容参看学习单元 1 相关章节）。

三、交流记录的基本结构

（具体内容参看学习单元 1 相关章节）。

四、需求分析信息

在现有建筑结构的基础上进行局域网络改建，敷设明槽。改建其中两层办公楼层，安装信息点，敷设线槽、线缆。每个房间安装至少一个信息点，每层有一间设备间放置机柜和网络设备，同层线缆汇聚到设备间网络配线架，各层线缆统一汇聚到网络中心。

考核评价表

班级：________　　　　姓名：________　　　　日期：________

考核内容	工作任务 1——活动一　阅读标书，进行需求分析，初步制定施工方案		
评　价　标　准			
考核等级	优秀	良好	合格
标书上标注的重点	标注内容准确、完整	标注内容基本准确、完整	标注内容基本准确，但有少量遗漏

续表

需求分析信息	信息归纳准确、完整	信息归纳基本准确、完整	信息归纳基本准确，但有少量遗漏
施工方案	初步设计正确，细节考虑全面	初步设计基本正确，细节考虑到位	初步设计基本正确，但细节考虑有少量遗漏
工作过程	工作过程完全符合行业规范，成本意识高	工作过程符合行业规范	工作过程基本符合行业规范
成　绩　评　定			
评定			
自评			
互评			
师评			
反思：			

活动二　现场调研与沟通

学习情境

根据初步施工方案，到现场进行实地调研，观察现场实际情况，关注细节和建筑图纸上没有标明的地方，并就施工方案与客户进行进一步交流，填写勘察表和需求表，现场勘察如图3-1-4所示。

图3-1-4　现场勘察

学习方式

1．现场调研，核实现场情况，填写勘察表。

2．与客户沟通，确认需求信息，填写需求表。

工作流程

操作内容

1．根据初步制定的施工方案，到现场调研，填写勘察表。

2．根据初步制定的施工方案，到现场与客户沟通，填写需求表。

知识解析

一、调研记录的基本格式

（具体内容参看学习单元 1 相关章节）。

二、勘察表模板

（具体内容参看学习单元 1 相关章节）。

三、需求表模板

（具体内容参看学习单元 1 相关章节）。

四、观察施工现场情况

- 施工现场环境（施工面积，地面、墙体情况，建筑施工进展情况等）；
- 网络覆盖范围；
- 线缆敷设位置（墙面、房顶、地面）；
- 线槽采用材质、类型；
- 线槽的容量；
- 信息点的具体位置（如墙面、桌面、地面等）、数量；
- 信息点之间距离（最近、最远）；
- 信息点是否经常移动。
- 信息点周围有无电缆干扰源，若有，都有哪些，干扰强度如何；
- 布线线缆类型；
- 线缆上的标签如何设定。

[工作任务单]

1．勘察表模板

工程现场勘察记录表					
项目名称				项目编号	
项目地址					
委托方		委托方负责人		联系电话	

续表

施工方		施工方负责人		联系电话	
现场情况说明：					
现场照片：					
补充说明： 施工方签名盖章 年　　月　　日					

2．需求表模板

客户需求信息记录表

客户基本信息			
客户名称		客户编号	
客户地址			
联系人		联系方式	
客户要求			
基本要求			
目标效果			
特别要求			
客户资料准备			
资料准备			
图纸资料			
补充说明	（客户提供资料欠缺项） 信息记录人： 年　　月　　日		

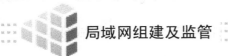

考核评价表

班级：________　　姓名：________　　日期：________

工作任务 1——活动二　现场调研与沟通			
评　价　标　准			
考核内容	考核等级		
	优秀	良好	合格
与客户沟通	语言准确适当，表达清晰，沟通顺利	语言基本准确，表达清晰，沟通顺利	语言适当，表达清晰，沟通顺利
勘察表 需求表	填写内容准确、完整	填写内容基本准确、完整	填写内容基本准确，但有少量遗漏
工作过程	工作过程完全符合行业规范，体现职业素养	工作过程符合行业规范	工作过程基本符合行业规范
成　绩　评　定			
评定			
自评			
互评			
师评			
反思：			

活动三　确定施工方案

学习情境

根据现场勘察表和需求表，配合设计人员确定楼宇办公局域网施工方案。

学习方式

根据现场勘察表和需求表，配合设计人员确定楼宇办公局域网现场图纸，列出材料、设备清单，做出概预算，制定施工方案。

工作流程

操作内容

1．根据勘察表修改楼宇办公局域网的施工方案。

2．根据需求表修改楼宇办公局域网的施工方案。

3．确定楼宇办公局域网的施工方案，绘制图纸。

知识解析

楼宇布线知识

1．岗位定义

让我们首先了解一下智能化楼宇布线员的定义。布线员是应通信自动化、办公自动化、楼宇管理自动化、消防自动化、安保自动化等设备控制技术要求按一定的标准规范，预先做好全面的设计布线工作的人员。

2．基本素质

（1）布线员应具有中专（高中）以上学历，能看懂基本图纸，经专业培训，并掌握基本操作技能。

（2）基本了解各种楼宇管理控制设备，如火灾自动报警、楼宇消防控制系统、可视电话楼宇对讲和门禁系统、安全防范监控报警等系统及设备的各种性能特点、用途等（场景：配以相关画面）。

（3）熟练掌握安装和调试的技能。布线工作的好坏直接影响到整个工程的质量包括终端设备的使用质量和系统的稳定性，布线员应在楼宇的建筑或装修过程中按照设计图纸统一施工安装、调试，因此必须掌握最基本的电工（弱电）知识（场景：画面显示相关安装调试的场面）。

（4）有强烈地安全意识。无论在施工过程中，还是在今后的使用过程中，提高和加强安全生产防范和劳动保护意识都是至关重要的。因此，一名合格的布线员应严格遵守安全操作规程，远离和杜绝任何违章行为的发生。

3．工作内容

（1）布线员工作的具体操作步骤：

根据设计图纸要求，准备布线材料（注意：按材料型号、规格、大小、用途分类准备）；

现场实地勘察：穿线管的管径、尺寸、走向和预埋情况，包括周围的环境等；

施工布线：根据实际需要，多人工作时需相互配合、协调一致（注意：材料的使用应符合设计要求，安全操作和材料应充分合理利用）；

测线并做好标识工作及现场施工纪录；

将所需智能化管理设备终端设施按技术要求安装到位，并进行通电前的检查；

检查调试：必须符合技术设计的要求，性能调试达标；设备单体及联网调试，包括做好调试记录及相关的资料准备（场景：图片、字幕）。

（2）常见故障诊断、维修和日常维护：

智能化楼宇的控制系统常见故障、原因分析；

智能化楼宇的控制系统一般故障排除与维修；

智能化楼宇的控制系统日常维护、保养方法；

智能化楼宇的控制系统日常正确使用操作情况。

考核评价表

班级：________　　　　姓名：________　　　　日期：________

工作任务 1——活动三　确定施工方案				
评　价　标　准				
考核内容	考核等级			
	优秀	良好	合格	不合格
施工方案	方案可行性强，内容准确、完整	方案可行，内容基本准确、完整	方案基本可行，内容基本准确，但有少量遗漏	方案不合理，内容不准确或有重大遗漏
工作过程	工作过程完全符合行业规范，成本意识高	工作过程符合行业规范	工作过程基本符合行业规范	工作过程不符合行业规范
成　绩　评　定				
评定				
自评				
互评				
师评				
反思：				

工作任务 2　楼宇办公局域网网络布线与监管

任务描述

根据施工方案查验施工材料进场情况，根据施工图纸，实施楼宇局域网络布线，按照施工进度，敷设竖井管槽，敷设双绞线和室内光纤，安装桥架及光纤端接，并进行链路连通性测试及敷设验收。

活动一　材料进场报验

学习情境

网络布线施工工具、设备与材料进场，需进行报验，如图 3-1-5 所示。

图 3-1-5　材料进场

学习方式

学生分组填写开工申请表，进行项目开工，开工前，完成工程材料的进场报验，根据模板，书写进场报验文档。

工作流程

填写开工申请表 → 进行进场报验 → 写进场报验文档

操作内容

1．填写开工申请表。
2．按工程材料清单进行进场报验。
3．填写物料进场验收单。

知识解析

一、施工耗材介绍

1．PVC 线槽

PVC 线槽即聚氯乙烯线槽（PVC，Polyvinylchlorid，聚氯乙烯，一种合成材料），又称为行线槽、电气配线槽、走线槽等，如图 3-1-6 所示。采用 PVC 塑料制造，具有绝缘、防弧、阻燃自熄等特点，主要用于电气设备内部布线，在 1200V 及以下的电气设备中对敷设其中的导线起机械防护和电气保护作用。使用产品后，配线方便，布线整齐，安装可靠，便于查找、维修和调换线路。

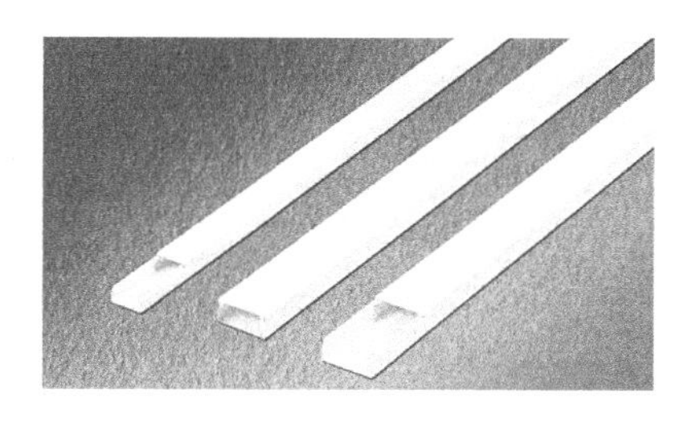

图 3-1-6　PVC 线槽

PVC 线槽的品种规格很多，从型号上讲有 PVC-20 系列、PVC-25 系列、PVC-25F 系列、PVC-30 系列、PVC-40

系列、PVC-40Q 系列等。

从规格上讲有 20mm×12mm，25mm×12.5mm，25mm×25mm，30mm×15mm，40mm×20mm 等。

与 PVC 线槽配套的附件有阳角、阴角、直转角、平三通、左三通、右三通、连接头、终端头、接线盒（暗合、明盒）等。

2．86 底盒

该信息盒侧面有矩形孔洞，主要与线槽搭配使用，如图 3-1-7 所示。

3．光纤

光纤即光导纤维，是一种细小、柔韧并能传输光信号的传输介质，其材质是玻璃纤维或塑料纤维，如图 3-1-8 所示。一根光纤可以包含多条纤芯。

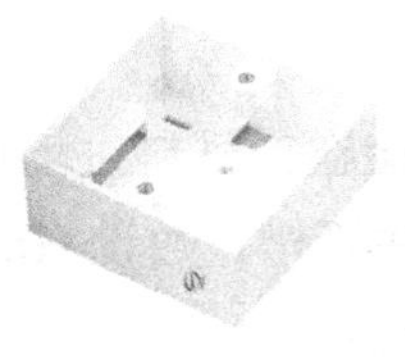

图 1-3-7　86 底盒

图 3-1-8　光纤

二、施工工具、设备介绍

1．立式机柜

放置网络设备专用，如图 3-1-9 所示。

图 3-1-9　立式机柜

2．不锈钢角尺

施工时用于测量裁剪 PVC 线槽 45 度角，如图 3-1-10 所示。

3．电钻

施工时用于在 PVC 线槽上打孔，如图 3-1-11 所示。

4．手锯

施工时用于裁剪 PVC 线槽，如图 3-1-12 所示。

5．锉刀

施工时用于整理 PVC 线槽裁剪后的横截面，使其平整、光滑、无毛茬，如图 3-1-13 所示。

图 3-1-10　不锈钢角尺

图 3-1-11　电钻

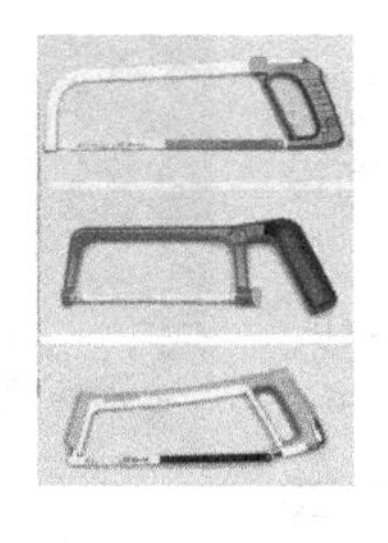

图 3-1-12　手锯

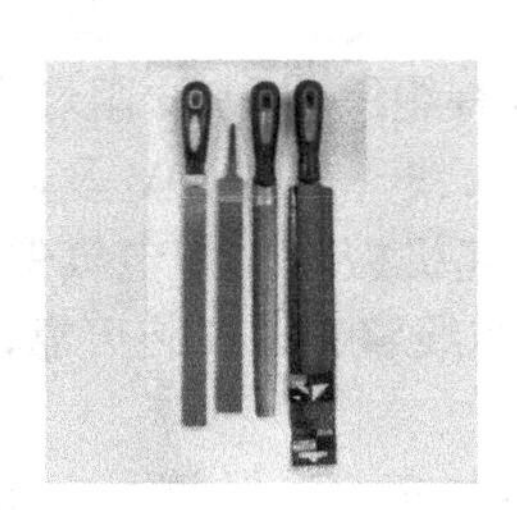

图 3-1-13　锉刀

[工作任务单]

开工申请表

工程名称		文档编号：

致：________________（监理单位）

根据合同的有关规定，我方认为工程具备了开工条件。经我单位上级负责人审查批准，特此申请________________项目开工，请予以审核批准。

附：1. 工程实施方案

2. 工程质量管理计划

承建单位（章）

项　目　经　理________________

日　　　　　期________________

专业监理工程师审查意见：

专业监理工程师________________

日　　　　　期________________

总监理工程师审核意见：

总监理工程师________________

日　　　　　期________________

物料进场签收单

单号：

日期：

客户名称：

联系电话：

物料清单：

序号	物料名称	产品型号	数量	单位	备注
1	RJ-45 接头			个	
2	双绞线	超 5 类		箱	
3	模块	超 5 类		个	
4	配线架	24 端口、超 5 类		个	
5	PVC 管	ϕ20		米	
6	直角弯头	ϕ20		个	
7	三通	ϕ20		个	
8	86 暗盒			套	
9	盒接			个	
10	管卡			个	
11	标签打印纸			卷	

续表

施工工具清单：

序号	工具名称	数量	单位	备注
1	压线钳		个	
2	打线工具		个	
3	改锥		个	
4	螺钉		个	
5	卷尺		个	
6	剪管器		个	
7	打号机		台	
8	铅笔		支	
9	壁挂式机柜		个	

签收栏：

签收栏	以上货物已于　　年　　月　　日清点验收。 收货单位： 联系电话： 验收人：

请验证货物后填写以上内容，此签收单一式两份，发货方、收货方各执一份。

考核评价表

班级：________　　　　姓名：________　　　　日期：________

工作任务 2——活动一　材料进场报验			
评　价　标　准			
考核内容	考核等级		
	优秀	良好	合格
书写文档	文档准确、详细	文档准确，较详细	文档基本准确，较详细
物料验收	方法正确，清点准确	方法基本准确，清点准确	方法基本正确，清点基本正确
成　绩　评　定			
评定			
自评			
互评			
师评			

续表

活动二　竖井的敷设

学习情境

根据网络工程布线图进行竖井管槽的敷设。

学习方式

学生分组按施工图和施工进度表，敷设竖井管槽。

工作流程

操作内容

1. 依照图纸，确认信息点位置。
2. 按施工图和施工进度表安装 86 明盒。
3. 使用卷尺测量信息点间距，确认所需线槽长度。
4. 测量线槽长度，裁剪线槽。
5. 依据施工要求在线槽上打孔。
6. 按施工图和施工进度表安装线槽。
7. 检查线槽敷设的正确性和规范性，按模板填写线槽敷设检查记录。

敷设线槽示意图如图 3-1-14 所示。

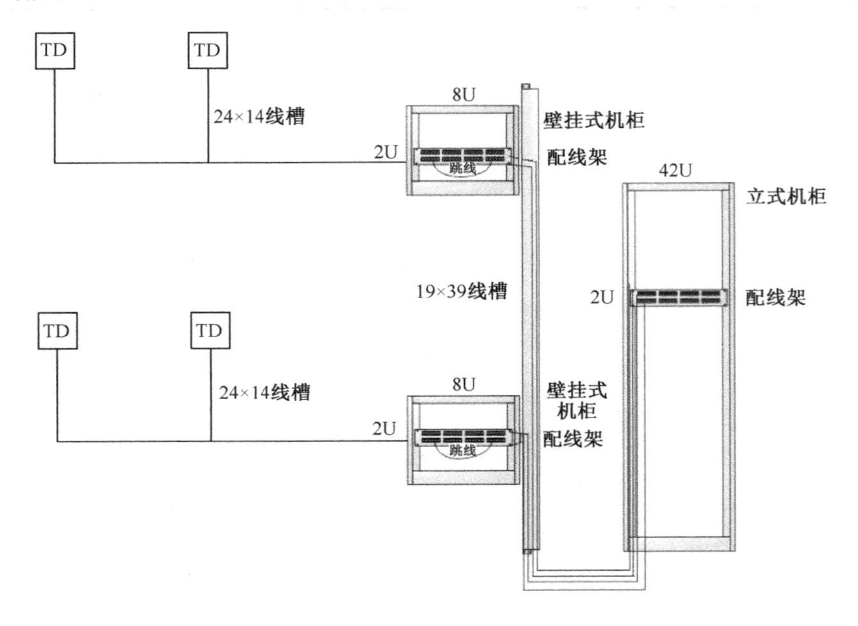

图 3-1-14　敷设线槽示意图

实训敷设线槽如图 3-1-15 所示。

线槽敷设完成效果如图 3-1-16 所示。

图 3-1-15　实训敷设线槽

图 3-1-16　线槽敷设完成效果

知识解析

一、施工过程注意事项

1．转角处可以为 45° 角拼接或使用直角弯，三通位置可以直角拼接或使用三通连接件。

2．线槽间隔 30cm 固定，连接处适当固定。

3．线槽敷设水平、垂直要标准，符合施工规范。

4．施工过程中遵守施工规范和操作安全。

二、施工方法及工艺标准

各系统的施工方法及工艺标准执行下列标准规范和要求：

《防雷及接地安装工艺标准》（322—1998）；
《线槽配线安装工艺标准》（313—1998）；
《钢管敷设工艺标准》（305—1998）；
《民用闭路监视电视系统工程技术规范》（GB50198—94）；
《建筑电气安装分项工程施工工艺标准》（533—1996）；
《高层民用建筑设计防火规范》（GB50045—95）；
《GB65100—86》30MHz～1GHz 声音和电视信号的电缆分配系统；
《GB11318—89》30MHz～1GHz 声音和电视信号的电缆分配系统；
《GB50200—94》有线电视系统工程技术规范；
《GY/T106—92》有线电视广播系统技术规范；
《GBJ》民用建筑电缆电视系统工程技术规范；
中国工程建设标准化协会标准《建筑与建筑群综合布线系统工程设计规范》CECS 72:97；
中国工程建设标准化协会标准　《建筑与建筑群综合布线系统工程施工及验收规范》CECS。

三、施工要点

1．弹线定位

根据设计图确定出安装位置，从始端到终端（先干线后支线）找好水平线或垂直线，计算好线路走向和线缆位置，确定好施工图，标明打孔位置和打孔的大小，确定水平线缆和垂直线缆的走向和根数及线槽的尺寸。

要求所用材料应平直，无显著扭曲。下料后长短偏差应在 5mm 内，切口处应无卷边、毛刺；安装牢固，保证横平竖直；固定支点间距一般不应大于 1.0～1.5mm，在进出接线箱、盒、柜、转弯、转角及丁字接头的三端 500mm 以内应设固定支撑点，塑料螺栓的规格一般不应小于 8mm，自攻钉 4mm×30mm。

2．线槽安装要求

线槽应平整，无扭曲变形，内壁无毛刺，各种附件齐全；线槽接口应平整，接缝处紧密平直，槽盖装上后应平整、无翘角，出线口的位置准确；线槽的所有拐角均应相互连接和跨接，使之成为一连续导体，并做好整体接地；线槽安装应符合《高层民用建筑设计防火规范》（GB50045—95）的有关部门规定。

四、设备安装注意事项

1．安装前的设备检验

施工前应对所安装的设备外观、型号规格、数量、标志、标签、产品合格证、产地证明、说明书、技术文件资料进行检验，检验设备是否选用厂家原装产品，设备性能是否达到设计要求和国家标准的规定。

2．安装

（1）安装位置应符合设计要求，便于安装和施工；
（2）安装应牢固，应按设计图的防震要求进行施工；
（3）安放应竖直，柜面水平，垂直偏差不大于 1 ‰，水平偏差不大于 3mm；
（4）表面应完整，无损伤，螺钉坚固，每平方米表面凹凸度应小于 1 mm；

（5）机内接插件和设备接触可靠；

（6）机内接线应符合设计要求，接线端子各种标志应齐全，保持良好；

（7）台内配线设备、接地体、保护接地、导线截面及颜色应符合设计要求；

（8）所有机柜应设接地端子，并良好连接接入大楼接地端排。

五、垂直干线子系统

垂直干线子系统提供建筑物的干线电缆，负责连接管理间子系统到设备间子系统的子系统，一般使用光缆或选用大对数的非屏蔽双绞线，如图 3-1-17 所示。

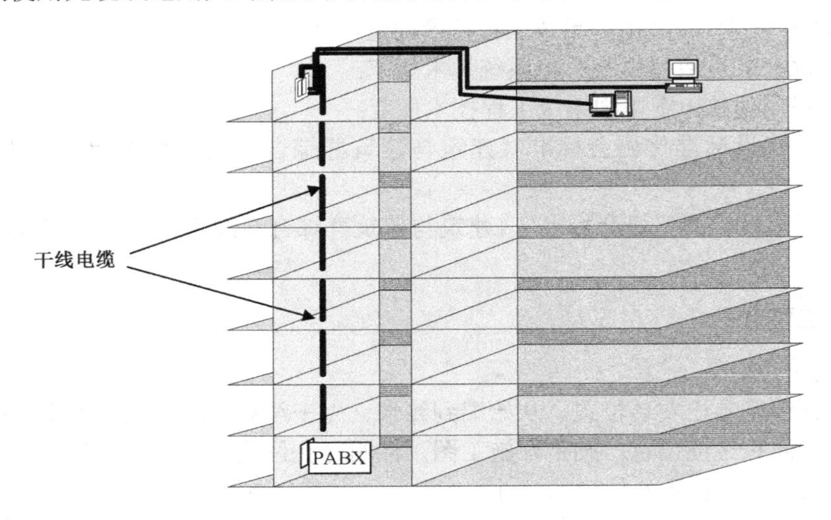

图 3-1-17　垂直干线子系统

六、管理间子系统

管理间子系统为连接其他子系统提供手段，它是连接垂直干线子系统和水平干线子系统的设备，其主要设备是配线架、HUB 和机柜、电源，如图 3-1-18 所示。

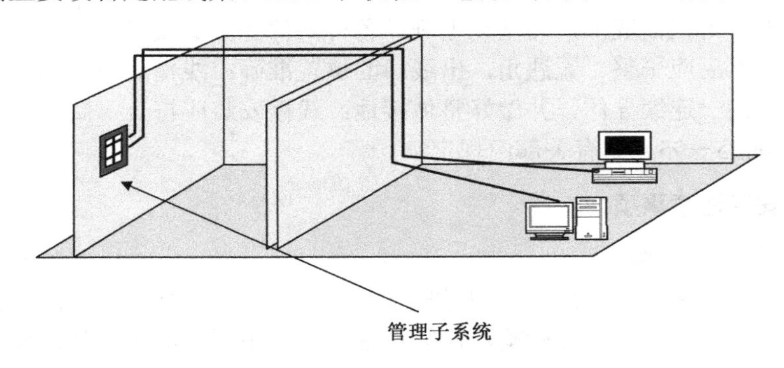

图 3-1-18　管理间子系统

活动三　双绞线与室内光纤的敷设

学习情境

根据网络工程布线图，按照施工进度，在竖井管槽中敷设双绞线、光纤。

学习方式

学生分组按施工图和施工进度表，敷设双绞线和光纤，安装明盒。

工作流程

操作内容

1．依据信息点位置，测量所需线缆长度。

2．裁剪双绞线。

3．PVC 管内穿入双绞线，两端预留适合长度。

4．双绞线编号，填写双绞线编号记录单。

5．检查双绞线敷设的正确性和规范性，按模板填写双绞线敷设检查记录。

知识解析

一、线槽内配线要求

线槽配线前应清除槽内的污物；缆线布放前应核对型号规格、程式、路由及位置与设计规定相符。在同一线槽内包括绝缘在内的导线截面积总和应该不超过内部截面积的 40%；缆线的布放应平直，不得产生扭绞、打圈等现象，不应受到外力的挤压和损伤；缆线在布放前两端应贴有标签，以表明起始和终端位置，标签书写应清晰、端正和正确；电源线、信号电缆、对绞电缆、光缆及建筑物内其他弱电系统的缆线应分离布放。各缆线间的最小净距应符合设计要求；缆线布放时应有冗余。在交接间，设备间对绞电缆预留长度，一般为 3～6m；工作区为 0.3～0.6m；光缆在设备端预留长度一般为 5～10m；有特殊要求的应按设计要求预留长度。

二、缆线布放

在牵引过程中，吊挂缆线的支点相隔间距不应大于 1m；布放线缆的牵引力，应小于缆线允许张力的 80%，对光缆瞬间最大牵引力不应超过光缆允许的张力。在以牵引方式敷设光缆时，主要牵引力应加在光缆的加强芯上；电缆桥架内缆线垂直敷设时，在缆线的上端和每间隔 1.5m 处，应固定在桥架的支架上，水平敷设时，直接部分每间隔距 3～5m 处设固定点。在缆线的距离首端、尾端、转弯中心点处 300～500mm 处设置固定点；槽内缆线应顺直，尽量不交叉，缆线不应溢出线槽，在缆线进出线槽部位、转弯处应绑扎固定。垂直线槽布放缆线应每间隔 1.5m 处固定在缆线支架上，以防线缆下坠；在水平、垂直桥架和垂直线槽中敷设缆线时，应对缆线进行绑扎。4 对对绞电缆以 24 根为束，25 对或以上主干对绞电缆、光缆及其他信用电缆应根据缆线的类型、缆径、缆线芯数为束绑扎。绑扎间距不宜大于 1.5m，扣间距应均匀、松紧适应；在竖井内采用明配线槽方式敷设缆线，并应符合以上有关条款要求。

三、光纤

1．光纤的通信原理

光纤通信主要组成部件有光发送机、光接收机和光纤，在进行长距离信息传输时还需要中继器。通信中，由光发送机产生光束，表示数字代码的电信号转变成光信号，并将光

信号导入光纤，光信号在光纤中传播，在另一端由光接收机负责接收光纤上传出的光信号，并进一步将其还原成为发送前的电信号。在实际应用中，光纤的两端都安装光纤收发器，如图 3-1-19 所示，光纤收发器既负责光的发送也负责光的接收。

图 3-1-19　光纤发送/接收机

2．光纤的分类

光纤的分类方法较多，目前在计算机网络中常根据传输点模数的不同分为单模光纤和多模光纤，如图 3-1-20 所示（“模”是指以一定角速度进入光纤的一束光）。光纤接口如图 3-1-21 所示。光纤结构图如图 3-1-22 所示。

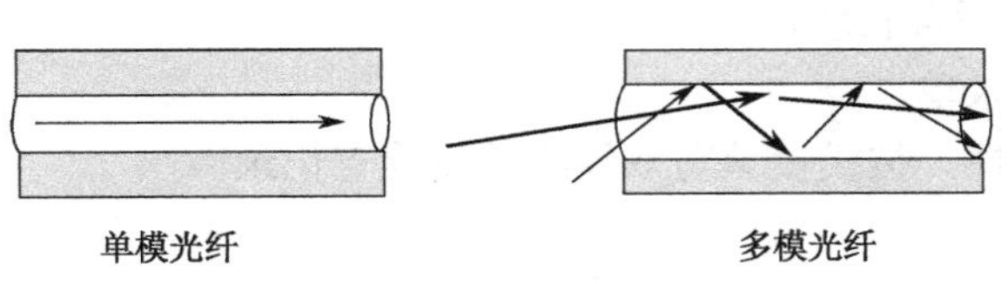

图 3-1-20　单模/多模光纤

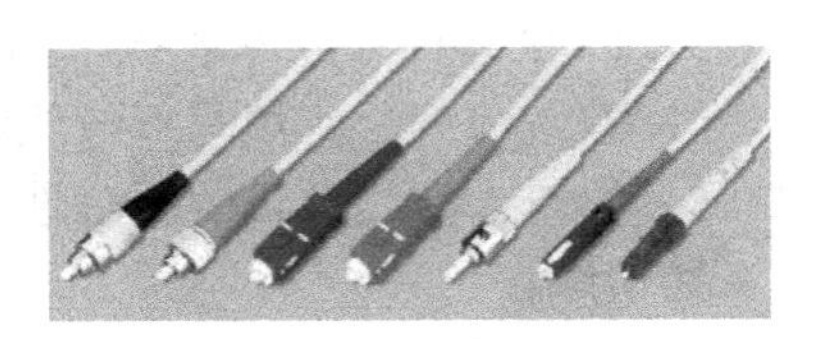

图 3-1-21　光纤接口

(1) 单模光纤（SMF）：单模光纤由激光二极管（LD）作光源，纤芯较细，传输频带宽，容量大，带宽为 2000MHz/km，一般用于长距离传输，通常被用来连接办公楼之间或地理分散更广的网络。单模光纤只有单一的传播路径，具有均匀折射率。

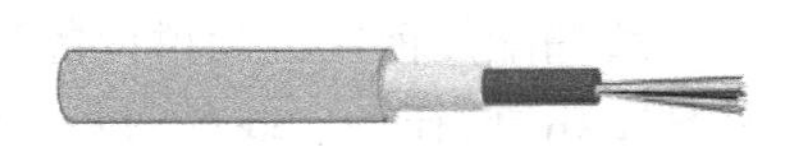

图 3-1-22　光纤结构

(2) 多模光纤（MMF）：多模光纤由发光二极管（LED）作为发光设备，纤芯粗，传输速率低，带宽为 50～500MHz/km，传输距离短，整体传输性能差，但成本低，一般被用于同一办公楼或距离相对较近区域内的网络连接。多模光纤有多种传播路径，具有变化的折射率。

无论是单模光纤还是多模光纤，在测试其通断时，最好不要用肉眼直接观察，直视红光，这样会对眼睛有伤害。

此外，光纤在计算机网络中根据其应用不同，分为光纤跳线、室内光纤和室外光纤。

光纤跳线是指与桌面计算机或设备直接相连接的光纤，以方便设备的连接和管理。此种光纤体积较小，便于使用和携带，但易于损坏，使用过程中不能用力拉扯、折弯。

室内光纤是适用于建筑物内部敷设的一种光纤，可以连接到网络设备或配线架上。此种光纤的抗拉强度较小，保护层较差，但重量较轻，价格便宜。

室外光纤适用于建筑物之间的布线，与室内光纤相比，其抗拉强度较大，保护层厚重，并且通常有金属层包裹。根据布线的不同，室外光纤又分为直埋式光纤、架空式光纤和管道式光纤。

四、敷设光缆相关内容

1．敷设光缆要求

(1) 光缆的最小曲率半径。光缆允许的最小曲率半径在施工时应当不小于光缆外径的 20 倍，施工完毕应当不小于光缆外径的 15 倍。

(2) 光缆的张力和侧压力。光缆敷设时的张力和侧压力应符合规定。要求布放光缆的牵引力应不超过光缆允许张力的 80%，瞬时最大牵引力不得大于光缆允许的张力。主要牵引力应当加在光缆的加强构件上，光缆不能直接承受拉力。

其中，用钢绞线吊挂的架空光缆可参照管道光缆的要求，自承式架空钢缆除外。建筑物内的光缆可参照管道光缆。直埋光缆可用于一般地区，也可用于山区或土壤易变动地区。

（3）判断光缆的 AB 端。施工前必须首先判断并确定光缆的 AB 端。A 端应朝向网络枢纽方向，B 端应朝向用户一侧。敷设光缆的端别应当方向一致，千万不能搞错。

2．敷设室内光缆注意事项

室内光缆主要是应用于水平子系统和垂直主干子系统的敷设。水平子系统光缆的敷设与双绞线非常类似，只是由于光缆的抗拉性能更差，因此在牵引时应当更为小心，曲率半径也要更大。垂直主干子系统光缆用于连接设备间至各个楼层配线间，一般装在电缆竖井或上升房中。为了防止下垂或滑落，在每个楼层的槽道上、下端和中间，必须将光缆牢牢地固定住。通常情况下，可采用尼龙扎带或钢制卡子进行有效地固定。最后，还应用油麻封堵材料将建筑内各个楼层光缆穿过的所有槽洞、管孔的空隙部分堵塞密封，并加堵防火堵料等防火措施，以达到防潮和防火的效果。敷设光缆时应当按照设计要求预留适当的长度，一般在设备端应当预留 5～10m，如有特殊要求再适当延长。

活动四　桥架安装、光纤端接熔接

学习情境

根据网络工程布线图进行配线架、模块的端接，RJ-45 接头的制作，桥架安装，光纤熔接。

学习方式

学生根据施工图分组，按照施工进度进行配线架、模块的端接，RJ-45 接头的制作，桥架安装，光纤熔接操作，并进行通断测试。

工作流程

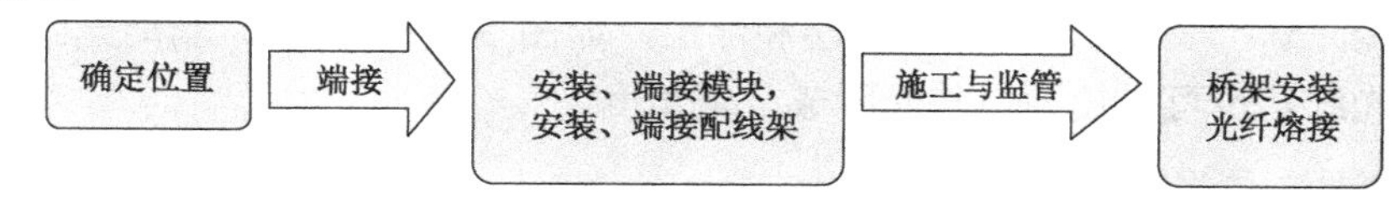

操作内容

1．按施工图和施工进度表安装模块，并做记录。

2．按施工图和施工进度表安装配线架，并做记录。

3．按施工进度表制作 RJ-45 接头。

4．测试双绞线的连通性，并做记录。

5．线缆编号，打标签。

6．检查双绞线端接的正确性和规范性，按模板填写双绞线端接检查记录。依照图纸，确认信息点位置。

7．按照施工图纸安装桥架。

8．熔接光纤。

知识解析

一、光纤的熔接方法

工具、设备：米勒钳（又称为光缆剥线钳），如图 3-1-23 所示，光纤切割机，如图 3-1-24

所示，古河 S177 光纤熔接机，如图 3-1-25 所示。

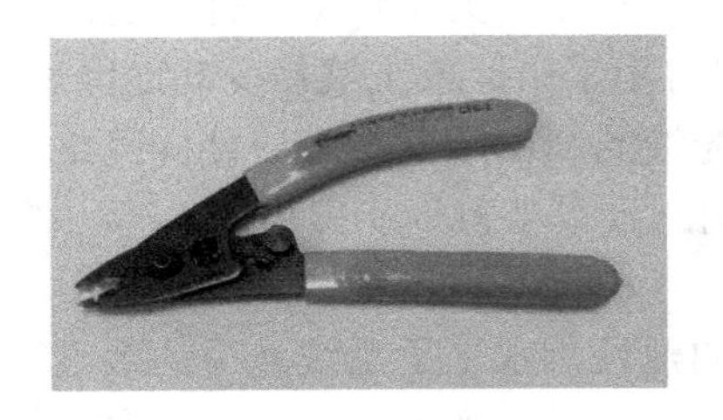

图 3-1-23　米勒钳

图 3-1-24　光纤切割机

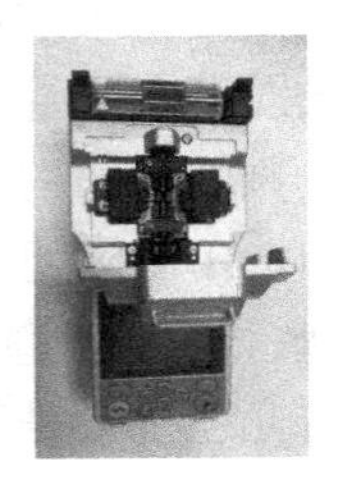

图 3-1-25　古河 S177 光纤熔接机

耗材：62.5μm 单模室内光纤（图 3-1-26）、热塑管（图 3-1-27）、酒精、棉花、宽胶带、剪刀。

光纤的熔接操作包括端面制备和光纤熔接两个主要步骤。

1．端面制备

光纤端面的制备包括剥覆、清洁和切割 3 个环节。合格的光纤端面是熔接的必要条件，端面质量直接影响到熔接质量。

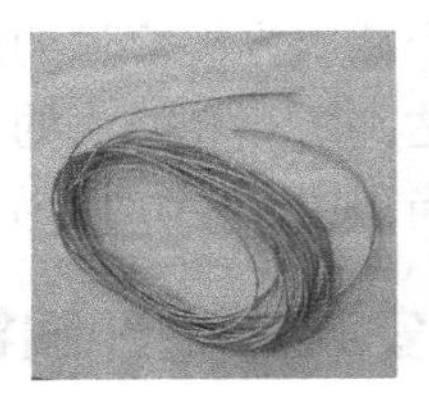

图 3-1-26　室内光纤

图 3-1-27　热塑管

（1）光纤涂层的剥除。

光纤是圆柱形介质波导由纤芯、包层、涂层 3 部分组成。光纤涂层的剥除，要掌握平、稳、快三字剥纤法。平，即持纤要平，左手捏紧光纤，使之水平，防止打滑；稳，即剥纤要握得稳；快，即剥纤要快，整个过程要自然流畅，一气呵成，如图 3-1-28 所示。

首先将光纤放在前端的“O”形刀口中，按紧米勒钳手柄，剪断光纤的护套，如图 3-1-29 所示。剥离光纤护套后，可以看到光纤的包层和加强纤维(Kevlar 线)，剪掉多余的加强纤维，用米勒钳后端“V”形刀口剥离光纤包层和涂层，如图 3-1-30 所示。剥离光纤时，可以使刀口垂直于光纤，也可以使刀口与光纤成一定角度。

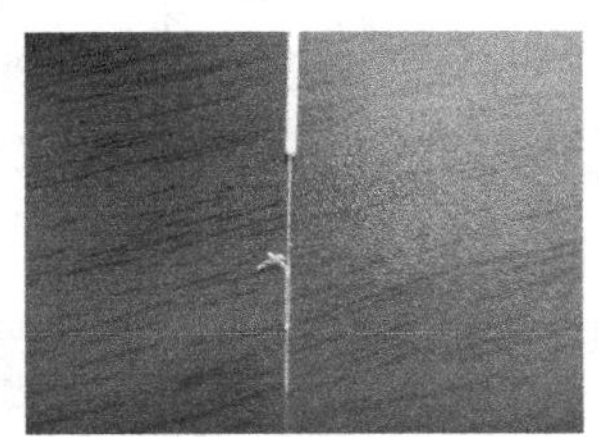

图 3-1-28　剥除光纤涂层

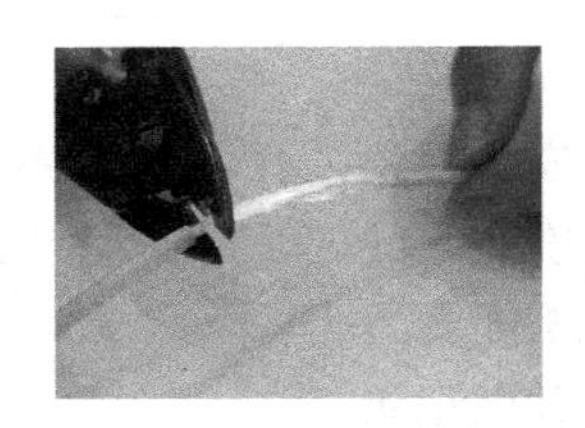

图 3-1-29　剥离光缆（一）

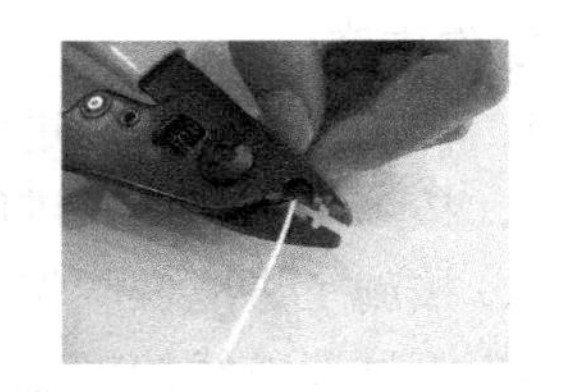

图 3-1-30　剥离光缆（二）

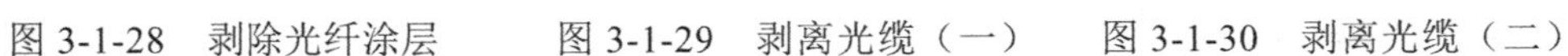

剥离光缆涂层时，如果一次没有剥干净，留有残余，可以使用米勒钳再操作一遍，但要小心不要用力过大，防止造成光缆断裂。

（2）裸纤的清洁。

观察光纤剥除部分的涂覆层是否全部剥除，若有残留应重剥，如有极少量不易剥除的涂覆层，可用棉球沾适量酒精擦除。将棉花沾少许酒精（以两指相捏无溢出为宜），折成“V”形，夹住已剥覆的光纤，顺光纤轴向擦拭，力争一次成功，一块棉花使用 2～3 次后要及时更换，每次要使用棉花的不同部位和层面，这样既可提高棉花利用率，又防止了纤芯的二次污染。

（3）裸纤的切割。

图 3-1-31　切割光纤

切割是光纤端面制备中最关键的部分。在使用光纤切断工具前请先确认工具的“V”形线槽是清洁的，否则光纤容易断裂。只能够使用酒精棉清洁工具。

将裸纤放入切割机“V”形线槽中，预留合适长度，保持住光纤所在的位置不动，放下压板，固定住光纤，盖上切割机外盖，果断按下切割刀，切断光纤，如图 3-1-31 所示。为避免光纤受损，不要过于用力地按压刀头。切割完成后，要轻抬切割刀手柄，避免损伤光纤。

注意：

切割光纤时，切割下来的部分要存放到切割机自带的小垃圾箱中，不得随意丢弃，防止误伤操作人员。光纤切割完成后，不要触摸切断的光纤末端，否则光纤会被污染，此时，光纤末端是洁净的，不需要再次使用酒精棉擦拭。

将切割好的光纤放置到熔接机电极一端的线槽中，要从上往下放，光纤末端不超过电极针。放稳光纤后，压好压板，固定光纤，盖好盖板。

裸纤的清洁、切割和熔接的时间应紧密衔接，不可间隔过长，特别是已制备的端面切勿放在空气中。移动时要轻拿轻放，防止与其他物件擦碰。在接续中，应根据环境，对切刀 V 形槽、压板、刀刃进行清洁，谨防端面污染。

（4）套管。

重复上述三步操作，以同样的方法处理好光纤的另一端，唯一不同的是，在剥离光纤护套后，将热塑管套在光纤的包层上。热塑管的用途是保护纤芯不受损伤。

2．光纤熔接

图 3-1-32　光纤熔接（一）

切割完光纤的另一端，将其放置在熔接机电极的线槽中，如图 3-1-32 所示。光纤末端放置到电极两侧，使电极与光纤形成“十”字型，光纤两端要尽量靠近，但不要超过电极。熔接机在熔接光纤过程中将自动进行位置的校准，光纤末端距离过近或过远都将影响熔接机的熔接过程。如果光纤末端距离过远，熔接机在允许距离内无法将两个末端准确对接，如果光纤末端过近，熔接时重叠部分太多。这些都是熔接机所不允许的，熔接过程中，机器会给出提示。

光纤放置到熔接机电极两侧后，盖好盖板，按熔接机上的“▸”(或 SET)键，熔接机液晶显示屏上显示仪器自动校准光纤位置、熔接时放电的全过程，如图 3-1-33 所示。熔接完成后熔接机会自动显示熔接结果，如图 3-1-34 和图 3-1-35 所示。熔接机复位后取出连接好的光纤。

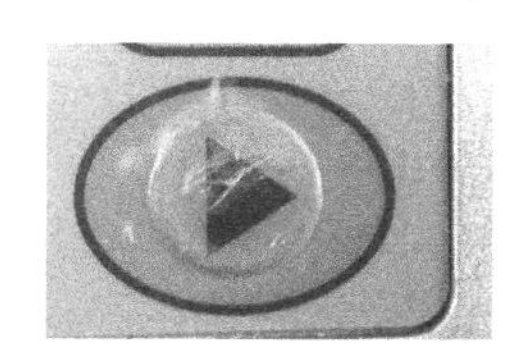
图 3-1-33　光纤熔接（二）

图 3-1-34　光纤熔接（三）

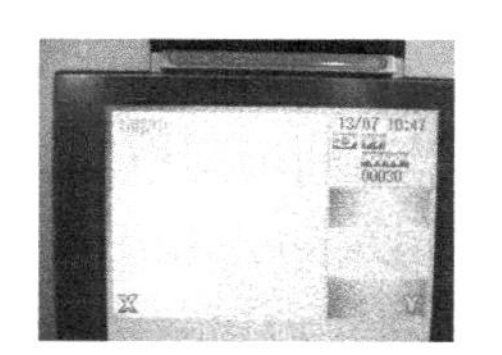
图 3-1-35　光纤熔接（四）

光纤熔接成功，液晶屏显示熔接损耗，过程中，熔接损耗不得超过 0.03dB，否则要重新进行熔接。

在熔接过程中，如果光纤不干净，或者切得角度过大，熔接机会有所提示，中止熔接过程，要求重新切割光纤，否则会极大地影响该光纤的传输质量，如图 3-1-36～图 3-1-38 所示。

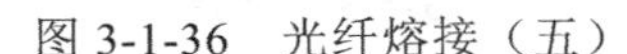
图 3-1-36　光纤熔接（五）

图 3-1-37　光纤熔接（六）

图 3-1-38　光纤熔接（七）

将纤芯套入热塑管，要保证纤芯熔接点进入到热塑管中，放入加热盒中。盖好盒盖，按下熔接机面板上的“加热”键，或者“HOT”键，加热热塑管。约 1 分半钟以后，有响声提示热塑管加热完毕，取出光纤如图 3-1-39～图 3-1-41 所示。至此光纤熔接操作完毕。

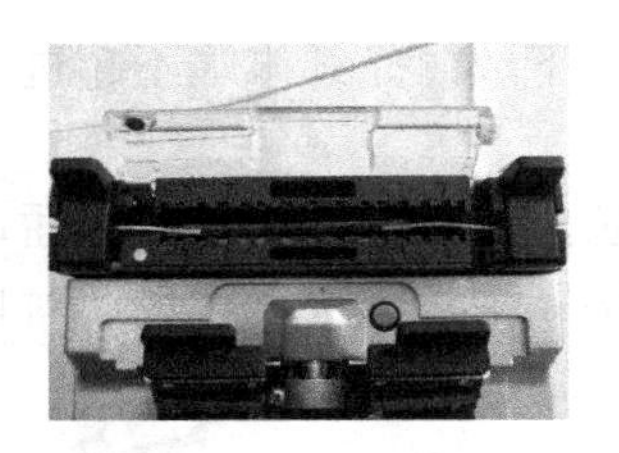
图 3-1-39　光纤熔接（八）

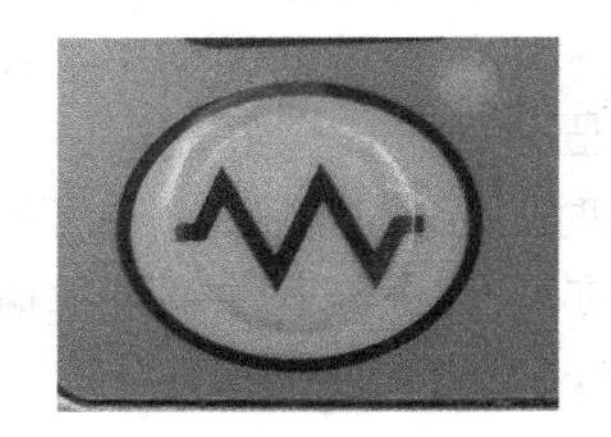
图 3-1-40　光纤熔接（九）

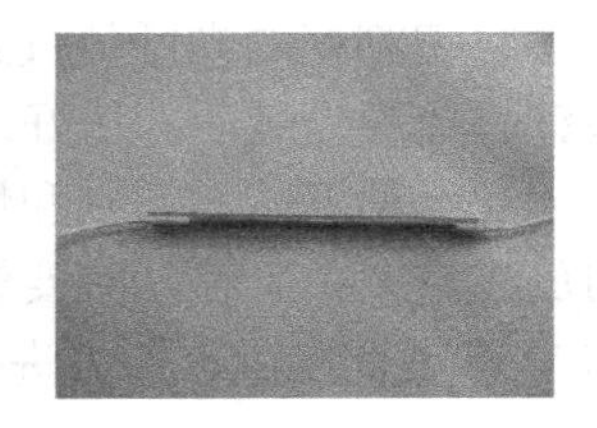
图 3-1-41　光纤熔接（十）

二、桥架安装

1．电缆桥架布线

（1）在室内采用电缆桥架布线时，其电缆不应有黄麻或其他易延燃材料外护层。

（2）在有腐蚀或特别潮湿的场所采用电缆桥架布线时，应根据腐蚀介质的不同采取相应的防护措施，并宜选用塑料护套电缆。

（3）电缆桥架（托盘）水平安装时的距地高度一般不宜低于 2.5m，垂直安装时距地 1.8m 以下部分应加金属盖板保护，但敷设在电气专用房间（如配电室、电气竖井、技术层等）内时除外。

（4）电缆桥架水平安装时，宜按荷载曲线选取最佳跨距进行支撑，跨距一般为 1.5～3m。垂直敷设时，其固定点间距不宜大于 2m。

（5）几组电缆桥架在同一高度平行安装时，各相邻电缆桥架间应考虑维护、检修距离。

（6）在电缆桥架上可以无间距敷设电缆，电缆在桥架内横断面的填充率：电力电缆不应大于 40%；控制电缆不应大于 50%。

（7）下列不同电压、不同用途的电缆，不宜敷设在同一层桥架上。

① 1kV 以上和 1kV 以下的电缆。

② 同一路径向一级负荷供电的双路电源电缆。

③ 应急照明和其他照明的电缆。

④ 强电和弱电电缆。

如受条件限制需安装在同一层桥架上时，应用隔板隔开。

（8）电缆桥架与各种管道平行或交叉时，其最小净距应符合规定。

（9）电缆桥架不宜安装在腐蚀性气体管道和热力管道的上方及腐蚀性液体管道的下方，否则应采取防腐、隔热措施。

（10）电缆桥架内的电缆应在下列部位进行固定：

垂直敷设时，电缆的固定点间距不大于标准规定；

水平敷设时，电缆的首、尾两端、转弯及每隔 5～10m 处。

（11）电缆桥架内的电缆应在首端、尾端、分支、转弯及每隔 50m 处，设有编号、型号及起止点等标记。

（12）电缆桥架在穿过防火墙及防火楼板时，应按设计要求采取防火隔离措施。

2．金属桥架安装时接地要求

金属电缆桥架及其支架和引入或引出的金属电缆导管必须接地（PE）或接零（PEN）可靠，且必须符合下列规定。

（1）金属电缆桥架及其支架全长应不少于两处与接地（PE）或接零（PEN）干线相连接。

（2）非镀锌电缆桥架间连接板的两端跨接铜芯接地线，接地线最小允许截面积不小于 $4mm^2$。

（3）镀锌电缆桥架间连接板的两端不跨接接地线，但连接板两端不少于两个有防松螺母或防松垫圈的连接固定螺栓。

3．相关规范

（1）《民用建筑电气设计规范》(JGJ/T16—92)。

（2）《电气装置安装工程电缆线路施工及验收规范》(GB50168—92)。

（3）《建筑电气工程施工质量验收规范》(GB50303—2002)。

[工作任务单]

工程质量验收记录表

组号：______ 填写人：________

工程名称	单间办公局域网布线施工及监管			
施工组长		施工成员		
施工日期				
信息点对照表	信息点编号	配线架端口编号	连通性	
			□是 □否	
			□是 □否	
			□是 □否	
			□是 □否	
			□是 □否	
			□是 □否	
施工数据统计	信息点个数		86 暗盒个数	
检测项目	检测记录			
1．安装 86 暗盒	□定位准确 □安装垂直、水平度到位		□螺钉紧固、无松动 □底盒开口方向合理	
2．线槽	□长度合适、角度合理		□连接紧密、边缘光滑	

续表

工程名称	单间办公局域网布线施工及监管	
3．敷设 PVC 线槽	□安装位置准确 □布局合理	□稳固
4．敷设线纤	□符合布放缆线工艺要求 □预留合理	□线标准确 □缆线走向正确
5．端接信息点模块	□线序正确	□符合工艺要求
6．安装信息点面板	□安装位置正确	□螺钉紧固
7．安装配线架	□安装位置正确 □螺钉紧固	□标志齐全 □安装符合工艺要求
8．端接配线架	□线序正确 □缆线排列合理	□线标与配线架端口对应
9．安装机柜	□位置合理	□安装稳固
10．安装桥架	□位置合理	□安装稳固
11．光纤熔接	□操作正确	□无断点
完成时间		
施工过程中遇到的问题及解决方案		

考核评价表

班级：________ 姓名：________ 日期：________

工作任务 2——活动二、三、四　布线施工				
评　价　标　准				
考核内容	考核等级			
	优秀	良好	合格	不合格
管槽敷设检查记录	记录准确、清楚、完整	记录准确，较清楚、完整	记录基本准确，较清楚、完整	记录不准确，或不完整
双绞线敷设检查记录	记录准确、清楚、完整	记录准确，较清楚、完整	记录基本准确，较清楚、完整	记录不准确，或不完整
双绞线端接检查记录	记录准确、清楚、完整	记录准确，较清楚、完整	记录基本准确，较清楚、完整	记录不准确，或不完整
桥架安装检查记录	记录准确、清楚、完整	记录准确，较清楚、完整	记录基本准确，较清楚、完整	记录不准确，或不完整
光纤熔接检查记录	记录准确、清楚、完整	记录准确，较清楚、完整	记录基本准确，较清楚、完整	记录不准确，或不完整
工作过程	工作过程完全符合行业规范，成本意识高	工作过程符合行业规范	工作过程基本符合行业规范	工作过程不符合行业规范

续表

成　绩　评　定			
评定			
自评			
互评			
师评			
反思：			

活动五　链路连通性测试与敷设验收

学习情境

1．根据现场施工情况，测试线缆连通性，完成局域网布线。

2．楼宇办公局域网网络布线工程完成，需进行验收。

学习方式

1．根据编号统计表测试每根线缆连通性。

2．学生根据前面的检查记录，分组重新检查前期各种记录单中的所有问题是否已解决，按模板填写网络布线工程验收报告。

工作流程

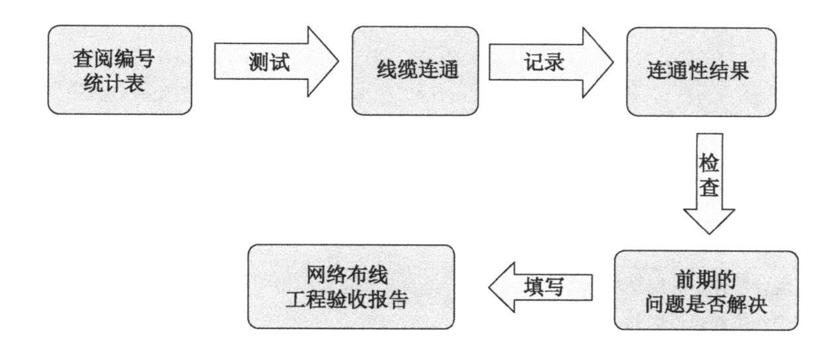

操作内容

1．依据编号统计表选择需要测试的线缆。

2．测试线缆连通性。

3．记录线缆连通性测试结果。

4．根据前面的检查记录，分组重新检查前期各种记录单中的所有问题是否已解决，并做记录。

5．按模板填写网络布线工程验收报告。

知识解析

光纤的检测

光纤检测的主要目的是保证系统连接质量、减少故障因素及查找光纤故障点。具体检测方法很多，这里简单介绍两种。

（1）人工简易测量。

这种方法一般用于快速检测光纤通断或在施工时区分光纤。具体做法是，用一个简易光源从光纤的一端打入可见光，再从另一端观察发光情况，据此得出结论。这种方法虽然简单，但是不能对光纤的衰减进行定量测量，也不能判断故障光纤的故障点位置。

（2）精密仪器测量。

用光功率计或光时域反射图示仪对光纤进行定量测量，可以测出光纤的衰减和接头的衰减，甚至可以测出故障光纤的断点位置。这种测量方法可以用于对光纤网络的故障进行定量分析，或对光纤产品进行评价。

[工作任务单]

工程阶段性测试验收（初验、终验）报审表

工程名称		文档编号：
致：________________（监理单位） 我方已按要求完成了________________工程，经自检合格，请予以初验（终验）。 附录：工程阶段性测试验收（初验、终验）方案 承建单位（盖章） 项　目　经　理________ 日　　　　期________		
审查意见： 经初步验收，该工程 1．符合/不符合我国现行法律、法规要求； 2．符合/不符合我国现行工程建设标准； 3．符合/不符合设计方案要求； 4．符合/不符合承建合同要求。 综上所述，该工程初步验收合格/不合格，可以/不可以组织正式验收。 监理单位　　　　　　　业主单位 确认人：________　　确认人：________ 日　期：________　　日　期：________		

考核评价表

班级：________　　　　姓名：________　　　　日期：________

工作任务2——活动五　链路连通性测试与敷设验收				
评　价　标　准				
考核内容	考核等级			
	优秀	良好	合格	不合格
网络布线工程验收报告	测试报告准确、清楚、完整	测试报告准确，较清楚、完整	测试报告基本准确，较清楚、完整	测试报告不准确，或不清楚、不完整
工作过程	工作过程完全符合行业规范，成本意识高	工作过程符合行业规范	工作过程基本符合行业规范	工作过程不符合行业规范
成　绩　评　定				
评定				
自评				
互评				
师评				
反思：				

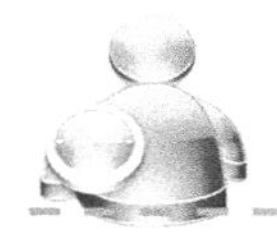

综合实训　楼宇网络布线实训

一、实训要求

利用实验室仿真墙构建楼宇内多层办公区局域网络，采用明槽的方式敷设线缆，并安

装机柜和端接模块、配线架。

二、实训耗材及工具

手锯、直角尺、锉刀、电钻、配线架、壁挂式机柜、PVC 槽、底盒、螺钉、直角弯、平三通、阴角、端接头、CAT5e 双绞线、CAT5e 模块、面板。

三、实训操作步骤

1. 固定信息点。
2. 测量信息点之间距离。
3. 裁剪 PVC 槽。
4. 固定 PVC 槽。
5. 穿线。
6. 安装机柜、模块、配线架。
7. 安装信息点面板。
8. 测试线缆连通性。

四、实训重点

◆ 正确测量、裁剪、固定 PVC 槽。
◆ 正确安装信息点底盒、面板、连接件。
◆ 楼层布线，水平垂直布线。

实训布线示意图如图 3-1-42 所示。

实训效果图如图 3-1-43 所示。

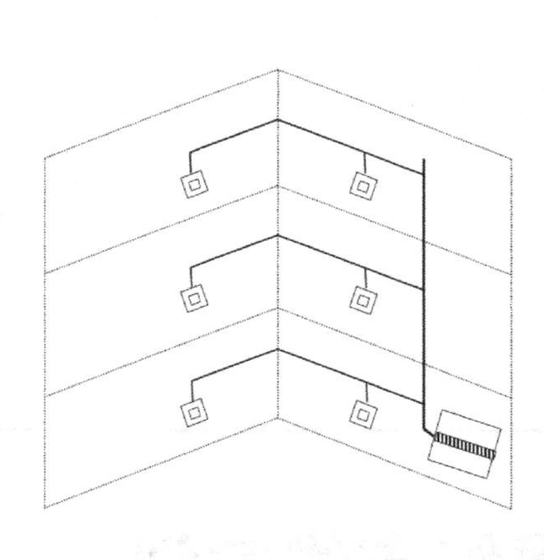

图 3-1-42　实训布线示意图

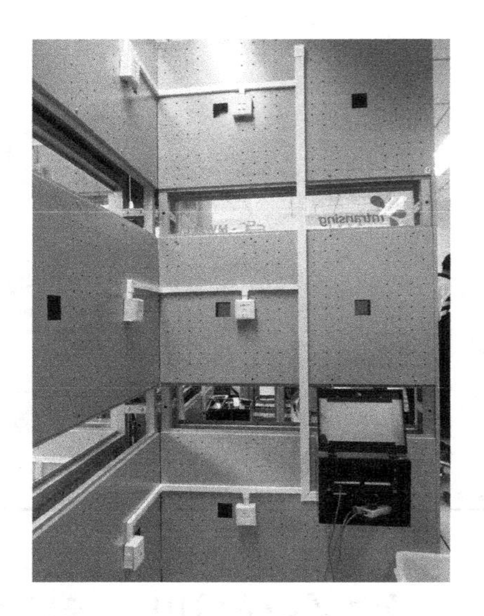

图 3-1-43　实训效果图

五、注意事项

◆ 施工过程中时刻注意安全，不可打闹。
◆ 工具使用后立刻归还原位，不得手持工具说笑打闹。

◆ 规划耗材使用量，不得随意浪费。
◆ 严格按照示意图施工，不得随意改变。
◆ 严格按照施工要求操作，不得野蛮拆卸。

工作任务3　楼宇办公局域网设备调试与监管

任务描述

根据楼宇办公局域网实现功能，完成设备功能选型，规划机柜布局，完成网络设备上架。根据实施任务，完成三层交换及路由设备的基本配置与调试，最终完成设备联调验收。

活动一　设备功能选型与开箱验收

学习情境

网络布线工程验收完毕，依据标书中对楼宇办公局域网实现功能的要求，进行网络设备功能选型，并监管网络设备的开箱验收。

学习方式

学生分组根据标书中楼宇办公局域网实现功能要求，完成设备功能选型。根据模板，书写设备开箱验收记录。

工作流程

操作内容

1. 阅读标书，找出楼宇办公局域的网络功能和设备要求，正确识读标书内关键部分——技术偏离表。
2. 按实现功能要求，完成设备功能选型。
3. 核对装箱单，根据装箱单的清单检查附件是否完备。
4. 根据模板，书写设备开箱检验记录文档。
5. 设备核对完毕后填写甲乙双方签收单。

知识解析

一、网络方案

本方案新大楼内网络设备采用全部新购置方案。新大楼网络方案基本技术要求如下：新大楼内核心交换机采用两台三层路由交换机，其性能应满足本招标书中核心交换机性能所列参数。两台新购核心交换机之间通过万兆光纤链路做聚合，以提高网络性能和核心交换机资源利用率。

新大楼内各楼层配线间内接入交换机采用新购24/48个10Mb/s/100Mb/s/1000Mb/s端口的交换机，该机性能应满足本标书中楼层交换机的要求，共配置15台。各层设备间内楼层交换机通过双千兆链路方式上连至核心交换机，以提高上行链路带宽和性能。

采用VLAN方式对网络进行分段，提高网络的可管理性，降低安全风险，点位配置表如下：

地点	信息点数
1楼子配线间	150
5楼中心机房	581
9楼子配线间	172
10楼子设备间	172
合计	1075

财务使用单独的24端口交换机，财务交换机放置在5楼中心机房，财务交换机通过百兆隔离墙与信息网络连接。

电能监测系统单独采用一个24端口交换机，该交换机安装在10楼子设备间，通过千兆防火墙与信息网络连接。

其他非MIS网络的子系统如雷电定位系统、GIS系统等共同用一台24端口交换机但每个子系统按端口划分在不同的VLAN，该交换机安装在10楼设备间，通过千兆防火墙与信息网络连接。

要求投标方充分了解业主现有的网络情况，合理设计网络方案并做出方案详细说明及设备配置，要求方案设计合理并具有高安全性、易管理性、一定的前瞻性，未参照以上要求优化网络并提供设计方案的，视为对标书的不响应行为。

二、网络设备技术规范基本要求

高可靠性：所有部件可热插拔，故障的恢复时间在秒级间隔内完成，没有任何单一故障点；接入层交换机应从堆叠方式、上联方式及电源等方面考虑其可靠性；

可扩充性：核心交换机应具备灵活的端口及模块的扩充能力，以满足网络规模的扩大；接入层交换机应具有丰富灵活的上联端口（光纤、双绞线、千兆、百兆等）；

QoS特性：从网络的核心层至桌面实现端到端的QoS解决方案，具有支持多媒体应用的能力，满足视频会议、VOD应用的要求；

安全性：从构筑的网络整体考虑其安全性，可有效控制网络的访问；灵活地实施网络安全控制策略；设备自身安全管理；

可管理性：所构筑的网络中的任何设备均可以通过网管平台进行控制，设备状态、故障报警等都可以通过网管平台进行监控，从而提高网络管理的效率。

[工作任务单]

楼宇办公局域网工具及设备清单

序号	类型名称	设备及工具名称	规格型号	数量
1	交换机	核心交换机		
		三层交换机		
		二层交换机		

续表

序号	类型名称	设备及工具名称	规格型号	数量
2	路由器			
3	交换机机架			
4	环境制冷	空调		

设备开箱检验记录文档

<table>
<tr><td colspan="5">设备开箱检验记录</td><td>编　号</td><td colspan="2"></td></tr>
<tr><td colspan="3">设备名称</td><td colspan="2"></td><td>检查日期</td><td colspan="2"></td></tr>
<tr><td colspan="3">规格型号</td><td colspan="2"></td><td>总数量</td><td colspan="2"></td></tr>
<tr><td colspan="3">装箱单号</td><td colspan="2"></td><td>检验数量</td><td colspan="2"></td></tr>
<tr><td rowspan="5">检验记录</td><td colspan="2">包装情况</td><td colspan="5"></td></tr>
<tr><td colspan="2">随机文件</td><td colspan="5"></td></tr>
<tr><td colspan="2">备件与附件</td><td colspan="5"></td></tr>
<tr><td colspan="2">外观情况</td><td colspan="5"></td></tr>
<tr><td colspan="2">测试情况</td><td colspan="5"></td></tr>
<tr><td rowspan="9">检验结果</td><td colspan="7">缺、损附备件明细表</td></tr>
<tr><td>序号</td><td>名称</td><td colspan="2">规格</td><td>单位</td><td>数量</td><td>备注</td></tr>
<tr><td></td><td></td><td colspan="2"></td><td></td><td></td><td></td></tr>
<tr><td></td><td></td><td colspan="2"></td><td></td><td></td><td></td></tr>
<tr><td></td><td></td><td colspan="2"></td><td></td><td></td><td></td></tr>
<tr><td></td><td></td><td colspan="2"></td><td></td><td></td><td></td></tr>
<tr><td></td><td></td><td colspan="2"></td><td></td><td></td><td></td></tr>
<tr><td></td><td></td><td colspan="2"></td><td></td><td></td><td></td></tr>
<tr><td></td><td></td><td colspan="2"></td><td></td><td></td><td></td></tr>
<tr><td colspan="8">结论</td></tr>
<tr><td colspan="8"></td></tr>
<tr><td rowspan="2">签字栏</td><td colspan="2">建设（监理）单位</td><td colspan="3">施工单位</td><td colspan="2">供应单位</td></tr>
<tr><td colspan="2"></td><td colspan="3"></td><td colspan="2"></td></tr>
</table>

考核评价表

班级：__________　　姓名：__________　　日期：__________

<table>
<tr><td colspan="5">工作任务 3——活动一　设备功能选型与开箱验收</td></tr>
<tr><td colspan="5">评　价　标　准</td></tr>
<tr><td rowspan="2">考核内容</td><td colspan="4">考核等级</td></tr>
<tr><td>优秀</td><td>良好</td><td>合格</td><td>不合格</td></tr>
<tr><td>设备清单</td><td>文档准确、详细</td><td>文档准确，较详细</td><td>文档基本准确，较详细</td><td>文档不准确</td></tr>
</table>

续表

评价标准				
设备开箱检验记录文档	文档准确、详细	文档准确，较详细	文档基本准确，较详细	文档不准确
工作过程	工作过程完全符合行业规范，成本意识高	工作过程符合行业规范	工作过程基本符合行业规范	工作过程不符合行业规范
成绩评定				
评定				
自评				
互评				
师评				
反思：				

活动二　设备上架

学习情境

在实现楼宇办公局域网中，网络设备开箱验收后，按机柜规划，完成设备上架。

学习方式

通过观看视频、设备安装使用说明书，使学生了解楼宇办公局域网中网络设备上架的安装工艺，学生分组规划机柜布局并完成网络设备上架。

工作流程

操作内容

1. 详细阅读所用型号网络设备的硬件安装手册。
2. 规划机柜布局。
3. 完成设备上架。

知识解析

在机架上安装路由器

1．用包装箱内附带的机架安装螺钉将专用机架角铁牢固地安装到交换机的两侧。

2．将路由器置于标准 19in 机架内，再使用螺钉将交换机牢固的固定在机架中的合适位置，并且在路由器与周围物体间留有足够的通风空间。

注意：

路由器的角铁起的是固定作用，不能用来承重，建议在路由器底部安装机架托板，并且不要在交换机上放置重物，也不要让其他设备或物体遮挡住路由器的通风孔，以免损坏路由器或影响路由器正常工作。

考核评价表

班级：__________　　姓名：__________　　日期：__________

工作任务3——活动二　设备上架				
评　价　标　准				
考核内容	考核等级			
	优秀	良好	合格	不合格
规划机柜布局	布局合理、位置最佳、便于升级维护	布局合理、通风散热良好、便于升级维护	布局基本合理	布局不合理
设备上架	工作过程完全符合行业规范，成本意识高	工作过程符合行业规范	工作过程基本符合行业规范	工作过程不符合行业规范
成　绩　评　定				
评定				
自评				
互评				
师评				
反思：				

活动三　设备配置与调试

学习情境

设备已经安装上架，现在要按楼宇办公局域网的功能实现要求，完成设备的配置与调试。楼宇办公局域网主要采用交换机管理。

学习方式

学生分组，根据实施任务，完成设备的基本配置与调试。掌握三层交换技术及静态路由技术的实现。

工作流程

操作内容

1．按楼宇办公局域网的功能实现要求，完成设备的配置。
2．按楼宇办公局域网的功能实现要求，完成设备的调试。

[实训任务]

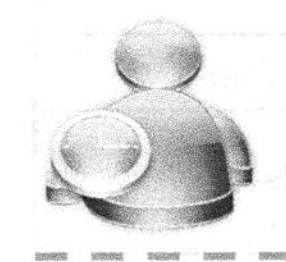

实训 1　路由器的基本管理方法

一、应用场景

设备的初始配置一般都是通过 Console 接口进行。远程管理通常通过带内的方式。给相应的接口配置了 IP 地址，开启了相应的服务以后，才能进行带内的管理。

二、实训设备

1．DCR 路由器 2 台。
2．PC 1 台。
3．Console 线缆、网线各 1 条。

三、实训拓扑

实训拓扑如图 3-1-44 所示。

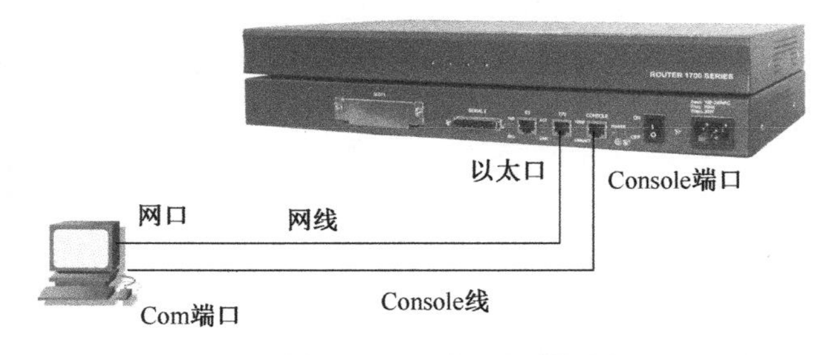

图 3-1-44　实训拓扑

四、实训要求

DCR-1702 的 Console 端口与 PC 的 Com 端口使用 Console 线连接；F0/0 与 PC 的网卡使用交叉双绞线连接，并分别配置 192.168.2.1 和 192.168.2.2 的 C 类地址。

五、实训步骤

带外管理方法（本地管理）如下。

第一步：将配置线的一端与路由器的 Console 端口相连，另一端与 PC 的串口相连。

第二步：在 PC 上运行终端仿真程序。单击“开始”菜单，选择“程序”→“附件”命令下的“通信”选项，运行“超级终端”程序，同时设置终端的硬件参数（包括串口号），如图 3-1-45 所示。

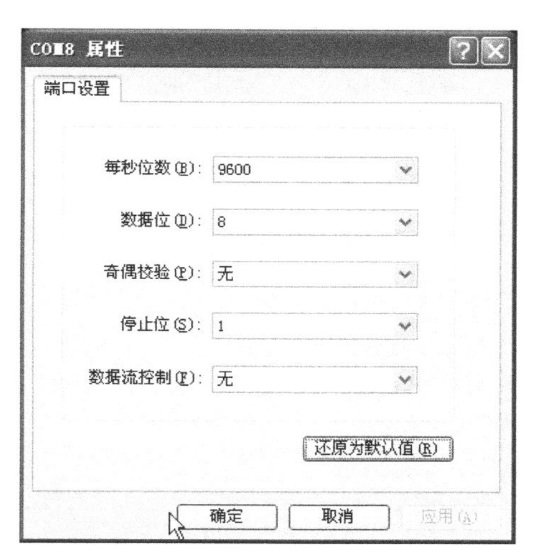

图 3-1-45　超级终端配置

波特率：9600；数据位：8；奇偶校验：无；停止位：1；数据流控制：无。

第三步：路由器加电，超级终端会显示路由器自检信息，自检结束后出现命令提示“Press RETURN to get started”。

```
    System Bootstrap, Version 0.1.8
    Serial num:8IRT01V11B01000054 ,ID num:000847
    Copyright (c) 1996-2000 by China Digitalchina CO.LTD
    DCR-1700 Processor MPC860T @ 50Mhz
    The current time: 2067-9-12 6:31:30
    Loading DCR-1702.bin......
    Start Decompress DCR-1702.bin
    #####################################################################
#########################################################################
#########################################################################
#########################################################################
# Decompress 3587414 byte,Please wait system up..
    Digitalchina Internetwork Operating System Software
    DCR-1700 Series Software , Version 1.3.2E, RELEASE SOFTWARE
    System start up OK

    Router console 0 is now available

    Press RETURN to get started
```

第四步：按 Enter 键进入用户配置模式。DCR 路由器出厂时没有定义密码，用户按 Enter 键直接进入普通用户模式，可以使用权限允许范围内的命令，需要帮助可以随时键入“？”，输入 enable，按 Enter 键则进入超级用户模式。这时候用户拥有最大权限，可以任意配置，需要帮助可以随时键入“？”。

```
Router-A>enable                                           //进入特权模式
Router-A#2004-1-1 00:04:39 User DEFAULT enter privilege mode from console
0, level = 15

Router-A#?                                                //查看可用的命令
  cd                        -- Change directory
  chinese                   -- Help message in Chinese
  chmem                     -- Change memory of system
  chram                     -- Change memory
  clear                     -- Clear something
  config                    -- Enter configurative mode
  connect                   -- Open a outgoing connection
  copy                      -- Copy configuration or image data
  date                      -- Set system date
  debug                     -- Debugging functions
  delete                    -- Delete a file
  dir                       -- List files in flash memory
  disconnect                -- Disconnect an existing outgoing network
                               connection
  download                  -- Download with ZMODEM
  enable                    -- Turn on privileged commands
  english                   -- Help message in English
  enter                     -- Turn on privileged commands
  exec-script               -- Execute a script on a port or line
  exit                      -- Exit / quit
  format                    -- Format file system
  help                      -- Description of the interactive help system
  history                   -- Look up history
Router-A#ch?                                              //使用？帮助
  chinese                   -- Help message in Chinese
  chmem                     -- Change memory of system
  chram                     -- Change memory
Router-A#chinese                                          //设置中文帮助
Router-A#?                                                //再次查看可用命令
  cd                        -- 改变当前目录
  chinese                   -- 中文帮助信息
  chmem                     -- 修改系统内存数据
  chram                     -- 修改内存数据
  clear                     -- 清除
  config                    -- 进入配置态
  connect                   -- 打开一个向外的连接
  copy                      -- 复制配置方案或内存映像
  date                      -- 设置系统时间
  debug                     -- 分析功能
```

```
  delete                          -- 删除一个文件
  dir                             -- 显示闪存中的文件
  disconnect                      -- 断开活跃的网络连接
  download                        -- 通过 ZMODEM 协议下载文件
  enable                          -- 进入特权方式
  english                         -- 英文帮助信息
  enter                           -- 进入特权方式
  exec-script                     -- 在指定端口运行指定的脚本
  exit                            -- 退回或退出
  format                          -- 格式化文件系统
  help                            -- 交互式帮助系统描述
  history                         -- 查看历史
  keepalive                       -- 保活探测
 --More—
```

带内远程的管理方法：（Telnet 方式）。

第五步：设置路由器以太网接口地址并验证连通性。

```
Router>enable                                              //进入特权模式
Router #config                                             //进入全局配置模式
Router-A_config#interface f0/0                             //进入接口模式
Router-A_config_f0/0#ip address 192.168.2.1 255.255.255.0 //设置 IP 地址
Router-A_config_f0/0#no shutdown
Router-A_config_f0/0#^Z
Router-A#show interface f0/0                               //验证
FastEthernet0/0 is up, line protocol is up                 //接口和协议都必须 up
address is 00e0.0f18.1a70
  Interface address is 192.168.2.1/24
  MTU 1500 bytes, BW 100000 kbit, DLY 10 usec
  Encapsulation ARPA, loopback not set
  Keepalive not set
  ARP type: ARPA, ARP timeout 04:00:00
  60 second input rate 0 bits/sec, 0 packets/sec!
  60 second output rate 6 bits/sec, 0 packets/sec!
  Full-duplex, 100Mb/s, 100BaseTX, 1 Interrupt
    0 packets input, 0 bytes, 200 rx_freebuf
    Received 0 unicasts, 0 lowmark, 0 ri, 0 throttles
    0 input errors, 0 CRC, 0 framing, 0 overrun, 0 long
    1 packets output, 46 bytes, 50 tx_freebd, 0 underruns
    0 output errors, 0 collisions, 0 interface resets
    0 babbles, 0 late collisions, 0 deferred, 0 err600
    0 lost carrier, 0 no carrier 0 grace stop 0 bus error
0 output buffer failures, 0 output buffers swapped out
```

第六步：设置 PC 的 IP 地址并测试连通性，如图 3-1-46 所示为 TCP/IP 属性。

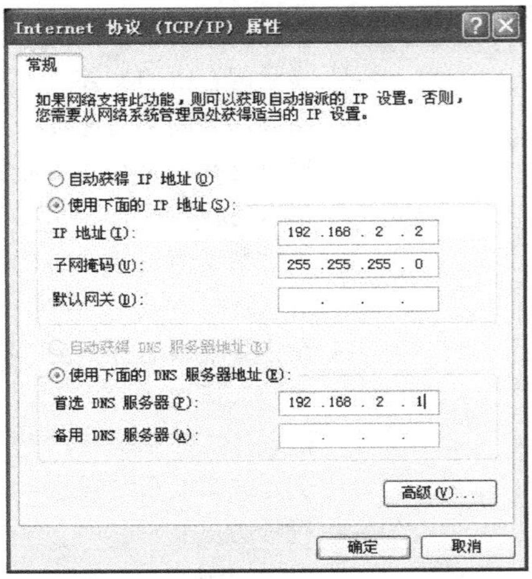

Internet 协议 (TCP/IP) 属性

常规

如果网络支持此功能，则可以获取自动指派的 IP 设置。否则，您需要从网络系统管理员处获得适当的 IP 设置。

○ 自动获得 IP 地址(O)
◉ 使用下面的 IP 地址(S):
IP 地址(I): 192 . 168 . 2 . 2
子网掩码(U): 255 . 255 . 255 . 0
默认网关(D): . . .

○ 自动获得 DNS 服务器地址(B)
◉ 使用下面的 DNS 服务器地址(E):
首选 DNS 服务器(P): 192 . 168 . 2 . 1
备用 DNS 服务器(A): . . .

高级(V)...

确定 取消

图 3-1-46 TCP/IP 属性

使用 Ping 测试连通性，如图 3-1-47 所示。

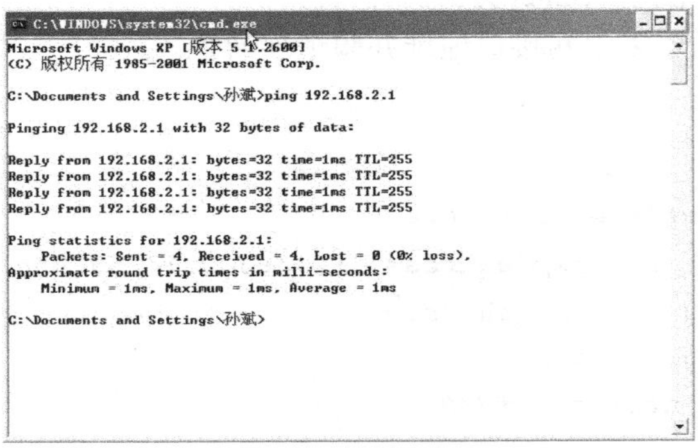

```
C:\WINDOWS\system32\cmd.exe
Microsoft Windows XP [版本 5.1.2600]
(C) 版权所有 1985-2001 Microsoft Corp.

C:\Documents and Settings\孙斌>ping 192.168.2.1

Pinging 192.168.2.1 with 32 bytes of data:

Reply from 192.168.2.1: bytes=32 time=1ms TTL=255
Reply from 192.168.2.1: bytes=32 time=1ms TTL=255
Reply from 192.168.2.1: bytes=32 time=1ms TTL=255
Reply from 192.168.2.1: bytes=32 time=1ms TTL=255

Ping statistics for 192.168.2.1:
    Packets: Sent = 4, Received = 4, Lost = 0 (0% loss),
Approximate round trip times in milli-seconds:
    Minimum = 1ms, Maximum = 1ms, Average = 1ms

C:\Documents and Settings\孙斌>
```

图 3-1-47 测试连通性

第七步：在 PC 上 Telnet 登录到路由器。

为了保证安全性，路由器中默认为所有的 Telnet 用户必须通过验证才可以进入路由器配置界面，在 DCR 系列路由器中，系统支持使用本地或其他验证数据库对 Telnet 用户进行验证，具体过程可参考如下。

（1）设置本地数据库中的用户名，本例使用 dcnu，密码使用 dncu。

```
Router1700_config#username dcnu password dcnu   //设置本地用户名和密码
Router1700_config#
```

（2）创建一个新的登录验证方法，名为 login_fortelnet，此方法将使用本地数据库验证。

```
Router1700_config#aaa authentication login login_fortelnet local
 //创建 login_fortelnet 验证，采用 local
Router1700_config#
```

（3）进入 Telnet 进程管理配置模式，配置登录用户使用 login_fortelnet 的验证方法进行验证。

```
Router1700_config#line vty 0 4
Router1700_config_line#login authentication login_fortelnet  //在接口下应用
Router1700_config_line#
```

经过这样的配置，Telnet 登录路由器时的过程将如下所示。

```
C:\>telnet 192.168.2.1
Connecting to remote host...
Press 'q' or 'Q' to quit connection

User Access Verification

Username: dcnu
Password:
2004-1-1 04:21:34 User dcnu logged in from 192.168.2.1 on vty 1

           Welcome to DCR Multi-Protocol 1700 Series Router

Router1700>
```

带内远程的管理方法：（Web 方式）。

第八步：由于 1702 不支持 Web 管理方式，以下配置以 DCR-2611 为例。

同前配置，将以太网接口地址配置为 192.168.2.2/24。

```
Route-C#config
Route-C_config#interface fastethernet 0/0
Route-C_config_f0/0#ip address 192.168.2.2 255.255.255.0
Route-C_config_f0/0#no shutdown
Route-C_config_f0/0#exit
Route-C_config#ip http server
Route-C_config#username dcnu password dcnu
Route-C_config#aaa authentication login login_forhttp local
Route-C_config#
```

六、思考与练习

1. 带内和带外管理方式各有什么优点和缺点？
2. Telnet 和 Web 的端口号是什么？
3. 将所有设备的 IP 地址改为 10.0.0.0/24 这个网段的地址，将本实训重复配置。
4. 尝试设计一个环境通过配置将 HTTP 配置过程加验证，实施并验证。

七、注意事项和排错

1. 在超级终端中的配置是对路由器的操作，这时的 PC 只是输入/输出设备。
2. 在 Telnet 和 Web 方式管理时，先测试连通性。

实训2　路由器以太网端口单臂路由配置

一、应用场景

路由器的以太网端口通常用来连接企业的局域网络，在很多时候内网又划分了多个

VLAN，这些VLAN的用户都需要从一个出口访问外网。这个统一的出口在交换机中以IEEE 802.1Q的方式封装，就意味着数据从这个出口访问对端设备时，必须能够识别并区分对待来自多个VLAN的数据才可以保证链路的正常通信，路由器以太网端口在此时应该如何配置呢？这就是本实训解决的问题。

二、实训设备

1．DCS二层交换机1台。
2．DCR路由器1台。
3．直通双绞线3根。

三、实训拓扑

实训拓扑如图3-1-48所示。

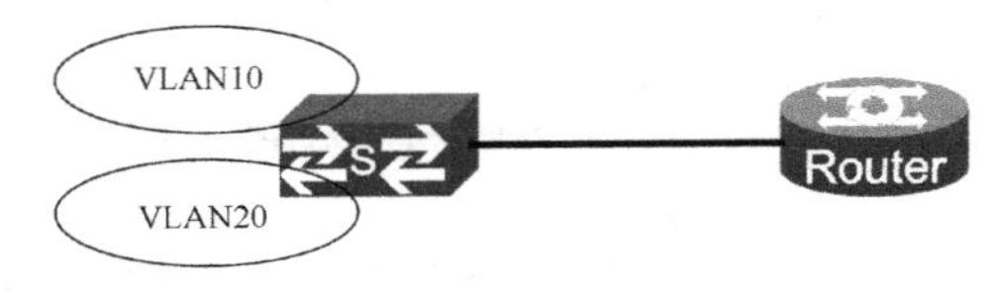

图3-1-48　实训拓扑

四、实训要求

1. 交换机划分VLAN10和VLAN20，端口1～4和5～8分别属于VLAN10和VLAN20；配置交换机的24端口为Trunk端口。

2．路由器使用F0/0端口与交换机的24端口连接，同样打封装，允许VLAN10和VLAN20的数据进出此端口。

3．路由器中VLAN10的接口地址为192.168.1.1；VLAN20的接口地址是192.168.2.1。

4．配置完成后使得VLAN10的用户与VLAN20的用户在配置正确的网关地址后可以相互连通。

五、实训步骤

当路由设备版本为1.3.3A及以上时，参考如下方式配置设备。

第一步：配置交换机的VLAN及其成员端口，设置24端口的Trunk属性，配置PVID等。

```
switch#
switch#config
switch(Config)#vlan 10
switch(Config-Vlan10)#switchport interface ethernet 0/0/1-4
Set the port Ethernet0/0/1 access vlan 10 successfully
Set the port Ethernet0/0/2 access vlan 10 successfully
Set the port Ethernet0/0/3 access vlan 10 successfully
Set the port Ethernet0/0/4 access vlan 10 successfully
switch(Config-Vlan10)#exit
switch(Config)#vlan 20
switch(Config-Vlan20)#switchport interface ethernet 0/0/5-8
Set the port Ethernet0/0/5 access vlan 20 successfully
Set the port Ethernet0/0/6 access vlan 20 successfully
Set the port Ethernet0/0/7 access vlan 20 successfully
Set the port Ethernet0/0/8 access vlan 20 successfully
switch(Config-Vlan20)#exit
switch(Config)#interface ethernet 0/0/24
switch(Config-Ethernet0/0/24)#switchport mode trunk
Set the port Ethernet0/0/24 mode TRUNK successfully
```

```
switch(Config-Ethernet0/0/24)#switchport trunk allowed vlan all
set the port Ethernet0/0/24 allowed vlan successfully
switch(Config-Ethernet0/0/24)#
```

第二步：为路由器创建以太网接口的子接口，并在子接口上配置PVID和对应的IP地址等。

```
Router_config#interface fastethernet f0/0.1
Router_config_f0/0.1#ip address 192.168.1.1 255.255.255.0
Router_config_f0/0.1#encapsulation dot1q 10
Router_config_f0/0.1#exit
Router_config#interface fastethernet f0/0.2
Router_config_f0/0.2#ip address 192.168.2.1 255.255.255.0
Router_config_f0/0.2#encapsulation dot1q 20
Router_config_f0/0.2#exit
Router_config#
```

第三步：连接PC配置默认网关为路由器对应VLAN的接口地址，测试连通性。具体方法参考上述过程。

注意:

当路由设备版本为1.3.2E时，可按照如下方式配置交换机和路由器。

第四步：配置交换机的VLAN及其成员端口，设置24端口的Trunk属性，配置PVID等。

```
switch#
switch#config
switch(Config)#vlan 10
switch(Config-Vlan10)#switchport interface ethernet 0/0/1-4
Set the port Ethernet0/0/1 access vlan 10 successfully
Set the port Ethernet0/0/2 access vlan 10 successfully
Set the port Ethernet0/0/3 access vlan 10 successfully
Set the port Ethernet0/0/4 access vlan 10 successfully
switch(Config-Vlan10)#exit
switch(Config)#vlan 20
switch(Config-Vlan20)#switchport interface ethernet 0/0/5-8
Set the port Ethernet0/0/5 access vlan 20 successfully
Set the port Ethernet0/0/6 access vlan 20 successfully
Set the port Ethernet0/0/7 access vlan 20 successfully
Set the port Ethernet0/0/8 access vlan 20 successfully
switch(Config-Vlan20)#exit
switch(Config)#interface ethernet 0/0/24
switch(Config-Ethernet0/0/24)#switchport mode trunk
Set the port Ethernet0/0/24 mode TRUNK successfully
switch(Config-Ethernet0/0/24)#switchport trunk native vlan 10
Set the port Ethernet0/0/24 native vlan 10 successfully
switch(Config-Ethernet0/0/24)#switchport trunk allowed vlan all
set the port Ethernet0/0/24 allowed vlan successfully
switch(Config-Ethernet0/0/24)#
```

第五步：为路由器创建 VLAN，并配置以太网接口为 Trunk 模式，配置 PVID 等。

```
Router_config#vlan 10
Router_config_vlan10#
Router_config_vlan10#exit
Router_config#vlan 20
Router_config_vlan20#2004-1-1 00:00:44 Line on Interface Vlan-intf10,
changed state to up
Router_config_vlan20#exit
Router_config#interface fastethernet 0/0
Router_config_f0/0#switchport pvid 10
Router_config_f0/0#switchport mode trunk
Router_config_f0/0#switchport trunk vlan-allowed all
Router_config_f0/0#exit
Router_config#
```

第六步：配置路由器的 VLAN 接口地址。

```
Router_config#interface vlan-intf10
Router_config_vl10#ip address 192.168.1.1 255.255.255.0
Router_config_vl10#exit
Router_config#interface vlan-intf20
Router_config_vl20#ip address 192.168.2.1 255.255.255.0
Router_config_vl20#exit
Router_config#
```

第七步：连接 PC 配置默认网关为路由器对应 VLAN 的接口地址，测试连通性。

假设 PC1 地址配置 192.168.1.10 默认网关 192.168.1.1，PC2 地址配置 192.168.2.10 默认网关 192.168.2.1，则 PC1 与 PC2 的 Ping 连通测试结果略。

六、思考与练习

1．在 F0/0 端口与 VLAN-intf 接口中的配置命令有怎样的不同？怎样理解。

2．如果使用私有 VLAN 划分交换机，将 24 端口作为主 VLAN 的成员端口连接路由器的普通端口，则两台 PC 互通的情况下，其 IP 地址的配置与本实训有何不同？为什么？

3．在交换机中配置私有 VLAN，保证 PC1 与 PC2 在一个群体 VLAN 中，24 端口作为主 VLAN 成员存在，尝试配置路由器各端口和 PC 的网络属性。

七、注意事项和排错

1．此时在以太网接口 F0/0 中不要配置 IP 地址，因为这种情况下的物理存在的接口在配置封装之后仅作为一个二层的链路通道存在，而不是具备三层地址的接口了。

2．路由器中一定要创建两个 VLAN 才能进行后续配置。

3．交换机的 24 端口作封装不可以使用默认的 VLAN1 作 PVID 的值，必须指定非默认 VLAN 号为 PVID，这是因为路由器不存在默认 VLAN，为了不至于引起 PVID 值的不匹配，最好指定非默认 VLAN 号为 PVID 值。

实训3　路由器静态路由的配置

一、应用场景

1. 在小规模环境里，静态路由是最佳的选择。
2. 静态路由开销小，但不灵活，适用于相对稳定的网络。

二、实训设备

1. DCR 路由器 3 台。
2. CR-V35FC 1 条。
3. CR-V35MT 1 条。

三、实训拓扑

实训拓扑如图 3-1-49 所示。

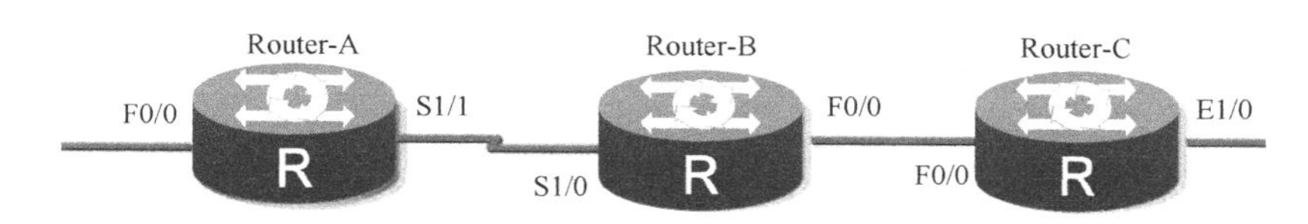

图 3-1-49　实训拓扑

四、实训要求

配置表

Router-A		Router-B		Router-C	
S1/1(DCE)	192.168.1.1	S/1/0(DTE)	192.168.1.2	F0/0	192.168.2.2
F0/0	192.168.0.1	F0/0	192.168.2.1	E1/0	192.168.3.1

五、实训步骤

第一步：参照前面的实训方法，按照上表配置所有接口的 IP 地址，保证所有接口全部是 up 状态，测试连通性。

第二步：查看 Router-A 的路由表。

```
Router-A#show ip route
Codes: C - connected, S - static, R - RIP, B - BGP, BC - BGP connected
       D - DEIGRP, DEX - external DEIGRP, O - OSPF, OIA - OSPF inter area
       ON1 - OSPF NSSA external type 1, ON2 - OSPF NSSA external type 2
       OE1 - OSPF external type 1, OE2 - OSPF external type 2
       DHCP - DHCP type

VRF ID: 0

C   192.168.0.0/24    is directly connected, FastEthernet0/0 //直连的路由
C    192.168.1.0/24    is directly connected, Serial1/1       //直连的路由
```

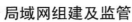

第三步：查看 Router-B 的路由表。

```
Router-B#show ip route
Codes: C - connected, S - static, R - RIP, B - BGP, BC - BGP connected
       D - DEIGRP, DEX - external DEIGRP, O - OSPF, OIA - OSPF inter area
       ON1 - OSPF NSSA external type 1, ON2 - OSPF NSSA external type 2
       OE1 - OSPF external type 1, OE2 - OSPF external type 2
       DHCP - DHCP type

VRF ID: 0

C      192.168.1.0/24      is directly connected, Serial1/0
C      192.168.2.0/24      is directly connected, FastEthernet0/0
```

第四步：查看 Router-C 的路由表。

```
Router-B#show ip route
Codes: C - connected, S - static, R - RIP, B - BGP, BC - BGP connected
       D - DEIGRP, DEX - external DEIGRP, O - OSPF, OIA - OSPF inter area
       ON1 - OSPF NSSA external type 1, ON2 - OSPF NSSA external type 2
       OE1 - OSPF external type 1, OE2 - OSPF external type 2
       DHCP - DHCP type

VRF ID: 0

C      192.168.1.0/24      is directly connected, Serial1/0
C      192.168.2.0/24      is directly connected, FastEthernet0/0
```

第五步：在 Router-A 上 Ping 路由器 C。

```
Router-A#ping 192.168.2.2
PING 192.168.2.2 (192.168.2.2): 56 data bytes
.....
--- 192.168.2.2 ping statistics ---
5 packets transmitted, 0 packets received, 100% packet loss  //不通
```

第六步：在 Router-A 上配置静态路由。

```
Router-A#config
Router-A_config#ip route 192.168.2.0 255.255.255.0 192.168.1.2//配置目标
网段和下一跳
Router-A_config#ip route 192.168.3.0 255.255.255.0 192.168.1.2
```

第七步：查看路由表。

```
Router-A#show ip route
Codes: C - connected, S - static, R - RIP, B - BGP, BC - BGP connected
       D - DEIGRP, DEX - external DEIGRP, O - OSPF, OIA - OSPF inter area
       ON1 - OSPF NSSA external type 1, ON2 - OSPF NSSA external type 2
       OE1 - OSPF external type 1, OE2 - OSPF external type 2
       DHCP - DHCP type
```

```
VRF ID: 0
C     192.168.0.0/24      is directly connected, FastEthernet0/0
C     192.168.1.0/24      is directly connected, Serial1/1
S     192.168.2.0/24      [1,0] via 192.168.1.2 //注意静态路由的管理距离是1
S     192.168.3.0/24      [1,0] via 192.168.1.2
```

第八步：配置 Router-B 的静态路由并查看路由表。

```
Router-B#config
Router-B_config#ip route 192.168.0.0 255.255.255.0 192.168.1.1
Router-B_config#ip route 192.168.3.0 255.255.255.0 192.168.2.2
Router-B_config#^Z
Router-B#show ip route
Codes: C - connected, S - static, R - RIP, B - BGP, BC - BGP connected
       D - DEIGRP, DEX - external DEIGRP, O - OSPF, OIA - OSPF inter area
       ON1 - OSPF NSSA external type 1, ON2 - OSPF NSSA external type 2
       OE1 - OSPF external type 1, OE2 - OSPF external type 2
       DHCP - DHCP type

VRF ID: 0

S     192.168.0.0/24      [1,0] via 192.168.1.1
C     192.168.1.0/24      is directly connected, Serial1/0
C     192.168.2.0/24      is directly connected, FastEthernet0/0
S     192.168.3.0/24      [1,0] via 192.168.2.2
```

第九步：配置 Router-C 的静态路由并查看路由表。

```
Router-C#config
Router-C_config#ip route 192.168.0.0 255.255.0.0 192.168.2.1          //
采用超网的方法
Router-C_config#^Z
Router-C#show ip route
Codes: C - connected, S - static, R - RIP, B - BGP
       D - DEIGRP, DEX - external DEIGRP, O - OSPF, OIA - OSPF inter area
       ON1 - OSPF NSSA external type 1, ON2 - OSPF NSSA external type 2
       OE1 - OSPF external type 1, OE2 - OSPF external type 2

S    192.168.0.0/16     [1,0] via 192.168.2.1          //注意掩码是16位
C    192.168.2.0/24     is directly connected,  FastEthernet0/0
C    192.168.3.0/24     is directly connected,  Ethernet1/0
```

第十步：测试。

```
Router-C#ping 192.168.0.1
PING 192.168.0.1 (192.168.0.1): 56 data bytes
!!!!!                                                  //成功

--- 192.168.0.1 ping statistics ---
5 packets transmitted, 5 packets received, 0% packet loss
round-trip min/avg/max = 30/32/40 ms
```

六、思考与练习

1. 什么情况下可以采用路由器 C 的超网配置方法？
2. 静态路由有什么优势？什么情况下使用？
3. 路由器 B 如果不配置任何静态路由，会影响哪些网段间的互通？
4. 将路由器 A 采用默认路由的方式配置。
5. 将地址改为 10.0.0.0/24 这个网段重复以上实训。

七、注意事项和排错

1. 非直连的网段都要配置路由。
2. 以太网接口要接主机或交换机才能 up。
3. 串口注意 DCE 和 DTE 的问题。

实训 4　多层交换机静态路由实训

一、应用场景

当两台三层交换机相连时，为了保证每台交换机上所连接的网段可以和另一台交换机上连接的网段互相通信，最简单的方法就是设置静态路由。

二、实训设备

1. DCRS-5650 交换机 2 台（SoftWare Version is DCRS-5650-28_5.2.1.0）。
2. PC 2～4 台。
3. Console 线 1～2 根。
4. 直通网线 2～4 根。

三、实训拓扑

实训拓扑如图 3-1-50 所示。

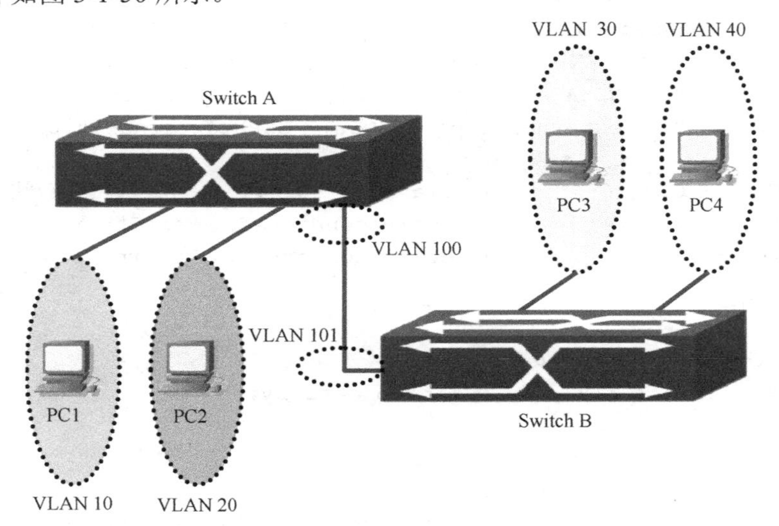

图 3-1-50　实训拓扑

四、实训要求

（1）在交换机A和交换机B上分别划分基于端口的VLAN：

交换机	VLAN	端口成员
交换机A	10	1～8
	20	9～16
	100	24
交换机B	30	1～8
	40	9～16
	101	24

（2）交换机A和B通过的24端口级联。

（3）配置交换机A和B各VLAN虚拟接口的IP地址分别如下表所示：

VLAN10	VLAN20	VLAN30	VLAN40	VLAN100	VLAN101
192.168.10.1	192.168.20.1	192.168.30.1	192.168.40.1	192.168.100.1	192.168.100.2

（4）PC1～PC4的网络设置如下：

设备	IP地址	gateway	Mask
PC1	192.168.10.101	192.168.10.1	255.255.255.0
PC2	192.168.20.101	192.168.20.1	255.255.255.0
PC3	192.168.30.101	192.168.30.1	255.255.255.0
PC4	192.168.40.101	192.168.40.1	255.255.255.0

（5）验证如下。

◆　没有静态路由之前：

PC1与PC2，PC3与PC4可以互通。

PC1、PC2与PC3、PC4不通。

◆　配置静态路由之后：

4台PC之间都可以互通。

◆　若实训结果和理论相符，则本实训完成。

五、实训步骤

第一步：交换机全部恢复出厂设置，配置交换机的VLAN信息。

交换机A：

```
DCRS-5650-A#conf
DCRS-5650-A(Config)#vlan 10
DCRS-5650-A(Config-Vlan10)#switchport interface ethernet 0/0/1-8
Set the port Ethernet0/0/1 access vlan 10 successfully
Set the port Ethernet0/0/2 access vlan 10 successfully
Set the port Ethernet0/0/3 access vlan 10 successfully
Set the port Ethernet0/0/4 access vlan 10 successfully
Set the port Ethernet0/0/5 access vlan 10 successfully
Set the port Ethernet0/0/6 access vlan 10 successfully
```

```
Set the port Ethernet0/0/7 access vlan 10 successfully
Set the port Ethernet0/0/8 access vlan 10 successfully
DCRS-5650-A(Config-Vlan10)#exit
DCRS-5650-A(Config)#vlan 20
DCRS-5650-A(Config-Vlan20)#switchport interface ethernet 0/0/9-16
Set the port Ethernet0/0/9 access vlan 20 successfully
Set the port Ethernet0/0/10 access vlan 20 successfully
Set the port Ethernet0/0/11 access vlan 20 successfully
Set the port Ethernet0/0/12 access vlan 20 successfully
Set the port Ethernet0/0/13 access vlan 20 successfully
Set the port Ethernet0/0/14 access vlan 20 successfully
Set the port Ethernet0/0/15 access vlan 20 successfully
Set the port Ethernet0/0/16 access vlan 20 successfully
DCRS-5650-A(Config-Vlan20)#exit
DCRS-5650-A(Config)#vlan 100
DCRS-5650-A(Config-Vlan100)#switchport interface ethernet 0/0/24
Set the port Ethernet0/0/24 access vlan 100 successfully
DCRS-5650-A(Config-Vlan100)#exit
DCRS-5650-A(Config)#
```

验证配置如下。

```
DCRS-5650-A#show vlan
VLAN Name         Type      Media     Ports
------------------------------------------------------------------------
1    default      Static    ENET      Ethernet0/0/17    Ethernet0/0/18
............
10   VLAN0010     Static    ENET      Ethernet0/0/1     Ethernet0/0/2
                                      Ethernet0/0/3     Ethernet0/0/4
                                      Ethernet0/0/5     Ethernet0/0/6
                                      Ethernet0/0/7     Ethernet0/0/8
20   VLAN0020     Static    ENET      Ethernet0/0/9     Ethernet0/0/10
                                      Ethernet0/0/11    Ethernet0/0/12
                                      Ethernet0/0/13    Ethernet0/0/14
                                      Ethernet0/0/15    Ethernet0/0/16
100  VLAN0100     Static    ENET      Ethernet0/0/24
DCRS-5650-A#
```

交换机 B：

```
DCRS-5650-B(Config)#vlan 30
DCRS-5650-B(Config-Vlan30)#switchport interface ethernet 0/0/1-8
Set the port Ethernet0/0/1 access vlan 30 successfully
Set the port Ethernet0/0/2 access vlan 30 successfully
Set the port Ethernet0/0/3 access vlan 30 successfully
Set the port Ethernet0/0/4 access vlan 30 successfully
Set the port Ethernet0/0/5 access vlan 30 successfully
Set the port Ethernet0/0/6 access vlan 30 successfully
Set the port Ethernet0/0/7 access vlan 30 successfully
```

```
Set the port Ethernet0/0/8 access vlan 30 successfully
DCRS-5650-B(Config-Vlan30)#exit
DCRS-5650-B(Config)#vlan 40
DCRS-5650-B(Config-Vlan40)#switchport interface ethernet 0/0/9-16
Set the port Ethernet0/0/9 access vlan 40 successfully
Set the port Ethernet0/0/10 access vlan 40 successfully
Set the port Ethernet0/0/11 access vlan 40 successfully
Set the port Ethernet0/0/12 access vlan 40 successfully
Set the port Ethernet0/0/13 access vlan 40 successfully
Set the port Ethernet0/0/14 access vlan 40 successfully
Set the port Ethernet0/0/15 access vlan 40 successfully
Set the port Ethernet0/0/16 access vlan 40 successfully
DCRS-5650-B(Config-Vlan40)#exit
DCRS-5650-B(Config)#vlan 101
DCRS-5650-B(Config-Vlan101)#switchport interface ethernet 0/0/24
Set the port Ethernet0/0/24 access vlan 101 successfully
DCRS-5650-B(Config-Vlan101)#exit
DCRS-5650-B(Config)#
```

验证配置如下。

```
DCRS-5650-B#show vlan
VLAN Name       Type    Media   Ports
------------------------------------ ----------------------------------
1    default    Static  ENET    Ethernet0/0/17      Ethernet0/0/18
…………
30   VLAN0030   Static  ENET    Ethernet0/0/1       Ethernet0/0/2
                                Ethernet0/0/3       Ethernet0/0/4
                                Ethernet0/0/5       Ethernet0/0/6
                                Ethernet0/0/7       Ethernet0/0/8
40   VLAN0040   Static  ENET    Ethernet0/0/9       Ethernet0/0/10
                                Ethernet0/0/11      Ethernet0/0/12
                                Ethernet0/0/13      Ethernet0/0/14
                                Ethernet0/0/15      Ethernet0/0/16
101  VLAN0101   Static  ENET    Ethernet0/0/24
DCRS-5650-B#
```

第二步：配置交换机各 VLAN 虚接口的 IP 地址。

交换机 A：

```
DCRS-5650-A(Config)#interface vlan 10
DCRS-5650-A(Config-If-Vlan10)#ip address 192.168.10.1 255.255.255.0
DCRS-5650-A(Config-If-Vlan10)#no shut
DCRS-5650-A(Config-If-Vlan10)#exit
DCRS-5650-A(Config)#interface vlan 20
DCRS-5650-A(Config-If-Vlan20)#ip address 192.168.20.1 255.255.255.0
DCRS-5650-A(Config-If-Vlan20)#no shut
DCRS-5650-A(Config-If-Vlan20)#exit
DCRS-5650-A(Config)#interface vlan 100
```

```
DCRS-5650-A(Config-If-Vlan100)#ip address 192.168.100.1 255.255.255.0
DCRS-5650-A(Config-If-Vlan100)#no shut
DCRS-5650-A(Config-If-Vlan100)#exit
DCRS-5650-A(Config)#
```

交换机 B：

```
DCRS-5650-B(Config)#interface vlan 30
DCRS-5650-B(Config-If-Vlan30)#ip address 192.168.30.1 255.255.255.0
DCRS-5650-B(Config-If-Vlan30)#no shut
DCRS-5650-B(Config-If-Vlan30)#exit
DCRS-5650-B(Config)#interface vlan 40
DCRS-5650-B(Config-If-Vlan40)#ip address 192.168.40.1 255.255.255.0
DCRS-5650-B(Config-If-Vlan40)#exit
DCRS-5650-B(Config)#interface vlan 101
DCRS-5650-B(Config-If-Vlan101)#ip address 192.168.100.2 255.255.255.0
DCRS-5650-B(Config-If-Vlan101)#exit
DCRS-5650-B(Config)#
```

第三步：配置各 PC 的 IP 地址，注意配置网关。

设备	IP 地址	gateway	Mask
PC1	192.168.10.101	192.168.10.1	255.255.255.0
PC2	192.168.20.101	192.168.20.1	255.255.255.0
PC3	192.168.30.101	192.168.30.1	255.255.255.0
PC4	192.168.40.101	192.168.40.1	255.255.255.0

第四步：验证 PC 之间是否连通。

PC	端口	PC	端口	结果
PC1	A：1/1	PC2	A：1/9	通
PC1	A：1/1	VLAN 100	A：1/24	通
PC1	A：1/1	VLAN 101	B：0/0/24	不通
PC1	A：1/1	PC3	B：0/0/1	不通

查看路由表，进一步分析上一步的现象原因。

交换机 A：

```
DCRS-5650-A#show ip route
Codes: K - kernel, C - connected, S - static, R - RIP, B - BGP
       O - OSPF, IA - OSPF inter area
       N1 - OSPF NSSA external type 1, N2 - OSPF NSSA external type 2
       E1 - OSPF external type 1, E2 - OSPF external type 2
       i - IS-IS, L1 - IS-IS level-1, L2 - IS-IS level-2, ia - IS-IS inter
area
       * - candidate default

C       127.0.0.0/8 is directly connected, Loopback
C       192.168.10.0/24 is directly connected, Vlan10
C       192.168.20.0/24 is directly connected, Vlan20
C       192.168.100.0/24 is directly connected, Vlan100
```

交换机 B:

```
DCRS-5650-B#show ip route
Codes: K - kernel, C - connected, S - static, R - RIP, B - BGP
      O - OSPF, IA - OSPF inter area
      N1 - OSPF NSSA external type 1, N2 - OSPF NSSA external type 2
      E1 - OSPF external type 1, E2 - OSPF external type 2
      i - IS-IS, L1 - IS-IS level-1, L2 - IS-IS level-2, ia - IS-IS inter
area
      * - candidate default

C      127.0.0.0/8 is directly connected, Loopback
C      192.168.30.0/24 is directly connected, Vlan30
C      192.168.40.0/24 is directly connected, Vlan40
C      192.168.100.0/24 is directly connected, Vlan100
```

第五步：配置静态路由。

交换机 A:

```
DCRS-5650-A(Config)#ip route 192.168.30.0 255.255.255.0 192.168.100.2
DCRS-5650-A(Config)#ip route 192.168.40.0 255.255.255.0 192.168.100.2
```

验证配置如下。

```
DCRS-5650-A#show ip route
C      127.0.0.0/8 is directly connected, Loopback
C      192.168.10.0/24 is directly connected, Vlan10
C      192.168.20.0/24 is directly connected, Vlan20
S      192.168.30.0/24 [1/0] via 192.168.100.2, Vlan100
S      192.168.40.0/24 [1/0] via 192.168.100.2, Vlan100
C      192.168.100.0/24 is directly connected, Vlan100
```

（S 代表静态配置的网段）

交换机 B:

```
DCRS-5650-B(Config)#ip route 192.168.10.0 255.255.255.0 192.168.100.1
DCRS-5650-B(Config)#ip route 192.168.20.0 255.255.255.0 192.168.100.1
```

验证配置如下。

```
DCRS-5650-B#show ip route
C      127.0.0.0/8 is directly connected, Loopback
S      192.168.10.0/24 [1/0] via 192.168.100.2, Vlan100
S      192.168.20.0/24 [1/0] via 192.168.100.2, Vlan100
C      192.168.30.0/24 is directly connected, Vlan30
C      192.168.40.0/24 is directly connected, Vlan30
C      192.168.100.0/24 is directly connected, Vlan100
```

第六步：验证 PC 之间是否连通。

PC	端口	PC	端口	结果	原因
PC1	A：1/1	PC2	A：1/9	通	
PC1	A：1/1	VLAN 100	A：1/24	通	
PC1	A：1/1	VLAN 101	B：0/0/24	通	
PC1	A：1/1	PC3	B：0/0/1	通	

六、思考与练习

1．如果把交换机 B 上的 VLAN30 改成 VLAN10，请问两台交换机上的 VLAN10 是同一个 VLAN 吗？

2．第四步中，PC1 Ping VLAN101 及 PC1 Ping PC3 都不通，其原因各是什么？

3．在交换机 A 和交换机 B 上分别划分基于端口的 VLAN：

交换机	VLAN	端口成员
交换机 A	10	2～8
	20	9～16
	100	1
交换机 B	10	2～8
	40	9～16
	100	1

（1）交换机 A 和 B 通过的 24 端口级联。

（2）配置交换机 A 和 B 各 VLAN 虚拟接口的 IP 地址分别如下表所示：

VLAN10_A	VLAN20	VLAN10_B	VLAN40	VLAN100_A	VLAN10_B
10.1.10.1	10.1.20.1	10.1.30.1	10.1..40.1	10.1.100.1	10.1.100.2

（3）PC1～PC4 的网络设置如下：

设备	IP 地址	gateway	Mask
PC1	10.1.10.2	10.1.10.1	255.255.255.0
PC2	10.1.20.2	110.1.20.1	255.255.255.0
PC3	10.1.30.2	10.1.30.1	255.255.255.0
PC4	10.1.40.2	10.140.1	255.255.255.0

（4）要求 PC 之间都可以通信。

七、注意事项和排错

1．PC 一定要配置正确的网关，否则不能正常通信。

2．两台交换机级联的端口可以在同一 VLAN，也可以在不同 VLAN。

知识解析

路由基础

1．路由表

路由动作包括两项基本内容：寻径和转发。寻径是指路由器使用各种方法获取有关网络的方位信息，这样，每一个路由器才可以成为一个真正意义上的数据转发中继点。寻径的结果让路由器形成了有效的路由表，从而变得真正智能起来，并因此提供了路由器指挥数据包转发通路的依据。

路由表的内容如图3-1-51所示：

```
RouterB#show ip route
Codes: C - connected, S - static, R - RIP, B - BGP
       D - DEIGRP, DEX - external DEIGRP, O - OSPF, OIA - OSPF inter area
       ON1 - OSPF NSSA external type 1, ON2 - OSPF NSSA external type 2
       OE1 - OSPF external type 1, OE2 - OSPF external type 2

C     192.168.2.0/24      is directly connected,  Serial1/0
C     192.168.3.0/24      is directly connected,  FastEthernet0/0
```

图3-1-51　路由表信息

上图中是典型的初始路由表，其中Codes：后面的内容表示在接下来的表项中最前面的一列的字母缩写含义。在上图中C的两列表项表明，此两项路由项由直连网络的IP地址自动写入路由表，根据后面的描述，能够得知在Serial1/0端口中配置的地址为192.168.2.0网络的某一地址，而FastEthernet0/0端口则配置了192.168.3.0网络中的某一地址。

当某一个路由表中出现了以S开头的表项，则证明这个路由项由管理员静态手动添加构成。相同的，O代表的涵义是OSPF，即指这条路由是通过OSPF路由协议动态学习到的，而如果是R，则代表通过RIP协议学到的。如果是S，则代表是由管理员手动添加的静态路由。

如图3-1-52所示的路由表项，其具体含义可以分段解释，如图3-1-53所示。

```
O  172.16.8.0  [110/20] via 172.16.7.9, 00:00:23, Serial 1/2
```

图3-1-52　路由表项

O	--路由信息的来源（OSPF）
172.16.8.0	--目标网络（或子网）
[110	--管理距离（路由的可信度）
/20]	--度量值（路由的可到达性）
via 172.16.7.9	--下一跳地址（下个路由器）
00:00:23	--路由的存活的时间（时分秒）
Serial 1/2	--出站接口

图3-1-53　路由表项解释

其中管理距离和度量值的概念详细解释请参看后面的介绍。

需要指出的是，路由器的寻径过程与数据的转发过程是完全独立的，换言之，即指路由器转发数据的过程不需要寻径操作的参与，而仅仅使用寻径的结果——路由表而已。通常路由器的寻径过程使用路由协议完成，而路由协议并不直接参与数据包的转发过程。

通常，如果网络中只有一个路由器，则不需要使用路由协议，这是因为路由器的每个端口都具备自动学习各自所属网络的功能，其学习的结果被直接写入路由表。这样当数据从一个端口到来需要到另一个端口所在的网络中去时，路由器从路由表中即可以查询到出口在哪里，完全不需要其他寻径操作的协助；只有当网络中具有多个路由器时，由于路由器之间屏蔽了各自独立连接的网络分段，因此远端的路由器无法通过直连的端口获取所有

网络分段的位置信息，这时才有必要为路由器添加必要的对远端网络位置的认知信息。

本节将对路由协议的原理和部分典型的路由协议进行简单介绍。

2．静态路由与动态路由

典型的路由选择方式有两种：静态路由和动态路由。

静态路由是在路由器中设置的固定的路由表，除非网络管理员干预，否则静态路由不会发生变化。通常网络管理员根据其对整个网络拓扑结构的认识和管理，为每个路由器规定其到达非直连网络的下一跳及出口，这种设置方法不能对网络的改变做出反应，一般用于网络规模不大、拓扑结构固定的网络中。静态路由的优点是简单、高效、可靠。在所有的路由中，静态路由优先级最高。当动态路由与静态路由发生冲突时，以静态路由为准。

动态路由是网络中的路由器之间相互通信，传递路由信息，利用收到的路由信息更新路由器表的过程。它能实时地适应网络结构的变化。如果路由更新信息表明发生了网络变化，路由选择软件就会重新计算路由，并发出新的路由更新信息。这些信息通过各个网络，引起各路由器重新启动其路由算法，并更新各自的路由表以动态地反映网络拓扑变化。动态路由适用于网络规模大、网络拓扑复杂的网络。当然，各种动态路由协议会不同程度地占用网络带宽和 CPU 资源。

静态路由和动态路由有各自的特点和适用范围，因此在网络中动态路由通常作为静态路由的补充。当一个分组在路由器中进行寻径时，路由器首先查找静态路由，如果查到则根据相应的静态路由转发分组；否则再查找动态路由。

3．管理距离

在动态路由协议中，当通过多于一种路由协议可以获取对某一个网络的路径信息时，用来判断哪条路径更优的依据中，管理距离是比较常用的，对于获取路径信息的各种方法，管理距离在设备中有比较统一的设置，如下表所示。

路由来源	默认的管理距离
直连的路由	0
以下一跳为出口的静态路由	1
外部 BGP	20
OSPF	110
IS-IS	115
RIP（v1 和 v2）	120
EGP	140
内部 BGP	200

4．度量值

度量值代表距离。它们用来在寻找路由时确定最优路由。每一种路由算法在产生路由表时，会为每一条通过网络的路径产生一个数值（度量值），最小的值表示最优路径。度量值的计算可以只考虑路径的一个特性，但更复杂的度量值是综合了路径的多个特性产生的。常用的度量值如下。

◆ 跳步数：报文要通过的路由器输出端口的个数。

◆ Ticks：数据链路的延时（大约 1/18 每秒）。

◆ 代价：可以是一个任意的值，是根据带宽、费用或其他网络管理者定义的计算方法得到的。

- 带宽：数据链路的容量。
- 时延：报文从源端传到目的地的时间长短。
- 负载：网络资源或链路已被使用的部分的大小。
- 可靠性：网络链路的错误比特的比率。
- 最大传输单元（MTU）：在一条路径上所有链接可接受的最大消息长度（单位为字节）。

考核评价表

班级：________　　　　姓名：________　　　　日期：________

工作任务3——活动三　设备配置与调试				
评　价　标　准				
考核内容	考核等级			
	优秀	良好	合格	不合格
实训报告	记录准确、清楚、完整	记录准确，较清楚、完整	记录基本准确，较清楚、完整	记录不准确，不完整
工作过程	工作过程完全符合行业规范，成本意识高	工作过程符合行业规范	工作过程基本符合行业规范	工作过程不符合行业规范
成　绩　评　定				
评定				
自评				
互评				
师评				
反思：				

活动四　设备联调验收

学习情境

在楼宇办公局域网中，已经按网络功能需求，完成设备配置与调试，现需要提取配置文档，根据模板，书写设备验收报告。

学习方式

学生分组，提取配置文档，根据模板，书写设备验收报告。

工作流程

提取配置文档 → 书写 → 设备验收报告

操作内容

1．提取配置文档。

2．书写设备验收报告。

知识解析

TFTP 服务器——配置文件的上传下载（方法同学习单元 2）。

考核评价表

班级：________　　　　姓名：________　　　　日期：__________

工作任务 3——活动四　设备联调验收				
评　价　标　准				
考核内容	考核等级			
	优秀	良好	合格	不合格
设备联调记录	记录准确、清楚、完整	记录准确，较清楚、完整	记录基本准确，较清楚、完整	记录不准确，或不完整
工作过程	工作过程完全符合行业规范，成本意识高	工作过程符合行业规范	工作过程基本符合行业规范	工作过程不符合行业规范
成　绩　评　定				
评定				
自评				
互评				
师评				

续表

工作任务4　楼宇办公局域网竣工验收

任务描述

对楼宇办公局域网网络实施网络功能验收，验收完成后整理、书写楼宇办公局域网竣工验收报告。

活动一　网络功能验收

学习情境

楼宇办公局域网已经搭建完成，需要按其标书中功能的要求，进行测试与验收。

学习方式

学生分组，根据标书中对楼宇办公局域网功能的要求，进行测试与验收。使学生掌握功能验收方法。

工作流程

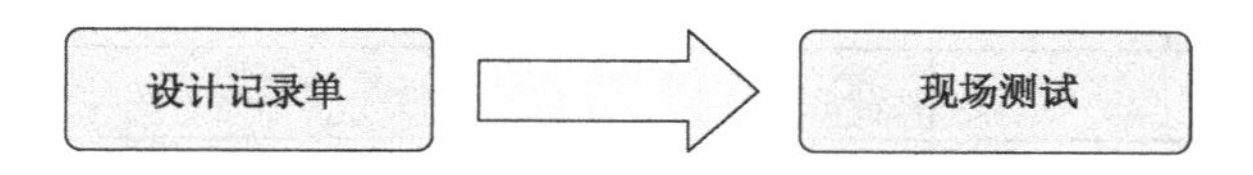

操作内容

1．通过标书设计测试记录单。

2．现场测试并记录。

知识解析

一、测试记录单的基本结构

标题、时间、地点、测试内容、记录单测试者签名。

二、竣工验收模板

[工作任务单]

1. 基本信息

项目名称	
客户方	
施工方	
商务合同	
技术合同	

2. 人员与角色

客户方验收人员	角色	职责
施工方人员	角色	职责

3. 成果审查计划

应交付成果的名称、版本	客户方验收人员	施工方协助人员	时间、地点

4．验收测试计划

验收测试范围		
验收测试方法		
验收测试环境		
测试辅助工具		
验收测试用例	参考系统测试用例	
测试完成准则	参考系统测试完成准则	
验收测试任务 / 优先级	时间	人员与工作描述

附录　本计划审批意见

项目经理审批意见： 签字 日期
客户方负责人审批意见： 签字 日期

考核评价表

班级：________　　姓名：________　　日期：________

工作任务4——活动一　网络功能验收				
评　价　标　准				
考核内容	考核等级			
	优秀	良好	合格	不合格
现场测试记录	记录准确、清楚、完整	记录准确，较清楚、完整	记录基本准确，较清楚、完整	记录不准确，不完整
工作过程	工作过程完全符合行业规范，成本意识高	工作过程符合行业规范	工作过程基本符合行业规范	工作过程不符合行业规范

续表

成　绩　评　定			
评定			
自评			
互评			
师评			
反思：			

活动二　整理竣工验收报告

学习情境

楼宇办公局域网已经搭建并完成验收，需要整理记录、书写竣工验收报告。

学习方式

学生根据模板，分组整理、书写楼宇办公局域网竣工验收报告。

工作流程

操作内容

1．分类整理前期工作过程中的记录单。

2．根据竣工验收报告模板和记录单，书写楼宇办公局域网工程竣工验收报告。

考核评价表

班级：________ 姓名：________ 日期：________

<table>
<tr><th colspan="5">工作任务4——活动二 整理竣工验收报告</th></tr>
<tr><th colspan="5">评 价 标 准</th></tr>
<tr><td rowspan="2">考核内容</td><td colspan="4">考核等级</td></tr>
<tr><td>优秀</td><td>良好</td><td>合格</td><td>不合格</td></tr>
<tr><td>竣工验收报告</td><td>验收报告准确、清楚、完整</td><td>验收报告准确，较清楚、完整</td><td>验收报告基本准确，较清楚、完整</td><td>验收报告不准确，或不清楚、不完整</td></tr>
<tr><td>工作过程</td><td>工作过程完全符合行业规范，成本意识高</td><td>工作过程符合行业规范</td><td>工作过程基本符合行业规范</td><td>工作过程不符合行业规范</td></tr>
<tr><th colspan="5">成 绩 评 定</th></tr>
<tr><td colspan="5">评定</td></tr>
<tr><td>自评</td><td></td><td></td><td colspan="2"></td></tr>
<tr><td>互评</td><td></td><td></td><td colspan="2"></td></tr>
<tr><td>师评</td><td></td><td></td><td colspan="2"></td></tr>
<tr><td colspan="5">反思：</td></tr>
</table>

学习单元4

组建监管楼宇间办公局域网

[单元学习目标]

知识目标

1. 了解建筑物布线子系统的工程设计规范及工程验收规范；
2. 熟练掌握桥架安装方法；
3. 熟练掌握光纤的端接、熔接方法；
4. 熟练掌握光纤连通性的测试方法；
5. 掌握三层交换机、路由器的安装、配置、测试与调试；
6. 熟悉局域网动态路由交换技术。

能力目标

1. 能够阅读标书，分析、搜集、整理组建楼宇间办公局域网所需要的资料；
2. 能够实地勘察楼宇间办公区域，根据模板完成调研记录；
3. 能够根据用户需求和现场调研结果，完成楼宇间办公局域网的网络设计规划；
4. 能够利用工程绘图软件绘制楼宇间办公局域网的网络拓扑结构图、综合布线施工图；
5. 能够应用多种布线方法完成建筑物布线子系统的网络布线；
6. 能够通过测试工具测试建筑物布线子系统的连通性；
7. 能够完成组建楼宇间办公局域网的传输介质与设备功能选型；
8. 能够阅读设备使用手册，正确安装使用路由器设备；
9. 能够完成路由器的设备上架并配置路由器的基本功能；
10. 能够调试接入层、汇聚层、核心层网络设备，优化局域网性能；
11. 能够完成楼宇间办公局域网的网络测试与调试；
12. 能够根据模板完成工作记录，书写组建楼宇间办公局域网的调研记录、施工记录、监管记录、验收报告；
13. 能够根据模板书写楼宇间办公局域网竣工验收报告；
14. 通过分组及角色扮演，在组建监管楼宇间办公局域网项目的实施过程中，锻炼学生的组织与管理能力、团队合作意识、交流沟通能力、组织协调能力、口头表达能力。

情感态度价值观

1. 通过楼宇间办公局域网项目实施，树立学生认真细致的工作态度，逐步形成一切从用户需求出发的服务意识；
2. 在组建监管楼宇间办公局域网项目的实施过程中，树立学生的效率意识、质量意识、成本意识。

[单元学习内容]

承接楼宇间办公局域网工程项目，阅读标书，与客户交流，协助制定组建楼宇间办公局域网的具体实施方案，监督完成楼宇间办公局域网工程项目的前期筹备、网络布线、设备调试、竣工验收，提交相关工程文档。

[工作任务]

工作任务 1 楼宇间办公局域网前期筹备

任务描述

阅读标书，了解组建楼宇间办公局域网的用户需求分析，收集网络组建信息，初步制定楼宇间办公局域网组建方案，通过现场调研与沟通，细化局域网组建方案，确定线缆位置、走向和敷设方法，配合设计人员根据设计规范设计现场图纸，列出材料及设备清单，做出概预算，确定楼宇间办公局域网施工方案。

活动一 阅读标书，进行需求分析，初步制定施工方案

学习情境

公司要将总部大楼与分公司办公楼之间建立局域网络，实现资源共享。楼宇间办公环境如图 4-1-1 所示。

图 4-1-1 楼宇间办公环境

楼宇间办公区域建筑结构示意图如图 4-1-2 所示。

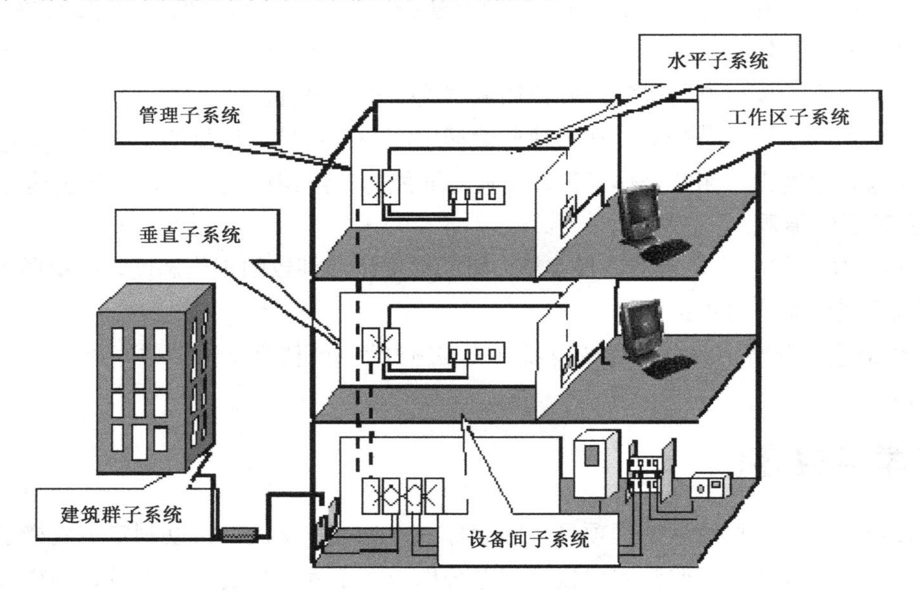

图 4-1-2 楼宇间办公区域建筑结构示意图

楼宇间办公局域网拓扑结构示意图，如图 4-1-3 所示。

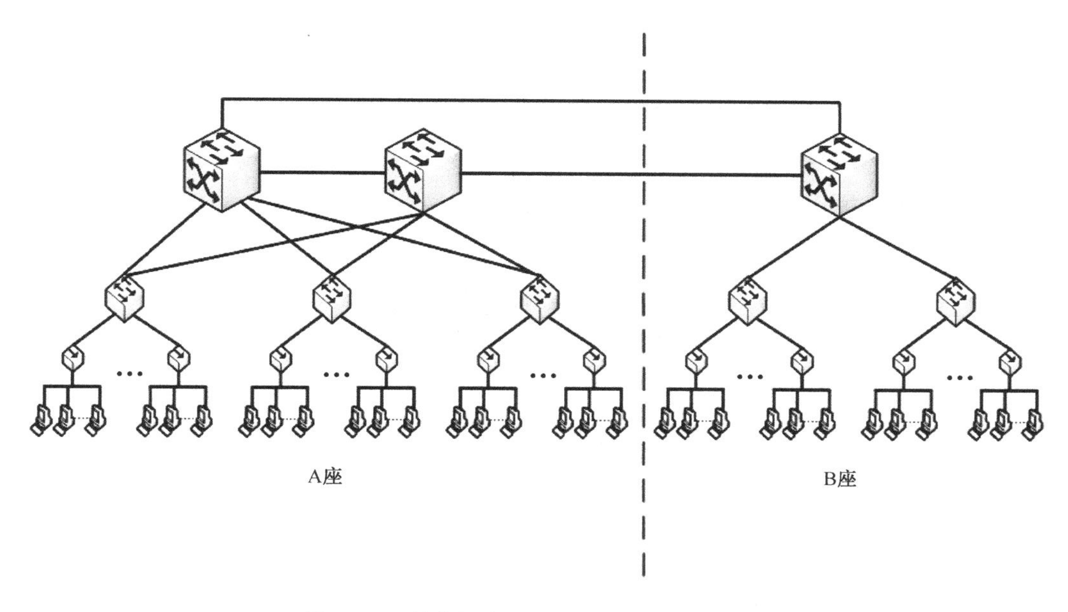

图 4-1-3　楼宇间办公局域网拓扑结构示意图

学习方式

1．学生阅读标书，总结归纳楼宇间办公局域网的用户需求。

2．学生分组进行角色扮演，分别以客户（委托方）和施工方的身份讨论需求信息。

3．学生收集组建楼宇间办公局域网信息，编写需求文档，按照模板初步制定楼宇间办公局域网的施工方案。

工作流程

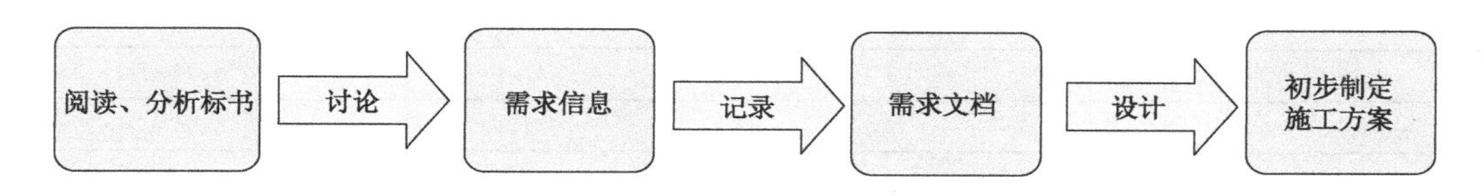

操作内容

1．阅读客户需求信息，总结归纳重点。

2．角色扮演，分别列出施工方、客户需要交流的信息及具体调研的内容。

3．施工方与客户交流，并进行记录。

4．根据前期分析资料和施工方案模板，初步制定楼宇间办公局域网的施工方案。

知识解析

一、标书的基本结构，工程人员对标书的主要关注点

（具体内容参看学习单元 1 相关章节）。

二、工程人员与客户交流的常见问题

（具体内容参看学习单元 1 相关章节）。

三、交流记录的基本结构

（具体内容参看学习单元1相关章节）。

四、需求分析信息

楼宇间使用光缆进行连接，实现局域网资源共享。

考核评价表

班级：________　　姓名：________　　日期：________

考核内容	工作任务1——活动一　阅读标书，进行需求分析，初步制定施工方案		
评　价　标　准			
考核等级	优秀	良好	合格
标书上标注的重点	标注内容准确、完整	标注内容基本准确、完整	标注内容基本准确，但有少量遗漏
需求分析信息	信息归纳准确、完整	信息归纳基本准确、完整	信息归纳基本准确，但有少量遗漏
施工方案	初步设计正确，细节考虑全面	初步设计基本正确，细节考虑到位	初步设计基本正确，但细节考虑有少量遗漏
工作过程	工作过程完全符合行业规范，成本意识高	工作过程符合行业规范	工作过程基本符合行业规范
成　绩　评　定			
评定			
自评			
互评			
师评			
反思：			

活动二　现场调研与沟通

图 4-1-4　现场勘察

学习情境

根据初步施工方案，到现场进行实地调研，观察现场实际情况，关注细节和建筑图纸上没有标明的地方，并就施工方案与客户进行进一步交流，填写勘察表和需求表，如图 4-1-4 所示。

学习方式

1. 现场调研，核实现场情况，填写勘察表。
2. 与客户沟通，确认需求信息，填写需求表。

工作流程

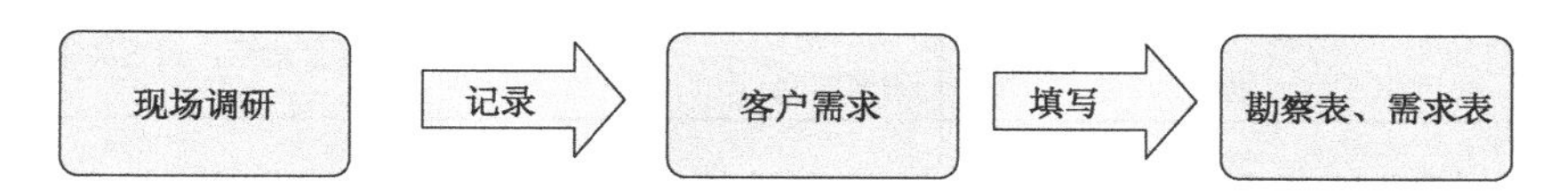

操作内容

1. 根据初步制定的施工方案，到现场调研，填写勘察表。
2. 根据初步制定的施工方案，到现场与客户沟通，填写需求表。

知识解析

一、调研记录的基本格式

（具体内容参看学习单元 1 相关章节）。

二、勘察表模板

（具体内容参看学习单元 1 相关章节）。

三、需求表模板

（具体内容参看学习单元 1 相关章节）。

四、观察施工现场情况

- ◆ 网络覆盖范围（如楼宇、房间、楼道等）。
- ◆ 网络中心或配线间设置位置，设置在这里的原因。
- ◆ 线缆敷设在哪些位置（墙面、房顶、地面）。
- ◆ 线槽采用何种材质。
- ◆ 线槽的容量，所有线槽容量差异。
- ◆ 信息点的具体位置（如墙面、桌面、地面等）、数量、信息点之间的距离（最近、最远）。
- ◆ 信息点周围有无电缆干扰源，若有，都有哪些，干扰强度如何。
- ◆ 布线使用线缆类型。
- ◆ 线缆上的标签是如何设定的。
- ◆ 模块在墙面的位置。

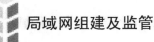

◆ 配线架上的线缆的安装方法。

◆ 网络中心或配线间的环境（如有无空调、有无地毯、门窗的密封性与安全性等）。

考核评价表

班级：________ 姓名：________ 日期：________

工作任务 1——活动二　现场调研与沟通			
评　价　标　准			
考核内容	考核等级		
	优秀	良好	合格
与客户沟通	语言准确适当、表达清晰、沟通顺利	语言基本准确，表达清晰，沟通顺利	语言适当，表达清晰，沟通顺利
勘察表、需求表	填写内容准确、完整	填写内容基本准确、完整	填写内容基本准确，但有少量遗漏
工作过程	工作过程完全符合行业规范，体现职业素养	工作过程符合行业规范	工作过程基本符合行业规范
成　绩　评　定			
评定			
自评			
互评			
师评			
反思：			

活动三　确定施工方案

学习情境

根据现场勘察表和需求表，配合设计人员确定楼宇间办公局域网施工方案。

学习方式

根据现场勘察表和需求表，配合设计人员确定楼宇间办公局域网现场图纸，列出材料、设备清单，做出概预算，制定施工方案。

工作流程

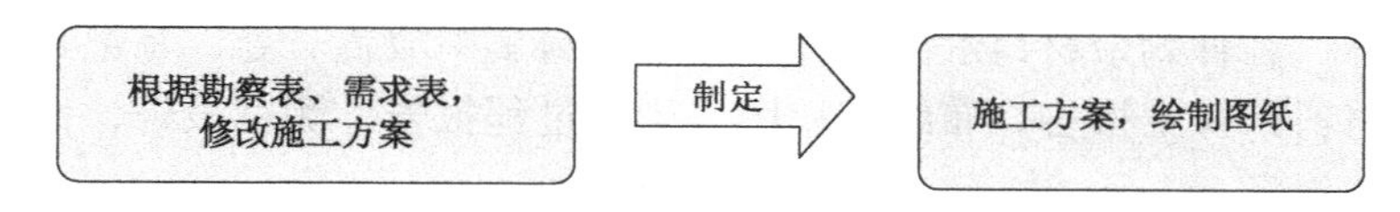

操作内容

1．根据勘察表修改楼宇间办公局域网的施工方案。

2．根据需求表修改楼宇间办公局域网的施工方案。

3．确定楼宇间办公局域网的施工方案，绘制图纸。

知识解析

楼宇网络布线注意事项如下。

由于网络布线工程实施设计对布线的全过程起着决定性的作用，工程实施的设计机构应慎之又慎。

从整体上来说，在实施设计时首先应注意符合规范化标准。结构化布线的实施设计不仅要做到设计严谨，满足用户使用要求，还要使其造价合理，符合规范化标准。国际和国内对结构化布线有着严格的规定和一系列规范化标准，这些标准对结构化布线系统的各个环节都做了明确的定义，规定了其设计要求和技术指标；

其次根据实际情况设计。首先要对工程实施的建筑物进行充分的调查研究，收集该建筑物的建筑工程、装修工程和其他有关工程的图纸资料，并充分考虑用户的建设投资预算要求、应用需求及施工进度要求等各方面因素。如果建筑物尚在筹建之中就确定了结构化布线方案，则可以根据建筑的整体布局、走线的需求向建筑的设计机构提出有关结构化布线的特定要求，以便在建筑施工的同时将一些布线的前期工程完成。如果是在原有建筑物的基础上与室内装修工程同步实施的布线工程，则必须根据原有建筑物的情况、装修工程设计和实际勘查结果进行布线实施设计；

最后是要注意选材和布局。布线实施设计中的选材用料和布局安排对建设成本有直接的影响。在设计中，应根据网络建设机构的需求，选择合适类型的布线线缆和接插件，所选布线材料等级的不同对总体方案技术指标的影响很大。建议在布线中使用一家厂商的系列配套产品，因为布线是一套系统，而不是线缆和元件的简单组合。布局安排的设计除了对建设成本有直接的影响外，还关系到网络布线是否合理，对于一座多层建筑物来说，安装整个建筑物网络主干交换机的信息中心网络机房，最好设置在建筑物的中部楼层，如果各个楼层设置配线间，最好设置在楼层的中段，这样设计不但可以尽量缩短垂直和水平主干子系统的布线长度，节约材料，降低成本，还可以减少不必要的信道传输距离，有利于通信质量的提高。

如果要从细节上来讲，需要注意的还有施工现场督导人员要认真负责，及时处理施工进程中出现的各种情况，协调处理各方意见；如果现场施工碰到不可预见的问题，应及时向工程单位汇报，并提出解决办法供工程单位当场研究解决，以免影响工程进度；对工程单位计划不周的问题，要及时妥善解决；对工程单位新增加的点要及时在施工图中反映出来；对部分场地或工段要及时进行阶段检查验收，确保工程质量；最好制订出工程进度表，但在制订工程进度表时，要留有余地，还要考虑其他工程施工时可能对本工程带来的影响，避免出现不能按时完工、交工的问题，因此，建议使用督导指派任务表、工作间施工表。

在工程施工结束时，还应该注意清理现场，保持现场清洁、美观；对墙洞、竖井等交接处要进行修补；各种剩余材料汇总，并把剩余材料集中放置一处，登记其还可使用的数量；做好总结材料：开工报告、布线工程图、施工过程报告、测试报告、使用报告和工程验收所需的验收报告。

考核评价表

班级：________ 姓名：________ 日期：________

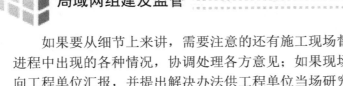

工作任务 1——活动三　确定施工方案				
评　价　标　准				
考核内容	考核等级			
	优秀	良好	合格	不合格
施工方案	方案可行性强，内容准确、完整	方案可行，内容基本准确、完整	方案基本可行，内容基本准确、但有少量遗漏	方案不合理，内容不准确或有重大遗漏
工作过程	工作过程完全符合行业规范，成本意识高	工作过程符合行业规范	工作过程基本符合行业规范	工作过程不符合行业规范
成　绩　评　定				
评定				
自评				
互评				
师评				
反思：				

工作任务 2　楼宇间办公局域网网络布线与监管

任务描述

根据施工方案查验施工材料进场情况，根据施工图纸，实施楼宇间局域网络布线，按照施工进度，敷设竖井管槽，敷设双绞线和室外光缆，安装桥架及光纤接入，并进行链路连通性测试及敷设验收。

活动一　材料进场报验

学习情境

网络布线施工工具、设备与材料进场（图 4-1-5），需进行报验。

图 4-1-5　材料进场

学习方式

学生分组填写开工申请表，进行项目开工，开工前，完成工程材料的进场报验，根据模板，书写进场报验文档。

工作流程

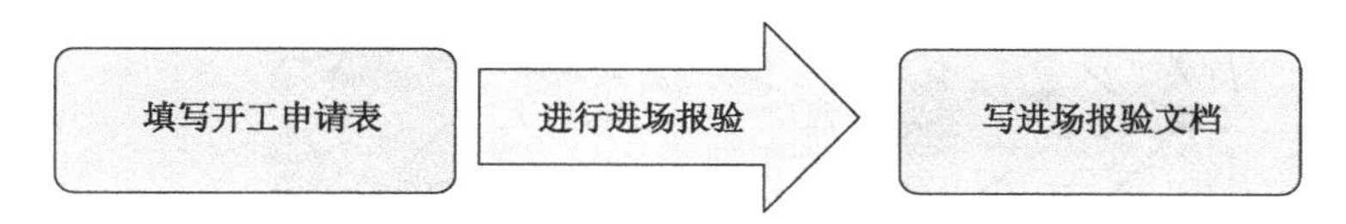

操作内容

1. 填写开工申请表。
2. 按工程材料清单进行进场报验。
3. 填写物料进场验收单。

知识解析

室外光缆

室外光缆连接件包括铰接件和管理件。

室外光缆可作为建筑物接入光缆，适用于建筑物之间的布线，与室内光缆相比，其抗拉强度较大，保护层厚重，并且通常有金属层包裹。室外光缆为防止外伤，往往附加轻型金属铠装层，如图 4-1-6 所示。根据布线的不同，室外光缆又分为直埋式光缆、架空式光缆和管道式光缆，室外光缆结构图如图 4-1-7 所示。

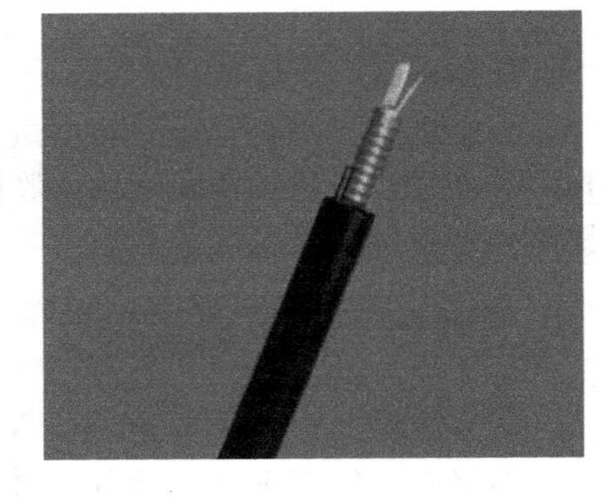

图 4-1-6 室外光缆

室外光缆主要有中心管式光缆、层绞式光缆及骨架式光缆三种结构，按使用光纤束与光纤带分类又可分为普通光缆与光纤带光缆等 6 种形式。每种光缆的结构特点如下。

① 中心管式光缆（执行标准：YD/T769-2003）：光缆中心为松套管，加强构件位于松套管周围的光缆结构形式，如常见的 GYXTW 型光缆及 GYXTW53 型光缆，光缆芯数较小，通常为 12 芯以下。

② 层绞式光缆（执行标准：YD/T901-2001）：加强构件位于光缆的中心，5～12 根松套管以绞合的方式绞合在中芯加强件上，绞合通常为 SZ 绞合。此类光缆如 GYTS 等，通过对松套管的组合可以得到较大芯数的光缆。绞合层松套管的分色通常采用红、绿领示色谱来分色，用以区分不同的松套管及不同的光纤。层绞式光缆芯数可较大，目前层绞式光缆芯数可达 216 芯或更高。

③ 骨架式光缆：加强构件位于光缆中心，在加强构件上有塑料组成的骨架槽，光纤或光纤带位于骨架槽中，不易受压，光缆具有良好的抗压扁性能。该种结构光缆在国内较少见，所占的比例较小。

④ 8 字型自承式结构，该种结构光缆可以并入中心管式与层绞式光缆中，把它单独列出主要是因为该光缆结构与其他光缆有较大的不同。

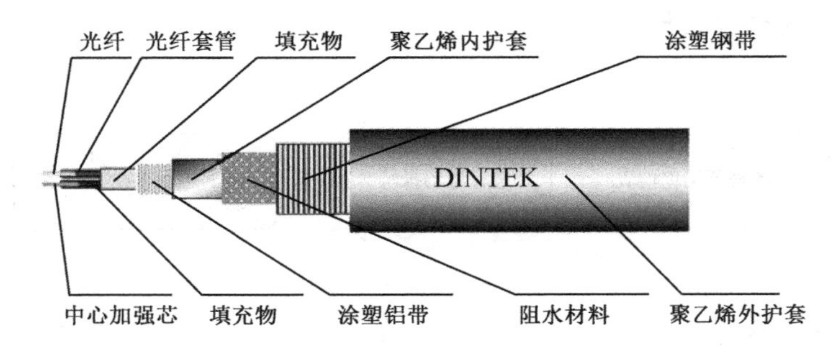

图 4-1-7 室外光缆结构图

考核评价表

班级：________　　　　姓名：________　　　　日期：________

工作任务 2——活动一　材料进场报验			
评　价　标　准			
考核内容	考核等级		
	优秀	良好	合格
书写文档	文档准确、详细	文档准确，较详细	文档基本准确，较详细
物料验收	方法正确，清点准确	方法基本准确，清点准确	方法基本正确，清点基本正确
成　绩　评　定			
评定			
自评			
互评			
师评			
反思：			

活动二　竖井的敷设

学习情境

根据网络工程布线图进行竖井管槽的敷设。

学习方式

学生分组按施工图和施工进度表，敷设竖井管槽。

工作流程

操作内容

1. 依照图纸，确认信息点位置。
2. 按施工图和施工进度表安装 86 明盒。
3. 使用卷尺测量信息点间距，确认所需线槽长度。
4. 测量线槽长度，裁剪线槽。
5. 依据施工要求在线槽上打孔。
6. 按施工图和施工进度表安装线槽。
7. 检查线槽敷设的正确性和规范性，按模板填写线槽敷设检查记录。

知识解析

一、楼宇管理子系统

楼宇管理子系统是将一个建筑物中的电缆延伸到另一个建筑物的通信设备和装置，通常是由光缆和相应设备组成的，如图 4-1-8 所示。楼宇管理子系统是综合布线系统的一部分，它支持楼宇之间通信所需的硬件，其中包括导线电缆、光缆及防止电缆上的脉冲电压进入建筑物的电气保护装置。

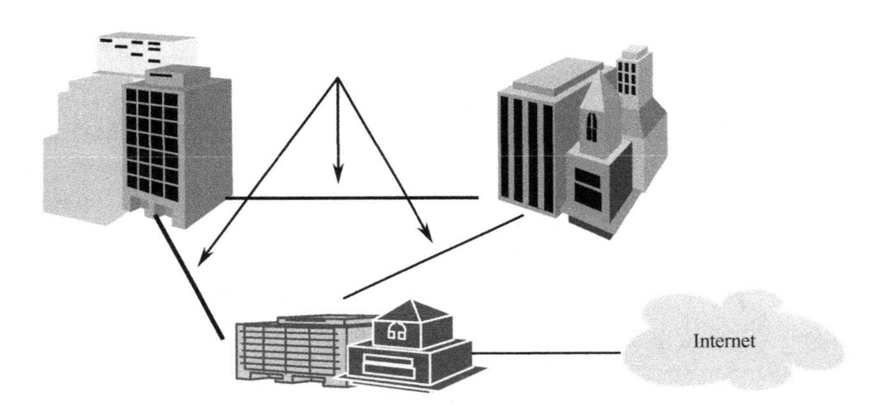

图 4-1-8　楼宇管理子系统

活动三　双绞线与室外光缆的敷设

学习情境

根据网络工程布线图，按照施工进度，在竖井管槽中敷设双绞线、光缆。

学习方式

学生分组按施工图和施工进度表，敷设双绞线和光缆。

工作流程

操作内容

1．依据信息点位置，测量所需线缆长度。

2．裁剪双绞线。

3．PVC 管内穿入双绞线，两端预留适合长度。

4．双绞线编号，填写双绞线编号记录单。

5．检查双绞线敷设的正确性和规范性，按模板填写双绞线敷设检查记录。

6．室外光缆的敷设。

二、室外光缆的敷设

室外光缆主要用于建筑群子系统的布线。在实施建筑群子系统布线时，应当首选管道光缆，只有在不得已的情况下，才选用直埋光缆或架空光缆。

1．管道光缆的敷设

（1）清刷并试通。敷设光缆前，应逐段将管孔清刷干净并试通。清刷时应用专制的清刷工具，清刷后应用试通棒作试通检查。塑料子管的内径应为光缆外径的 1.5 倍。当在一个水泥管孔中布放两根以上的子管时，子管等效总外径应小于管孔内径的 85%。

（2）布放塑料子管。当穿放两根以上塑料子管时，如管材为不同颜色时，端头可以不作标记。如果管材颜色相同或无颜色，则应在其端头分别做好标记。

（3）光缆牵引。光缆一次牵引长度一般应小于 1000m 。超过该距离时，应采取分段牵引或在中间位置增加辅助牵引方式，以减少光缆张力并提高施工效率。为了在牵引过程中保护光缆外表不受损伤，在光缆穿入管孔、管道拐弯处或与其他障碍物有交叉时，应采用导引装置或喇叭口保护管等保护措施。

（4）预留余量。光缆敷设后，应逐个在人孔或手孔中将光缆放置在规定的托板上，并应留有适当余量，以防止光缆过于绷紧。在人孔或手孔中的光缆需要接续时，其预留长度应符合表中规定的最小值。

（5）接头处理。光缆在管道中间的管孔内不得有接头。当光缆在人孔中没有接头时，要求光缆弯曲放置在光缆托板上固定绑扎，不得在人孔中间直接通过，否则既影响施工和维护，又容易导致光缆损坏。当光缆有接头时，应采用蛇形软管或软塑料管等管材进行保护，并放在托板上予以固定绑扎。

（6）封堵与标识。光缆穿放的管孔出口端应封堵严密，以防止水分或杂物进入管内。光缆及其接续均应有识别标志，并注明编号、光缆型号和规格等。在严寒地区还应采取防冻措施，以防光缆受冻损坏。如遇光缆可能被碰损坏的情况，可在上面或周围设置绝缘板材进行隔断保护。

2．直埋光缆的敷设

（1）埋入深度。直埋光缆由于直接埋在地面下，所以，必须与地面有一定的距离，借助于地面的张力，使光缆不被损坏，同时，还应保证光缆不被冻坏。

（2）光缆沟的清理和回填。沟底应平整，无碎石和硬土块等有碍于光缆敷设的杂物。如沟槽为石质或半石质，在沟底还应铺垫 10cm 厚的细土或砂土并抄平。光缆敷设后，应先回填 30cm 厚的细土或沙土作为保护层，严禁将碎石、砖块、硬土块等混入保护土层。保护层应采用人工方式轻轻踏平。

（3）光缆敷设。同沟敷设光缆或电缆时，应同期分别牵引敷设。如果与直埋电缆同沟敷设，应先敷设电缆，后敷设光缆，并在沟底平行排列。如果同沟敷设光缆，应同时分别布放，在沟底不得交叉或重叠放置。光缆应平放于沟底或自然弯曲以释放光缆应力，如有弯曲或拱起，应设法放平，但绝对不可以采用脚踩等强硬方式。

（4）进行标识。直埋光缆的接头处、转弯点、预留长度处或与其他管线的交汇处，应设置标志，以便日后的维护检修。标志既可以使用专制的标识，也可借用光缆附近的永久性建筑，测量该建筑某部位与光缆的距离，并进行记录以备查考。

3．架空光缆的敷设

（1）架设并检查钢绞线。对于非自承重的架空光缆而言，应当先行架设承重钢绞线，并对钢绞线进行全面的检查。钢绞线应无伤痕和锈蚀等缺陷，绞合紧密、均匀、无跳股。吊线的原始垂度和跨度应符合设计要求，固定吊线的铁杆安装位置正确、牢固，周围环境中无施工障碍。

（2）光缆敷设。光缆敷设时应借助于滑轮牵引，下垂弯度不得超过光缆所允许的曲率半径。牵引拉力不得大于光缆所允许的最大拉力，牵引速度应缓和均匀，不能猛拉紧拽。光缆在架设过程中和架设完成后的伸长率应小于 0.2%。当采用挂钩吊挂非自承重光缆时，挂钩的间距一般为 50cm，误差不大于 3cm。

（3）预留光缆。中负荷区、重负荷区和超重负荷区布放的架空光缆，应在每根电杆上预留一定长度的光缆，轻负荷区则可每 3～5 杆再作预留。光缆与电杆、建筑或树木的接触部位应穿放长度约 90cm 的聚乙烯管加以保护。另外，由于光缆本身具有一定的自然弯曲，因此，在计算施工使用的光缆长度时，应当每公里增加 5m 左右。

活动四　桥架安装与光纤接入

学习情境

根据网络工程布线图进行配线架、模块的端接、RJ-45 接头的制作、桥架安装，光纤熔接。

学习方式

学生根据施工图分组，按照施工进度，进行配线架、模块的端接、RJ-45 接头的制作、桥架安装，熟悉光纤熔接操作和通断测试，了解光纤接入技术。

工作流程

操作内容

1．按施工图和施工进度表安装模块，并做记录。

2．按施工图和施工进度表安装配线架，并做记录。

3．按施工进度表制作 RJ-45 接头。

4．测试双绞线的连通性，并做记录。

5．线缆编号，打标签。

6．检查双绞线端接的正确性和规范性，按模板填写双绞线端接检查记录。依照图纸，确认信息点位置。

7．按照施工图纸安装桥架。

8．熔接光纤。

知识解析

光纤接入技术

光纤接入技术是面向未来的光纤到路边（HTTC）和光纤到户（HTTH）的宽带网络接入技术。光纤接入网（OAN）是目前电信网中发展最为快速的接入网技术，除了重点解决电话等窄带业务的有效接入问题外，还可以同时解决高速数据业务、多媒体图像等宽带业务的接入问题。OAN 泛指从交换机到用户之间的馈线段、配线段及引入线段的部分或全部以光纤实现接入的系统。除了 HFC 外，光纤接入的方法还有以下几种。

（1）光纤数字环路载波系统 1。

DLC 系统以光纤传输方式代替馈线、配线，然后再以双绞线连接到用户。以传送窄带业务为主时采用 PDH 准同步时分复用技术体制，以传送宽带业务为主时可采用异步转移模式（ATM）加 SDH 同步时分复用技术体制。网络结构以点到点、链形或环形网结构为常见。传输速率 34～155Mb/s 不等。传输距离可由几千米到上百千米。采用 DLC 技术可以将光纤到路边（FTTC）和光纤到户（FTTH）分期实现。该系统技术成熟，可靠性高，易于推广应用。国内已有多家厂商推出成熟产品，网上实际应用也最多。

（2）基于 ATM 的无源光网络。

无源光网络（PON）是采用光纤分支的方法实现点对多点通信的接入技术，可以支持 iSDN 基群或同等速率的各类业务。每个光网络单元（ONU）一般可以连接几个到几十个用户。APON 是采用 ATM 信元传送方式的 PON，可以是上、下行速率相等的对称系统，也可以是上、下行速率不相等的非对称系统，支持 iSDN 及 B—iSDN 业务的带宽需求，可以满足各类电信业务和全业务网（FSN）的共同要求。APON 代表了宽带接入技术的最新发展方向，目前在英国、德国等已有实际应用，被认为是实现 FTTC 和 FTTH 的一种较好方法。APON 的优点是可以节省光纤和光设备的费用，并可以实现宽带数据业务与 CATV 业务的共网传送。缺点是成本较高，如何经济地实现双向高质量传输仍是一个有待研究的问题。

（3）交换式数字视像技术。

SDV 是在 CATV 网上采用波分复用(WDM)或分光纤技术共享光缆线路的网络接入技术。SDV 技术与 HFC 技术比较，SDV 是采用数字传输技术的系统，HFC 是采用模拟技术体制的系统。因此，SDV 具有较好的传输质量，便于升级，具有长远的发展前景。SDV 采用光纤接入系统和 ATM 技术，采用分层面的方式提供电话、数据和视像信号的传输。第一个层面采用传统的光纤接入系统传输电话和数据业务。第二个层面采用基于 SDH 的 ATM 信元方式，支持交互式的数字视像等宽带业务。

[工作任务单]

工程质量验收记录表

组号：______ 填写人：________

<table>
<tr><td>工程名称</td><td colspan="4">单间办公局域网布线施工及监管</td></tr>
<tr><td>施工组长</td><td></td><td>施工成员</td><td colspan="2"></td></tr>
<tr><td>施工日期</td><td colspan="4"></td></tr>
<tr><td rowspan="7">信息点对照表</td><td>信息点编号</td><td>配线架端口编号</td><td colspan="2">连通性</td></tr>
<tr><td></td><td></td><td colspan="2">□是 □否</td></tr>
<tr><td></td><td></td><td colspan="2">□是 □否</td></tr>
<tr><td></td><td></td><td colspan="2">□是 □否</td></tr>
<tr><td></td><td></td><td colspan="2">□是 □否</td></tr>
<tr><td></td><td></td><td colspan="2">□是 □否</td></tr>
<tr><td></td><td></td><td colspan="2">□是 □否</td></tr>
<tr><td>施工数据统计</td><td>信息点个数</td><td></td><td>86 明盒个数</td><td></td></tr>
<tr><td>检测项目</td><td colspan="4">检测记录</td></tr>
<tr><td>1. 安装明 86 盒</td><td colspan="2">□定位准确
□安装垂直、水平度到位</td><td colspan="2">□螺钉紧固、无松动
□底盒开口方向合理</td></tr>
<tr><td>2. 线槽</td><td colspan="2">□长度合适、角度合理</td><td colspan="2">□连接紧密、边缘光滑</td></tr>
<tr><td>3. 敷设 PVC 线槽</td><td colspan="2">□安装位置准确
□布局合理</td><td colspan="2">□稳固</td></tr>
<tr><td>4. 敷设线缆</td><td colspan="2">□符合布放缆线工艺要求
□预留合理</td><td colspan="2">□线标准确
□缆线走向正确</td></tr>
<tr><td>5. 端接信息点模块</td><td colspan="2">□线序正确</td><td colspan="2">□符合工艺要求</td></tr>
<tr><td>6. 安装信息点面板</td><td colspan="2">□安装位置正确</td><td colspan="2">□螺钉紧固</td></tr>
<tr><td>7. 安装配线架</td><td colspan="2">□安装位置正确
□螺钉紧固</td><td colspan="2">□标志齐全
□安装符合工艺要求</td></tr>
<tr><td>8. 端接配线架</td><td colspan="2">□线序正确
□线缆排列合理</td><td colspan="2">□线标与配线架端口对应</td></tr>
<tr><td>9. 安装机柜</td><td colspan="2">□位置合理</td><td colspan="2">□安装稳固</td></tr>
<tr><td>10. 安装桥架</td><td colspan="2">□位置合理</td><td colspan="2">□安装稳固</td></tr>
<tr><td>11. 光纤熔接</td><td colspan="2">□操作正确</td><td colspan="2">□无断点</td></tr>
<tr><td>完成时间</td><td colspan="4"></td></tr>
<tr><td>施工过程中遇到的问题及解决方案</td><td colspan="4"></td></tr>
</table>

考核评价表

班级：__________ 姓名：__________ 日期：__________

工作任务 2——活动二、三、四—布线施工				
评　价　标　准				
考核内容	考核等级			
	优秀	良好	合格	不合格
管槽敷设检查记录	记录准确、清楚、完整	记录准确，较清楚、完整	记录基本准确，较清楚、完整	记录不准确，或不完整
双绞线敷设检查记录	记录准确、清楚、完整	记录准确，较清楚、完整	记录基本准确，较清楚、完整	记录不准确，或不完整
双绞线端接检查记录	记录准确、清楚、完整	记录准确，较清楚、完整	记录基本准确，较清楚、完整	记录不准确，或不完整
桥架安装检查记录	记录准确、清楚、完整	记录准确，较清楚、完整	记录基本准确，较清楚、完整	记录不准确，或不完整
光纤熔接检查记录	记录准确、清楚、完整	记录准确、清楚、完整	记录准确，较清楚、完整	记录不准确，或不完整
工作过程	工作过程完全符合行业规范，成本意识高	工作过程符合行业规范	工作过程基本符合行业规范	工作过程不符合行业规范
成　绩　评　定				
评定				
自评				
互评				
师评				
反思：				

活动五　链路连通性测试与敷设验收

学习情境

1．根据现场施工情况，测试线缆连通性，完成局域网布线。

2．楼宇间办公局域网网络布线工程完成，需进行验收。

学习方式

1．根据编号统计表测试每根线缆连通性。

2．学生根据前面的检查记录，分组重新检查前期各种记录单中的所有问题是否已解决，按模板填写网络布线工程验收报告。

工作流程

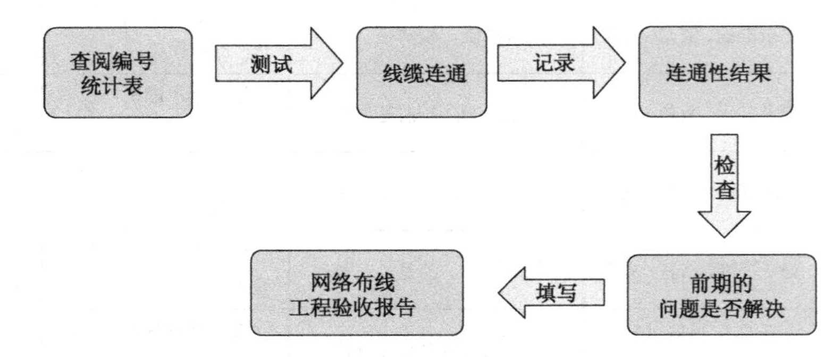

操作内容

1．依据编号统计表选择需要测试的线缆。

2．测试线缆连通性。

3．记录线缆连通性测试结果。

4．根据前面的检查记录，分组重新检查前期各种记录单中的所有问题是否已解决，并做记录。

5．按模板填写网络布线工程验收报告。

知识解析

光缆的检测

光缆检测的主要目的是保证系统连接质量、减少故障因素及查找光缆故障点。具体检测方法很多，这里简单介绍两种。

（1）人工简易测量。

这种方法一般用于快速检测光线通断或在施工时区分光缆。具体做法是，用一个简易光源从光缆的一端打入可见光，再从另一端观察发光情况，据此作出结论。这种方法虽然简单，但是不能对光缆的衰减进行定量测量，也不能判断故障光缆的故障点位置。

（2）精密仪器测量。

用光功率计或光时域反射图示仪对光缆进行定量测量，可以测出光缆的衰减和接头的衰减，甚至可以测出故障光缆的断点位置。这种测量方法可以用于对光缆网络的故障进行定量分析，或对光缆产品进行评价。

[工作任务单]

工程阶段性测试验收（初验、终验）报审表

<table>
<tr><td>工程名称</td><td></td><td>文档编号：</td></tr>
<tr><td colspan="3">致：________________（监理单位）

我方已按要求完成了________________工程，经自检合格，请予以初验（终验）。
附录：工程阶段性测试验收（初验、终验）方案

承建单位（盖章）
项　目　经　理________
日　　　　期________</td></tr>
<tr><td colspan="3">审查意见：
经初步验收，该工程
1. 符合/不符合我国现行法律、法规要求；
2. 符合/不符合我国现行工程建设标准；
3. 符合/不符合设计方案要求；
4. 符合/不符合承建合同要求。
综上所述，该工程初步验收合格/不合格，可以/不可以组织正式验收。

监理单位　　　　业主单位
确认人：________　　确认人：________
日　期：________　　日　期：________</td></tr>
</table>

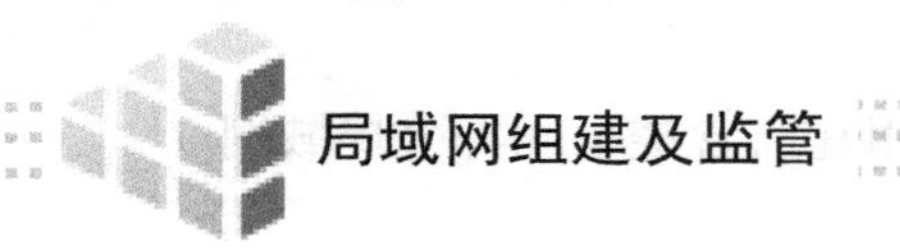

考核评价表

班级：________ 姓名：________ 日期：________

工作任务 2——活动五　链路连通性测试与敷设验收				
评　价　标　准				
考核内容	考核等级			
	优秀	良好	合格	不合格
网络布线工程验收报告	测试报告准确、清楚、完整	测试报告准确，较清楚、完整	测试报告基本准确，较清楚、完整	测试报告不准确，或不清楚、不完整
工作过程	工作过程完全符合行业规范，成本意识高	工作过程符合行业规范	工作过程基本符合行业规范	工作过程不符合行业规范
成　绩　评　定				
评定				
自评				
互评				
师评				
反思：				

综合实训　网络布线管槽实训

一、实训要求

利用实验室仿真墙参照示意图搭建网络，采用明槽明管的方式敷设线缆，安装机柜和端接模块、配线架。

每组完成示意图指定结构安装，线缆两端端接模块和配线架，并通过配线架与相邻组线缆连通，直至所有组连接在一起，测试每根线缆连通性和整个网络连通性。

二、实训耗材及工具

手锯、直角尺、锉刀、电钻、卷尺、改锥、剪管钳、铅笔、配线架、壁挂式机柜、PVC槽、86 底盒、螺钉、直角弯、平三通、阴角、阳角、CAT5e 双绞线、CAT5e 模块、面板、PVC 管、弯头、直通、三通、盒接、管卡。

三、实训操作步骤

1. 固定信息点。
2. 测量信息点之间距离。
3. 裁剪 PVC 管槽。
4. 固定 PVC 管槽、连接件。
5. 穿线。
6. 安装机柜、模块、配线架。
7. 安装信息点面板。
8. 测试线缆连通性。

四、实训重点

◆　正确安装管槽、连接件。

◆　正确测量、裁剪和固定管槽。

◆　正确安装信息点底盒、面板。

实训仿真墙如图 4-1-9 所示，仿真墙序号如图 4-1-10 所示。

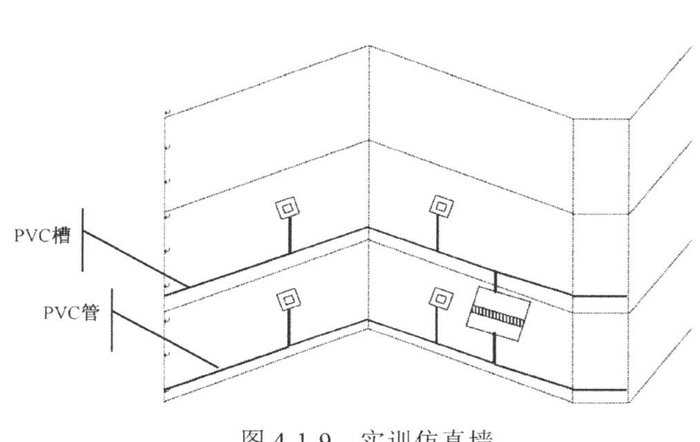

图 4-1-9　实训仿真墙

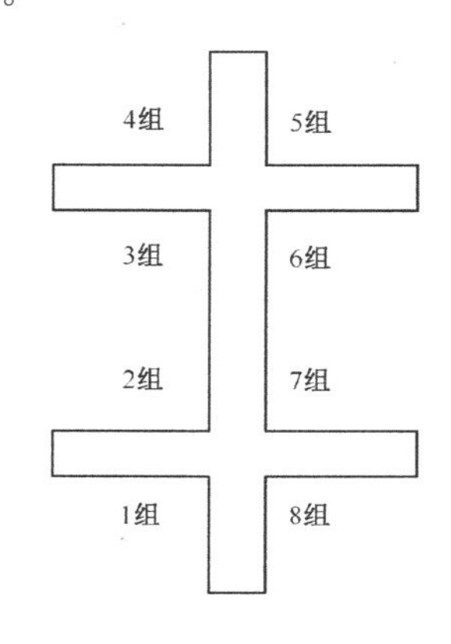

图 4-1-10　仿真墙序号

五、注意事项

- ◆ 施工过程中时刻注意安全，不可打闹。
- ◆ 工具使用后立刻归还原位，不得手持工具说笑打闹。
- ◆ 规划耗材使用量，不得随意浪费。
- ◆ 严格按照示意图施工，不得随意改变。
- ◆ 严格按照施工要求操作，不得野蛮拆卸。

工作任务 3　楼宇间办公局域网设备调试与监管

任务描述

根据楼宇间办公局域网实现功能，完成设备功能选型，规划机柜布局完成网络设备上架，根据实施任务，完成三层交换及路由设备的基本配置与调试，最终完成设备联调验收。

活动一　设备功能选型与开箱验收

学习情境

网络布线工程验收完毕，依据标书中对楼宇间办公局域网实现功能的要求，进行网络设备功能选型，并监管网络设备的开箱验收。

学习方式

学生分组根据标书中楼宇间办公局域网实现功能要求，完成设备功能选型。根据模板，书写设备开箱验收记录。

工作流程

操作内容

1. 阅读标书，找出楼宇间办公局域的网络功能和设备要求，正确识读标书内关键部分——技术偏离表。
2. 按实现功能要求，完成设备功能选型。
3. 核对装箱单，根据装箱单的清单检查附件是否完备。
4. 根据模板，书写设备开箱检验记录文档。
5. 设备核对完毕后填写甲乙双方签收单。

知识解析

网络方案

本方案新大楼内网络设备采用全部新购置方案。新大楼网络方案基本技术要求如下：新大楼内核心交换机采用两台三层路由交换机，其性能应满足本招标书中核心交换机性能所列参数。两台新购核心交换机之间通过万兆光纤链路做聚合，以提高网络性能和核心交换机资源利用率。

新大楼内各楼层配线间内接入交换机采用新购 24/48 个 10Mb/s/100Mb/s/1000Mb/s 端口的交换机，该机性能应满足本标书中楼层交换机的要求，共配置 15 台，如图 4-1-11 所示。各层设备间内楼层交换机通过双千兆链路方式上连至核心交换机，以提高上行链路带宽和性能。

采用 VLAN 方式对网络进行分段，提高网络的可管理性，降低安全风险，点位配置表如下：

地点	信息点数
1 楼子配线间	150
5 楼中心机房	581
9 楼子配线间	172
10 楼子设备间	172
合计	1075

财务使用单独的 24 端口交换机，财务交换机放置在 5 楼中心机房，财务交换机通过百兆隔离墙与信息网连接。

电能监测系统单独采用一个 24 端口交换机，该交换机安装在 10 楼子设备间，通过千兆防火墙与信息网络连接。

其他非 MIS 网络的子系统如雷电定位系统、GIS 系统等共同用一台 24 端口交换机但每个子系统按端口划分在不同的 VLAN，该交换机安装在 10 楼设备间，通过千兆防火墙与信息网络连接。

要求投标方充分了解业主现有的网络情况，合理设计网络方案并做出方案详细说明及设备配置，要求方案设计合理并具有高安全性、易管理性、一定的前瞻性，未参照以上要求优化网络并提供设计方案的，视为对标书的不响应行为。

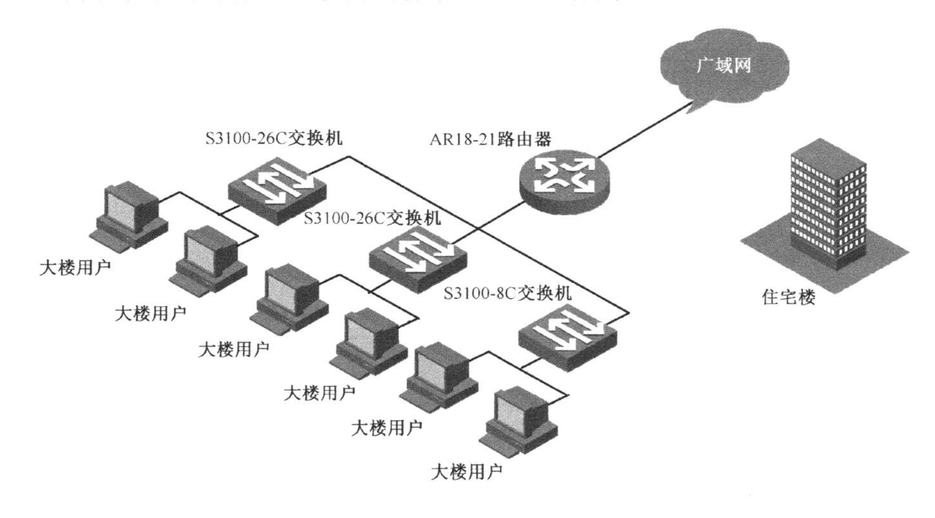

图 4-1-11　标书中的方案

[工作任务单]

楼宇间办公局域网工具及设备清单

序号	类型名称	设备及工具名称	规格型号	数量
1	交换机	核心交换机		
		三层交换机		
		二层交换机		
2	路由器			
3	交换机机架			
4	环境制冷	空调		

设备开箱检验记录文档

<table>
<tr><th colspan="4">设备开箱检验记录</th><th>编　号</th><th colspan="2"></th></tr>
<tr><td colspan="2">设备名称</td><td colspan="2"></td><td>检查日期</td><td colspan="2"></td></tr>
<tr><td colspan="2">规格型号</td><td colspan="2"></td><td>总数量</td><td colspan="2"></td></tr>
<tr><td colspan="2">装箱单号</td><td colspan="2"></td><td>检验数量</td><td colspan="2"></td></tr>
<tr><td rowspan="5">检验记录</td><td>包装情况</td><td colspan="5"></td></tr>
<tr><td>随机文件</td><td colspan="5"></td></tr>
<tr><td>备件与附件</td><td colspan="5"></td></tr>
<tr><td>外观情况</td><td colspan="5"></td></tr>
<tr><td>测试情况</td><td colspan="5"></td></tr>
<tr><td rowspan="9">检验结果</td><td colspan="6">缺、损附备件明细表</td></tr>
<tr><td>序号</td><td>名称</td><td>规格</td><td>单位</td><td>数量</td><td>备注</td></tr>
<tr><td></td><td></td><td></td><td></td><td></td><td></td></tr>
<tr><td></td><td></td><td></td><td></td><td></td><td></td></tr>
<tr><td></td><td></td><td></td><td></td><td></td><td></td></tr>
<tr><td></td><td></td><td></td><td></td><td></td><td></td></tr>
<tr><td></td><td></td><td></td><td></td><td></td><td></td></tr>
<tr><td></td><td></td><td></td><td></td><td></td><td></td></tr>
<tr><td></td><td></td><td></td><td></td><td></td><td></td></tr>
<tr><td colspan="7">结论</td></tr>
<tr><td colspan="7"></td></tr>
<tr><td rowspan="2">签字栏</td><td colspan="2">建设（监理）单位</td><td colspan="2">施工单位</td><td colspan="2">供应单位</td></tr>
<tr><td colspan="2"></td><td colspan="2"></td><td colspan="2"></td></tr>
</table>

考核评价表

班级：________　　姓名：________　　日期：________

<table>
<tr><th colspan="5">工作任务3——活动一　设备功能选型与开箱验收</th></tr>
<tr><th colspan="5">评　价　标　准</th></tr>
<tr><td rowspan="2">考核内容</td><td colspan="4">考核等级</td></tr>
<tr><td>优秀</td><td>良好</td><td>合格</td><td>不合格</td></tr>
<tr><td>设备清单</td><td>文档准确、详细</td><td>文档准确，较详细</td><td>文档基本准确，较详细</td><td>文档不准确</td></tr>
<tr><td>设备开箱检验记录文档</td><td>文档准确、详细</td><td>文档准确，较详细</td><td>文档基本准确，较详细</td><td>文档不准确</td></tr>
<tr><td>工作过程</td><td>工作过程完全符合行业规范，成本意识高</td><td>工作过程符合行业规范</td><td>工作过程基本符合行业规范</td><td>工作过程不符合行业规范</td></tr>
<tr><th colspan="5">成　绩　评　定</th></tr>
<tr><td colspan="5">评定</td></tr>
<tr><td>自评</td><td></td><td></td><td colspan="2"></td></tr>
<tr><td>互评</td><td></td><td></td><td colspan="2"></td></tr>
<tr><td>师评</td><td></td><td></td><td colspan="2"></td></tr>
<tr><td colspan="5">反思：</td></tr>
</table>

活动二　设备上架

学习情境

在实现楼宇间办公局域网中，网络设备开箱验收后，按机柜规划，完成设备上架。

学习方式

通过观看视频、设备安装使用说明书，使学生了解楼宇间办公局域网中网络设备上架的安装工艺，学生分组完成网络设备上架并规划机柜布局。

工作流程

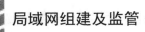

操作内容

1．详细阅读所用型号网络设备的硬件安装手册。

2．规划机柜布局。

3．完成设备上架。

考核评价表

班级：________　　　　姓名：________　　　　日期：________

工作任务3——活动二　设备上架				
评　价　标　准				
考核内容	考核等级			
	优秀	良好	合格	不合格
规划机柜布局	布局合理、位置最佳、便于升级维护	布局合理、通风散热良好、便于升级维护	布局基本合理	布局不合理
设备上架	工作过程完全符合行业规范，成本意识高	工作过程符合行业规范	工作过程基本符合行业规范	工作过程不符合行业规范
成　绩　评　定				
评定				
自评				
互评				
师评				
反思：				

活动三　设备配置与调试

学习情境

设备已经安装上架，现在要按楼宇间办公局域网的功能实现要求，完成设备的配置与调试。楼宇间办公局域网主要采用交换机管理。

学习方式

学生分组，根据实施任务，完成设备的基本配置与调试。掌握三层交换技术及动态路由技术的实现。

工作流程

操作内容

1．按楼宇间办公局域网的功能实现要求，完成设备的配置。
2．按楼宇间办公局域网的功能实现要求，完成设备的调试。

[实训任务]

实训 1　三层交换机 RIP 动态路由

一、应用场景

当两台三层交换机级联时，为了保证每台交换机上所连接的网段可以和另一台交换机上连接的网段互相通信，使用 RIP 协议可以动态学习路由。

二、实训设备

1．DCRS-5650 交换机 2 台（SoftWare Version is DCRS-5650-28_5.2.1.0）。
2．PC 2～4 台。
3．Console 线 1～2 根。
4．直通网线 2～4 根。

三、实训拓扑

实训拓扑如图 4-1-12 所示。

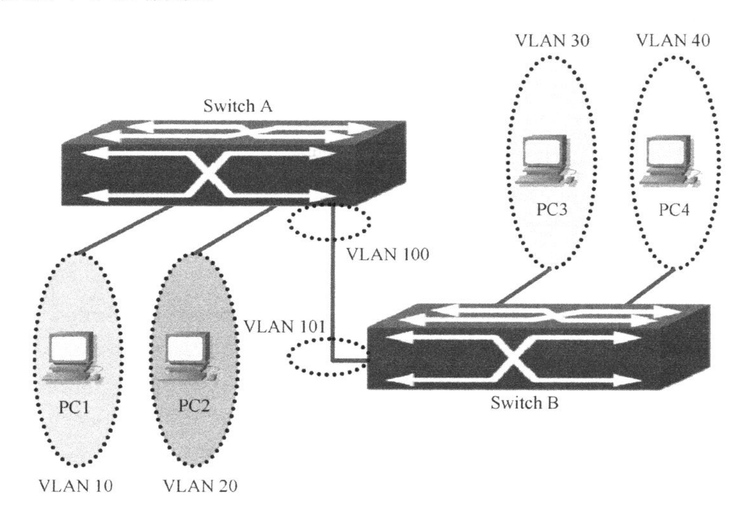

图 4-1-12　实训拓扑

四、实训要求

1．在交换机 A 和交换机 B 上分别划分基于端口的 VLAN：

交换机	VLAN	端口成员
交换机 A	10	1～8
	20	9～16
	100	24
交换机 B	30	1～8
	40	9～16
	101	24

2．交换机 A 和 B 通过的 24 端口级联。

3．配置交换机 A 和 B 各 VLAN 虚拟接口的 IP 地址分别如下表所示：

VLAN10	VLAN20	VLAN30	VLAN40	VLAN100	VLAN101
192.168.10.1	192.168.20.1	192.168.30.1	192.168.40.1	192.168.100.1	192.168.100.2

4．PC1～PC4 的网络设置如下：

设备	IP 地址	gateway	Mask
PC1	192.168.10.101	192.168.10.1	255.255.255.0
PC2	192.168.20.101	192.168.20.1	255.255.255.0
PC3	192.168.30.101	192.168.30.1	255.255.255.0
PC4	192.168.40.101	192.168.40.1	255.255.255.0

5．验证如下

◆ 没有 RIP 路由协议之前：

PC1 与 PC2，PC3 与 PC4 可以互通。

PC1、PC2 与 PC3、PC4 不通。

◆ 配置 RIP 路由协议之后：

4 台 PC 之间都可以互通。

◆ 若实训结果和理论相符，则本实训完成。

五、实训步骤

第一步：交换机全部恢复出厂设置，配置交换机的 VLAN 信息。

交换机 A：

```
DCRS-5650-A#config
DCRS-5650-A(Config)#vlan 10
DCRS-5650-A(Config-Vlan10)#switchport interface ethernet 0/0/1-8
Set the port Ethernet0/0/1 access vlan 10 successfully
Set the port Ethernet0/0/2 access vlan 10 successfully
Set the port Ethernet0/0/3 access vlan 10 successfully
Set the port Ethernet0/0/4 access vlan 10 successfully
Set the port Ethernet0/0/5 access vlan 10 successfully
Set the port Ethernet0/0/6 access vlan 10 successfully
```

```
Set the port Ethernet0/0/7 access vlan 10 successfully
Set the port Ethernet0/0/8 access vlan 10 successfully
DCRS-5650-A(Config-Vlan10)#exit
DCRS-5650-A(Config)#vlan 20
DCRS-5650-A(Config-Vlan20)#switchport interface ethernet 0/0/9-16
Set the port Ethernet0/0/9 access vlan 20 successfully
Set the port Ethernet0/0/10 access vlan 20 successfully
Set the port Ethernet0/0/11 access vlan 20 successfully
Set the port Ethernet0/0/12 access vlan 20 successfully
Set the port Ethernet0/0/13 access vlan 20 successfully
Set the port Ethernet0/0/14 access vlan 20 successfully
Set the port Ethernet0/0/15 access vlan 20 successfully
Set the port Ethernet0/0/16 access vlan 20 successfully
DCRS-5650-A(Config-Vlan20)#exit
DCRS-5650-A(Config)#vlan 100
DCRS-5650-A(Config-Vlan100)#switchport interface ethernet 0/0/24
Set the port Ethernet0/0/24 access vlan 100 successfully
DCRS-5650-A(Config-Vlan100)#exit
DCRS-5650-A(Config)#
```

验证配置如下。

```
DCRS-5650-A#show vlan
VLAN Name         Type      Media     Ports
---------------------------------------------------------------------------
1    default      Static    ENET      Ethernet0/0/17      Ethernet0/0/18
                                      Ethernet0/0/19      Ethernet0/0/20
                                      Ethernet0/0/21      Ethernet0/0/22
                                      Ethernet0/0/23      Ethernet0/0/25
                                      Ethernet0/0/26      Ethernet0/0/27
                                      Ethernet0/0/28
10   VLAN0010     Static    ENET      Ethernet0/0/1       Ethernet0/0/2
                                      Ethernet0/0/3       Ethernet0/0/4
                                      Ethernet0/0/5       Ethernet0/0/6
                                      Ethernet0/0/7       Ethernet0/0/8
20   VLAN0020     Static    ENET      Ethernet0/0/9       Ethernet0/0/10
                                      Ethernet0/0/11      Ethernet0/0/12
                                      Ethernet0/0/13      Ethernet0/0/14
                                      Ethernet0/0/15      Ethernet0/0/16
100  VLAN0100     Static    ENET      Ethernet0/0/24
DCRS-5650-A#
```

交换机 B:

```
DCRS-5650-B(Config)#vlan 30
DCRS-5650-B(Config-Vlan30)#switchport interface ethernet 0/0/1-8
Set the port Ethernet0/0/1 access vlan 30 successfully
Set the port Ethernet0/0/2 access vlan 30 successfully
Set the port Ethernet0/0/3 access vlan 30 successfully
```

```
Set the port Ethernet0/0/4 access vlan 30 successfully
Set the port Ethernet0/0/5 access vlan 30 successfully
Set the port Ethernet0/0/6 access vlan 30 successfully
Set the port Ethernet0/0/7 access vlan 30 successfully
Set the port Ethernet0/0/8 access vlan 30 successfully
DCRS-5650-B(Config-Vlan30)#exit
DCRS-5650-B(Config)#vlan 40
DCRS-5650-B(Config-Vlan40)#switchport interface ethernet 0/0/9-16
Set the port Ethernet0/0/9 access vlan 40 successfully
Set the port Ethernet0/0/10 access vlan 40 successfully
Set the port Ethernet0/0/11 access vlan 40 successfully
Set the port Ethernet0/0/12 access vlan 40 successfully
Set the port Ethernet0/0/13 access vlan 40 successfully
Set the port Ethernet0/0/14 access vlan 40 successfully
Set the port Ethernet0/0/15 access vlan 40 successfully
Set the port Ethernet0/0/16 access vlan 40 successfully
DCRS-5650-B(Config-Vlan40)#exit
DCRS-5650-B(Config)#vlan 101
DCRS-5650-B(Config-Vlan101)#switchport interface ethernet 0/0/24
Set the port Ethernet0/0/24 access vlan 101 successfully
DCRS-5650-B(Config-Vlan101)#exit
DCRS-5650-B(Config)#
```

验证配置如下。

```
DCRS-5650-B#show vlan
VLAN Name          Type      Media     Ports
------------------------------------------------------------------------------
-----
1    default       Static    ENET      Ethernet0/0/17       Ethernet0/0/18
                                       Ethernet0/0/19       Ethernet0/0/20
                                       Ethernet0/0/21       Ethernet0/0/22
                                       Ethernet0/0/23       Ethernet0/0/25
                                       Ethernet0/0/26       Ethernet0/0/27
                                       Ethernet0/0/28
10   VLAN0010      Static    ENET      Ethernet0/0/1        Ethernet0/0/2
                                       Ethernet0/0/3        Ethernet0/0/4
                                       Ethernet0/0/5        Ethernet0/0/6
                                       Ethernet0/0/7        Ethernet0/0/8
20   VLAN0020      Static    ENET      Ethernet0/0/9        Ethernet0/0/10
                                       Ethernet0/0/11       Ethernet0/0/12
                                       Ethernet0/0/13       Ethernet0/0/14
                                       Ethernet0/0/15       Ethernet0/0/16
100  VLAN0100      Static    ENET      Ethernet0/0/24
DCRS-5650-B#
```

第二步：配置交换机各 VLAN 虚接口的 IP 地址。

交换机 A：

```
DCRS-5650-A(Config)#int vlan 10
DCRS-5650-A(Config-If-Vlan10)#ip address 192.168.10.1 255.255.255.0
DCRS-5650-A(Config-If-Vlan10)#no shut
DCRS-5650-A(Config-If-Vlan10)#exit
DCRS-5650-A(Config)#int vlan 20
DCRS-5650-A(Config-If-Vlan20)#ip address 192.168.20.1 255.255.255.0
DCRS-5650-A(Config-If-Vlan20)#no shut
DCRS-5650-A(Config-If-Vlan20)#exit
DCRS-5650-A(Config)#int vlan 100
DCRS-5650-A(Config-If-Vlan100)#ip address 192.168.100.1 255.255.255.0
DCRS-5650-A(Config-If-Vlan100)#no shut
DCRS-5650-A(Config-If-Vlan100)#
DCRS-5650-A(Config-If-Vlan100)#exit
DCRS-5650-A(Config)#
```

交换机 B：

```
DCRS-5650-B(Config)#int vlan 30
DCRS-5650-B(Config-If-Vlan30)#ip address 192.168.30.1 255.255.255.0
DCRS-5650-B(Config-If-Vlan30)#no shut
DCRS-5650-B(Config-If-Vlan30)#exit
DCRS-5650-B(Config)#interface vlan 40
DCRS-5650-B(Config-If-Vlan40)#ip address 192.168.40.1 255.255.255.0
DCRS-5650-B(Config-If-Vlan40)#exit
DCRS-5650-B(Config)#int vlan 101
DCRS-5650-B(Config-If-Vlan101)#ip address 192.168.100.2 255.255.255.0
DCRS-5650-B(Config-If-Vlan101)#exit
DCRS-5650-B(Config)#
```

第三步：配置各 PC 的 IP 地址，注意配置网关。

设备	IP 地址	gateway	Mask
PC1	192.168.10.101	192.168.10.1	255.255.255.0
PC2	192.168.20.101	192.168.20.1	255.255.255.0
PC3	192.168.30.101	192.168.30.1	255.255.255.0
PC4	192.168.40.101	192.168.40.1	255.255.255.0

第四步：验证 PC 之间是否连通。

PC	端口	PC	端口	结果	原因
PC1	A：0/0/1	PC2	A：0/0/9	通	
PC1	A：0/0/1	VLAN 100	A：0/0/24	通	
PC1	A：0/0/1	VLAN 101	B：0/0/24	不通	
PC1	A：0/0/1	PC3	B：0/0/1	不通	

查看路由表，进一步分析上一步的现象原因。

交换机 A:

```
DCRS-5650-A#show ip route
Codes: K - kernel, C - connected, S - static, R - RIP, B - BGP
       O - OSPF, IA - OSPF inter area
       N1 - OSPF NSSA external type 1, N2 - OSPF NSSA external type 2
       E1 - OSPF external type 1, E2 - OSPF external type 2
       i - IS-IS, L1 - IS-IS level-1, L2 - IS-IS level-2, ia - IS-IS inter
area
       * - candidate default

C       127.0.0.0/8 is directly connected, Loopback
C       192.168.10.0/24 is directly connected, Vlan10
C       192.168.20.0/24 is directly connected, Vlan20
C       192.168.100.0/24 is directly connected, Vlan100
```

交换机 B:

```
DCRS-5650-B#sho ip route
Codes: K - kernel, C - connected, S - static, R - RIP, B - BGP
       O - OSPF, IA - OSPF inter area
       N1 - OSPF NSSA external type 1, N2 - OSPF NSSA external type 2
       E1 - OSPF external type 1, E2 - OSPF external type 2
       i - IS-IS, L1 - IS-IS level-1, L2 - IS-IS level-2, ia - IS-IS inter
area
       * - candidate default

C       127.0.0.0/8 is directly connected, Loopback
C       192.168.30.0/24 is directly connected, Vlan30
C       192.168.40.0/24 is directly connected, Vlan40
C       192.168.101.0/24 is directly connected, Vlan101
```

第五步：启动 RIP 协议，并将对应的直连网段配置到 RIP 进程中。

交换机 A:

```
DCRS-5650-A(config)#router rip
DCRS-5650-A(config-router)#network vlan 10
DCRS-5650-A(config-router)#network vlan 20
DCRS-5650-A(config-router)#network vlan 100
DCRS-5650-A(config-router)#
```

交换机 B:

```
DCRS-5650-B(Config)#router rip
DCRS-5650-B(config-router)#network vlan 30
DCRS-5650-B(config-router)#network vlan 40
DCRS-5650-B(config-router)#network vlan 101
DCRS-5650-B(config-router)#
```

验证配置如下。

```
DCRS-5650-A#show ip rip
Codes: R - RIP, K - Kernel, C - Connected, S - Static, O - OSPF, I - IS-IS,
       B - BGP

   Network            Next Hop          Metric From            If      Time
R  192.168.10.0/24                          1                 Vlan10
R  192.168.20.0/24                          1                 Vlan20
R  192.168.30.0/24    192.168.100.2          2 192.168.100.2    Vlan100 02:36
R  192.168.40.0/24    192.168.100.2          2 192.168.100.2    Vlan100 02:36
R  192.168.100.0/24                        1                 Vlan100

DCRS-5650-A#show ip route
Codes: K - kernel, C - connected, S - static, R - RIP, B - BGP
       O - OSPF, IA - OSPF inter area
       N1 - OSPF NSSA external type 1, N2 - OSPF NSSA external type 2
       E1 - OSPF external type 1, E2 - OSPF external type 2
       i - IS-IS, L1 - IS-IS level-1, L2 - IS-IS level-2, ia - IS-IS inter
area
       * - candidate default

C       127.0.0.0/8 is directly connected, Loopback
C       192.168.10.0/24 is directly connected, Vlan10
C       192.168.20.0/24 is directly connected, Vlan20
R       192.168.30.0/24 [120/2] via 192.168.100.2, Vlan100, 00:03:00
R       192.168.40.0/24 [120/2] via 192.168.100.2, Vlan100, 00:03:00
C       192.168.100.0/24 is directly connected, Vlan100
//R 表示 RIP 协议学习到的网段

DCRS-5650-B#show ip rip
Codes: R - RIP, K - Kernel, C - Connected, S - Static, O - OSPF, I - IS-IS,
       B - BGP

   Network            Next Hop          Metric From            If      Time
R   192.168.10.0/24     192.168.100.1         2  192.168.100.1    Vlan101
02:42
R   192.168.20.0/24     192.168.100.1         2  192.168.100.1    Vlan101
02:42
R  192.168.30.0/24                          1                 Vlan30
R  192.168.40.0/24                          1                 Vlan40
R  192.168.100.0/24                         1                 Vlan101

DCRS-5650-B#show ip route
Codes: K - kernel, C - connected, S - static, R - RIP, B - BGP
       O - OSPF, IA - OSPF inter area
       N1 - OSPF NSSA external type 1, N2 - OSPF NSSA external type 2
       E1 - OSPF external type 1, E2 - OSPF external type 2
```

```
        i - IS-IS, L1 - IS-IS level-1, L2 - IS-IS level-2, ia - IS-IS inter
area
        * - candidate default

    C       127.0.0.0/8 is directly connected, Loopback
    R       192.168.10.0/24 [120/2] via 192.168.100.1, Vlan101, 00:00:31
    R       192.168.20.0/24 [120/2] via 192.168.100.1, Vlan101, 00:00:31
    C       192.168.30.0/24 is directly connected, Vlan30
    C       192.168.40.0/24 is directly connected, Vlan40
    C       192.168.100.0/24 is directly connected, Vlan101

    //R 表示 RIP 协议学习到的网段
```

第六步：验证 PC 之间是否连通。

PC	端口	PC	端口	结果	原因
PC1	A：0/0/1	PC2	A：0/0/9	通	
PC1	A：0/0/1	VLAN 100	A：0/0/24	通	
PC1	A：0/0/1	VLAN 101	B：0/0/24	通	
PC1	A：0/0/1	PC3	B：0/0/1	通	

六、思考与练习

1．如果在交换机 A 的 VLAN100 上禁止 RIP 协议，请问 PC1 还能 Ping 通 PC3 吗？
2．如果在交换机 B 的 VLAN30 上禁止 RIP 协议，请问 PC1 还能 Ping 通 PC3 吗？
3．在交换机 A 和交换机 B 上分别划分基于端口的 VLAN：

交换机	VLAN	端口成员
交换机 A	10	2～8
	20	9～16
	100	1
交换机 B	10	2～8
	40	9～16
	100	1

（1）交换机 A 和 B 通过的 24 端口级联。
（2）配置交换机 A 和 B 各 VLAN 虚拟接口的 IP 地址分别如下表所示：

VLAN10_A	VLAN20	VLAN10_B	VLAN40	VLAN100_A	VLAN10_B
10.1.10.1	10.1.20.1	10.1.30.1	10.1..40.1	10.1.100.1	10.1.100.2

（3）PC1～PC4 的网络设置如下：

设备	IP 地址	gateway	Mask
PC1	10.1.10.2	10.1.10.1	255.255.255.0
PC2	10.1.20.2	110.1.20.1	255.255.255.0
PC3	10.1.30.2	10.1.30.1	255.255.255.0
PC4	10.1.40.2	10.1.40.1	255.255.255.0

（4）使用 RIP 协议要求所有 PC 之间都可以通信。

七、相关知识链接

RIP 配置任务序列如下。

1．启动 RIP 协议（必须）。

（1）启动 RIP 模块/关闭 RIP 模块。

（2）配置运行 RIP 协议的网段。

2．配置 RIP 协议参数（可选）。

（1）配置 RIP 发包机制。

① 配置 RIP 数据报的定点发送。

② 配置 RIP 接口广播。

（2）配置 RIP 路由参数。

① 配置引入路由（默认路由权值，配置 RIP 中引入其他协议的路由）。

② 配置接口的验证模式及密码。

③ 配置路由偏移。

④ 配置应用路由过滤。

⑤ 配置水平分割。

（3）配置 RIP 协议其他参数。

① 配置 RIP 路由管理距离。

② 配置路由表中 RIP 路由的数目限制。

③ 配置 RIP 更新、超时、抑制等计时器时间。

④ 配置 RIP UDP 接收缓冲区大小。

3．配置 RIP-I/RIP-II 模式切换。

（1）配置所有接口使用的 RIP 版本。

（2）配置接口发送/接收的 RIP 版本。

（3）配置接口是否发送/接收 RIP 数据报。

4．删除 RIP 路由表中的特定路由。

5．配置 RIP VPN 命令。

八、注意事项和排错

1．全局启动“router rip”之后，交换机会在所有的虚接口上自动启动 RIP 协议。

2．可以在单个虚接口上禁止 RIP 协议。

实训 2　路由器 RIP 协议的配置方法

一、应用场景

1．在路由器较多的环境里，手工配置静态路由给管理员带来较大的工作负担。

2．在不太稳定的网络环境里，手工修改表不现实。

二、实训设备

1．DCR 路由器 3 台。

2. CR-V35FC 1 条。

3. CR-V35MT 1 条。

三、实训拓扑

实训拓扑如图 4-1-13 所示。

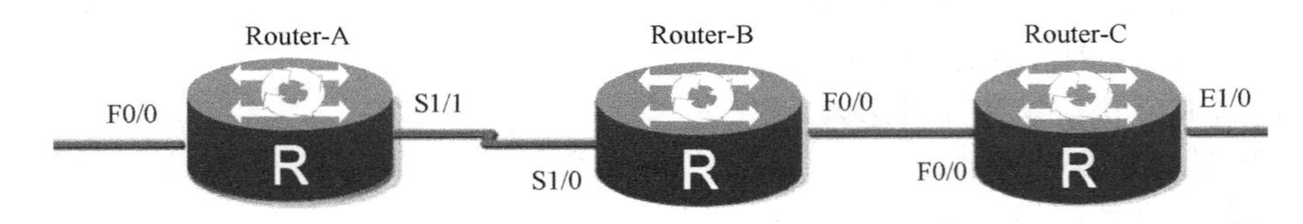

图 4-1-13　实训拓扑

四、实训要求

配置表

Router-A		Router-B		Router-C	
S1/1(DCE)	192.168.1.1	S1/0(DTE)	192.168.1.2	F0/0	192.168.2.2
F0/0	192.168.0.1	F0/0	192.168.2.1	E1/0	192.168.3.1

五、实训步骤

第一步：参照前面实训，按照上表配置所有接口的 IP 地址，保证所有接口全部是 up 状态，测试连通性。

第二步：查看 Router-A 的路由表。

第三步：查看 Router-B 的路由表。

第四步：查看 Router-C 的路由表。

第五步：在 Router-A 上 Ping 路由器 C。

```
Router-A#ping 192.168.2.2
PING 192.168.2.2 (192.168.2.2): 56 data bytes
.....
--- 192.168.2.2 ping statistics ---
5 packets transmitted, 0 packets received, 100% packet loss //不通
```

第六步：在 Router-A 上配置 RIP 协议并查看路由表。

```
Router-A_config#router rip                              //启动 RIP 协议
Router-A_config_rip#network 192.168.0.0                 //宣告网段
Router-A_config_rip#network 192.168.1.0
Router-A_config_rip#^Z
Router-A#sh ip route
Codes: C - connected, S - static, R - RIP, B - BGP, BC - BGP connected
       D - DEIGRP, DEX - external DEIGRP, O - OSPF, OIA - OSPF inter area
       ON1 - OSPF NSSA external type 1, ON2 - OSPF NSSA external type 2
       OE1 - OSPF external type 1, OE2 - OSPF external type 2
       DHCP - DHCP type
```

```
VRF ID: 0
C      192.168.0.0/24      is directly connected, FastEthernet0/0
C      192.168.1.0/24      is directly connected, Serial1/1
```

//注意到并没有出现 RIP 学习到的路由

第七步：在 Router-B 上配置 RIP 协议并查看路由表。

```
Router-B_config#router rip
Router-B_config_rip#network 192.168.1.0
Router-B_config_rip#network 192.168.2.0
Router-B_config_rip#^Z
Router-B#2004-1-1 00:15:58 Configured from console 0 by DEFAULT
Router-B#show ip route
Codes: C - connected, S - static, R - RIP, B - BGP, BC - BGP connected
       D - DEIGRP, DEX - external DEIGRP, O - OSPF, OIA - OSPF inter area
       ON1 - OSPF NSSA external type 1, ON2 - OSPF NSSA external type 2
       OE1 - OSPF external type 1, OE2 - OSPF external type 2
       DHCP - DHCP type

VRF ID: 0

R      192.168.0.0/16      [120,1] via 192.168.1.1(on Serial1/0)  //从 A
学习到的路由
C      192.168.1.0/24      is directly connected, Serial1/0
C      192.168.2.0/24      is directly connected, FastEthernet0/0
```

第八步：在 Router-C 上配置 RIP 协议并查看路由表。

```
Router-C_config#router rip
Router-C_config_rip#network 192.168.2.0
Router-C_config_rip#network 192.168.3.0
Router-C_config_rip#^Z
Router-C#show ip route
Codes: C - connected, S - static, R - RIP, B - BGP
       D - DEIGRP, DEX - external DEIGRP, O - OSPF, OIA - OSPF inter area
       ON1 - OSPF NSSA external type 1, ON2 - OSPF NSSA external type 2
       OE1 - OSPF external type 1, OE2 - OSPF external type 2

R    192.168.0.0/16    [120,2] via 192.168.2.1(on  FastEthernet0/0)
R    192.168.1.0/24    [120,1] via 192.168.2.1(on  FastEthernet0/0)
C    192.168.2.0/24    is directly connected,  FastEthernet0/0
C    192.168.3.0/24    is directly connected,  Ethernet1/0
```

第九步：再次查看 A 和 B 的路由表。

```
Router-B#show ip route
Codes: C - connected, S - static, R - RIP, B - BGP, BC - BGP connected
       D - DEIGRP, DEX - external DEIGRP, O - OSPF, OIA - OSPF inter area
       ON1 - OSPF NSSA external type 1, ON2 - OSPF NSSA external type 2
```

```
      OE1 - OSPF external type 1, OE2 - OSPF external type 2
      DHCP - DHCP type

 VRF ID: 0

 R      192.168.0.0/16      [120,1] via 192.168.1.1(on Serial1/0)
 C      192.168.1.0/24      is directly connected, Serial1/0
 C      192.168.2.0/24      is directly connected, FastEthernet0/0
 R      192.168.3.0/24      [120,1] via 192.168.2.2(on FastEthernet0/0)

 Router-A#show ip route
 Codes: C - connected, S - static, R - RIP, B - BGP, BC - BGP connected
      D - DEIGRP, DEX - external DEIGRP, O - OSPF, OIA - OSPF inter area
      ON1 - OSPF NSSA external type 1, ON2 - OSPF NSSA external type 2
      OE1 - OSPF external type 1, OE2 - OSPF external type 2
      DHCP - DHCP type

 VRF ID: 0

 C      192.168.0.0/24      is directly connected, FastEthernet0/0
 C      192.168.1.0/24      is directly connected, Serial1/1
 R      192.168.2.0/24      [120,1] via 192.168.1.2(on Serial1/1)
 R      192.168.3.0/24      [120,2] via 192.168.1.2(on Serial1/1)
//注意到所有网段都学习到了路由
```

第十步：相关的查看命令。

```
Router-A#show ip rip                        //显示RIP状态
RIP protocol:  Enabled
 Global version: default( Decided on the interface version control )
 Update: 30,  Expire: 180,  Holddown: 120
 Input-queue: 50
 Validate-update-source enable
 No neighbor

Router-A#sh ip rip protocol                 //显示协议细节
RIP is Active
 Sending updates every 30 seconds, next due in 30 seconds //注意定时器的值
 Invalid after 180 seconds, holddown 120
 update filter list for all interfaces is:
 update offset list for all interfaces is:
 Redistributing:
 Default version control: send version 1, receive version 1 2
  Interface           Send            Recv
```

```
  FastEthernet0/0     1                 1 2
  Serial1/1          1                 1 2
 Automatic network summarization is in effect
 Routing for Networks:
  192.168.1.0/24
  192.168.0.0/16
 Distance: 120 (default is 120)                        //注意默认的管理距离
 Maximum route count: 1024,    Route count:6

Router-A#show ip rip database                        ! 显示RIP数据库
 192.168.0.0/24  directly connected  FastEthernet0/0
 192.168.0.0/24  auto-summary
 192.168.1.0/24  directly connected  Serial1/1
 192.168.1.0/24  auto-summary
 192.168.2.0/24  [120,1]  via 192.168.1.2 (on Serial1/1) 00:00:13 //收到
RIP广播的时间
 192.168.3.0/24  [120,2]  via 192.168.1.2 (on Serial1/1)  00:00:13

Router-A#sh ip route rip                        //仅显示RIP学习到的路由
R      192.168.2.0/24       [120,1] via 192.168.1.2(on Serial1/1)
R      192.168.3.0/24       [120,2] via 192.168.1.2(on Serial1/1)
```

六、思考与练习

1. 为什么Router-B没有配置RIP协议时，Router-A没有出现RIP路由？
2. 如果不是连续的子网，会出现什么结果？
3. RIP的广播周期是多少？
4. 将地址改为10.0.0.0/24这个网段重复以上实训。

七、注意事项和排错

1. 只能宣告直连的网段。
2. 宣告时不附加掩码。
3. 分配地址时最好是连续的子网，以免RIP汇聚出现错误。

实训3　三层交换机OSPF动态路由

一、应用场景

当两台三层交换机级联时，为了保证每台交换机上所连接的网段可以和另一台交换机上连接的网段互相通信，使用OSPF协议可以动态学习路由。

二、实训设备

1．DCRS-5656 交换机 2 台（SoftWare Version is DCRS-5650-28_5.2.1.0）。
2．PC 2～4 台。
3．Console 线 1～2 根。
4．直通网线 2～4 根。

三、实训拓扑

实训拓扑如图 4-1-14 所示。

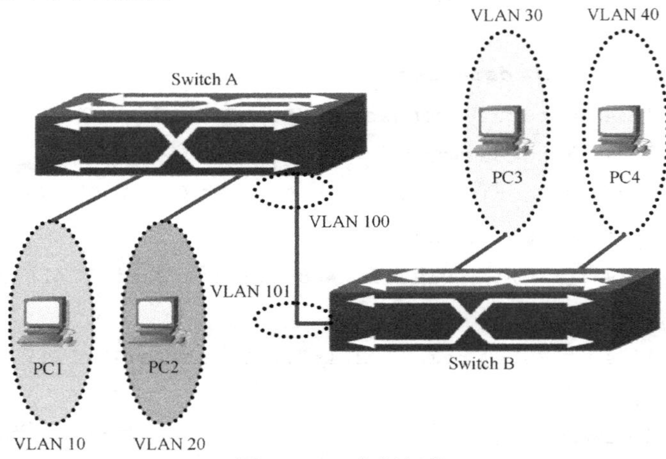

图 4-1-14　实训拓扑

四、实训要求

1．在交换机 A 和交换机 B 上分别划分基于端口的 VLAN：

交换机	VLAN	端口成员
交换机 A	10	1～8
	20	9～16
	100	24
交换机 B	30	1～8
	40	9～16
	101	24

2．交换机 A 和 B 通过的 24 端口级联。
3．配置交换机 A 和 B 各 VLAN 虚拟接口的 IP 地址分别如下表所示：

VLAN10	VLAN20	VLAN30	VLAN40	VLAN100	VLAN101
192.168.10.1	192.168.20.1	192.168.30.1	192.168.40.1	192.168.100.1	192.168.100.2

4．PC1～PC4 的网络设置如下：

设备	IP 地址	gateway	Mask
PC1	192.168.10.101	192.168.10.1	255.255.255.0
PC2	192.168.20.101	192.168.20.1	255.255.255.0
PC3	192.168.30.101	192.168.30.1	255.255.255.0
PC4	192.168.40.101	192.168.40.1	255.255.255.0

5．验证如下。

◆　没有 OSPF 路由协议之前：

PC1 与 PC2，PC3 与 PC4 可以互通。

PC1、PC2 与 PC3、PC4 不通。

◆　配置 OSPF 路由协议之后：

4 台 PC 之间都可以互通。

◆　若实训结果和理论相符，则本实训完成。

五、实训步骤

第一步：交换机全部恢复出厂设置，配置交换机的 VLAN 信息。

交换机 A：

```
DCRS-5656-A#conf
DCRS-5656-A(Config)#vlan 10
DCRS-5656-A(Config-Vlan10)#switchport interface ethernet 0/0/1-8
Set the port Ethernet0/0/1 access vlan 10 successfully
Set the port Ethernet0/0/2 access vlan 10 successfully
Set the port Ethernet0/0/3 access vlan 10 successfully
Set the port Ethernet0/0/4 access vlan 10 successfully
Set the port Ethernet0/0/5 access vlan 10 successfully
Set the port Ethernet0/0/6 access vlan 10 successfully
Set the port Ethernet0/0/7 access vlan 10 successfully
Set the port Ethernet0/0/8 access vlan 10 successfully
DCRS-5656-A(Config-Vlan10)#exit
DCRS-5656-A(Config)#vlan 20
DCRS-5656-A(Config-Vlan20)#switchport interface ethernet 0/0/9-16
Set the port Ethernet0/0/9 access vlan 20 successfully
Set the port Ethernet0/0/10 access vlan 20 successfully
Set the port Ethernet0/0/11 access vlan 20 successfully
Set the port Ethernet0/0/12 access vlan 20 successfully
Set the port Ethernet0/0/13 access vlan 20 successfully
Set the port Ethernet0/0/14 access vlan 20 successfully
Set the port Ethernet0/0/15 access vlan 20 successfully
Set the port Ethernet0/0/16 access vlan 20 successfully
DCRS-5656-A(Config-Vlan20)#exit
DCRS-5656-A(Config)#vlan 100
DCRS-5656-A(Config-Vlan100)#switchport interface ethernet 0/0/24
Set the port Ethernet0/0/24 access vlan 100 successfully
DCRS-5656-A(Config-Vlan100)#exit
DCRS-5656-A(Config)#
```

验证配置如下。

```
DCRS-5656-A#show vlan
VLAN Name         Type       Media     Ports
---------------------------------------------------------------------
1    default      Static     ENET      Ethernet0/0/17       Ethernet0/0/18
```

```
                                    Ethernet0/0/19       Ethernet0/0/20
                                    Ethernet0/0/21       Ethernet0/0/22
                                    Ethernet0/0/23       Ethernet0/0/25
                                    Ethernet0/0/26       Ethernet0/0/27
                                    Ethernet0/0/28
10   VLAN0010   Static   ENET       Ethernet0/0/1        Ethernet0/0/2
                                    Ethernet0/0/3        Ethernet0/0/4
                                    Ethernet0/0/5        Ethernet0/0/6
                                    Ethernet0/0/7        Ethernet0/0/8
20   VLAN0020   Static   ENET       Ethernet0/0/9        Ethernet0/0/10
                                    Ethernet0/0/11       Ethernet0/0/12
                                    Ethernet0/0/13       Ethernet0/0/14
                                    Ethernet0/0/15       Ethernet0/0/16
100  VLAN0100   Static   ENET       Ethernet0/0/24
DCRS-5656-A#
```

交换机 B:

```
DCRS-5656-B(Config)#vlan 30
DCRS-5656-B(Config-Vlan30)#switchport interface ethernet 0/0/1-8
Set the port Ethernet0/0/1 access vlan 30 successfully
Set the port Ethernet0/0/2 access vlan 30 successfully
Set the port Ethernet0/0/3 access vlan 30 successfully
Set the port Ethernet0/0/4 access vlan 30 successfully
Set the port Ethernet0/0/5 access vlan 30 successfully
Set the port Ethernet0/0/6 access vlan 30 successfully
Set the port Ethernet0/0/7 access vlan 30 successfully
Set the port Ethernet0/0/8 access vlan 30 successfully
DCRS-5656-B(Config-Vlan30)#exit
DCRS-5656-B(Config)#vlan 40
DCRS-5656-B(Config-Vlan40)#switchport interface ethernet 0/0/9-16
Set the port Ethernet0/0/9 access vlan 40 successfully
Set the port Ethernet0/0/10 access vlan 40 successfully
Set the port Ethernet0/0/11 access vlan 40 successfully
Set the port Ethernet0/0/12 access vlan 40 successfully
Set the port Ethernet0/0/13 access vlan 40 successfully
Set the port Ethernet0/0/14 access vlan 40 successfully
Set the port Ethernet0/0/15 access vlan 40 successfully
Set the port Ethernet0/0/16 access vlan 40 successfully
DCRS-5656-B(Config-Vlan40)#exit
DCRS-5656-B(Config)#vlan 101
DCRS-5656-B(Config-Vlan101)#switchport interface ethernet 0/0/24
Set the port Ethernet0/0/24 access vlan 101 successfully
DCRS-5656-B(Config-Vlan101)#exit
DCRS-5656-B(Config)#
```

验证配置如下。

```
DCRS-5656-B#show vlan
VLAN Name         Type       Media     Ports
-----------------------------------------------------------------------
-----
 1   default      Static     ENET      Ethernet0/0/17       Ethernet0/0/18
                                       Ethernet0/0/19       Ethernet0/0/20
                                       Ethernet0/0/21       Ethernet0/0/22
                                       Ethernet0/0/23       Ethernet0/0/25
                                       Ethernet0/0/26       Ethernet0/0/27
                                       Ethernet0/0/28
 10  VLAN0010    Static   ENET         Ethernet0/0/1        Ethernet0/0/2
                                       Ethernet0/0/3        Ethernet0/0/4
                                       Ethernet0/0/5        Ethernet0/0/6
                                       Ethernet0/0/7        Ethernet0/0/8
 20  VLAN0020    Static   ENET         Ethernet0/0/9        Ethernet0/0/10
                                       Ethernet0/0/11       Ethernet0/0/12
                                       Ethernet0/0/13       Ethernet0/0/14
                                       Ethernet0/0/15       Ethernet0/0/16
 100 VLAN0100    Static   ENET         Ethernet0/0/24
DCRS-5656-B#
```

第二步：配置交换机各VLAN虚接口的IP地址。

交换机A：

```
DCRS-5656-A(Config)#int vlan 10
DCRS-5656-A(Config-If-Vlan10)#ip address 192.168.10.1 255.255.255.0
DCRS-5656-A(Config-If-Vlan10)#no shut
DCRS-5656-A(Config-If-Vlan10)#exit
DCRS-5656-A(Config)#int vlan 20
DCRS-5656-A(Config-If-Vlan20)#ip address 192.168.20.1 255.255.255.0
DCRS-5656-A(Config-If-Vlan20)#no shut
DCRS-5656-A(Config-If-Vlan20)#exit
DCRS-5656-A(Config)#int vlan 100
DCRS-5656-A(Config-If-Vlan100)#ip address 192.168.100.1 255.255.255.0
DCRS-5656-A(Config-If-Vlan100)#no shut
DCRS-5656-A(Config-If-Vlan100)#
DCRS-5656-A(Config-If-Vlan100)#exit
DCRS-5656-A(Config)#
```

交换机B：

```
DCRS-5656-B(Config)#int vlan 30
DCRS-5656-B(Config-If-Vlan30)#ip address 192.168.30.1 255.255.255.0
DCRS-5656-B(Config-If-Vlan30)#no shut
DCRS-5656-B(Config-If-Vlan30)#exit
DCRS-5656-B(Config)#interface vlan 40
DCRS-5656-B(Config-If-Vlan40)#ip address 192.168.40.1 255.255.255.0
```

```
DCRS-5656-B(Config-If-Vlan40)#exit
DCRS-5656-B(Config)#int vlan 101
DCRS-5656-B(Config-If-Vlan101)#ip address 192.168.100.2 255.255.255.0
DCRS-5656-B(Config-If-Vlan101)#exit
DCRS-5656-B(Config)#
```

第三步：配置各 PC 的 IP 地址，注意配置网关。

设备	IP 地址	gateway	Mask
PC1	192.168.10.101	192.168.10.1	255.255.255.0
PC2	192.168.20.101	192.168.20.1	255.255.255.0
PC3	192.168.30.101	192.168.30.1	255.255.255.0
PC4	192.168.40.101	192.168.40.1	255.255.255.0

第四步：验证 PC 之间是否连通。

PC	端　口	PC	端　口	结　果	原　因
PC1	A：0/0/1	PC2	A：0/0/9	通	
PC1	A：0/0/1	VLAN 100	A：0/0/24	通	
PC1	A：0/0/1	VLAN 101	B：0/0/24	不通	
PC1	A：0/0/1	PC3	B：0/0/1	不通	

查看路由表，进一步分析上一步的现象原因。

交换机 A：

```
DCRS-5656-A#show ip route
Codes: K - kernel, C - connected, S - static, R - RIP, B - BGP
       O - OSPF, IA - OSPF inter area
       N1 - OSPF NSSA external type 1, N2 - OSPF NSSA external type 2
       E1 - OSPF external type 1, E2 - OSPF external type 2
       i - IS-IS, L1 - IS-IS level-1, L2 - IS-IS level-2, ia - IS-IS inter
area
       * - candidate default

C      127.0.0.0/8 is directly connected, Loopback
C      192.168.10.0/24 is directly connected, Vlan10
C      192.168.20.0/24 is directly connected, Vlan20
C      192.168.100.0/24 is directly connected, Vlan100
```

交换机 B：

```
DCRS-5656-B#show ip route
Codes: K - kernel, C - connected, S - static, R - RIP, B - BGP
       O - OSPF, IA - OSPF inter area
       N1 - OSPF NSSA external type 1, N2 - OSPF NSSA external type 2
       E1 - OSPF external type 1, E2 - OSPF external type 2
       i - IS-IS, L1 - IS-IS level-1, L2 - IS-IS level-2, ia - IS-IS inter
area
       * - candidate default
```

```
C       127.0.0.0/8 is directly connected, Loopback
C       192.168.30.0/24 is directly connected, Vlan30
C       192.168.40.0/24 is directly connected, Vlan40
C       192.168.102.0/24 is directly connected, Vlan101
```

第五步：启动 OSPF 协议，并将对应的直连网段配置到 OSPF 进程中。

交换机 A：

```
DCRS-5656-A(config)#router ospf
DCRS-5656-A(config-router)#network 192.168.10.0/24 area 0
DCRS-5656-A(config-router)#network 192.168.20.0/24 area 0
DCRS-5656-A(config-router)#network 192.168.100.0/24 area 0
DCRS-5656-A(config-router)#exit
```

交换机 B：

```
DCRS-5656-B(config)#router ospf
DCRS-5656-B(config-router)#network 192.168.30.0/24 area 0
DCRS-5656-B(config-router)#network 192.168.40.0/24 area 0
DCRS-5656-B(config-router)#network 192.168.101.0/24 area 0
DCRS-5656-B(config-router)#exit
```

验证配置如下。

交换机 A：

```
DCRS-5656-A#show ip route
Codes: K - kernel, C - connected, S - static, R - RIP, B - BGP
       O - OSPF, IA - OSPF inter area
       N1 - OSPF NSSA external type 1, N2 - OSPF NSSA external type 2
       E1 - OSPF external type 1, E2 - OSPF external type 2
       i - IS-IS, L1 - IS-IS level-1, L2 - IS-IS level-2, ia - IS-IS inter
area
       * - candidate default

C       127.0.0.0/8 is directly connected, Loopback
C       192.168.10.0/24 is directly connected, Vlan10
C       192.168.20.0/24 is directly connected, Vlan20
O       192.168.30.0/24 [110/20] via 192.168.100.2, Vlan100, 00:00:23
O       192.168.40.0/24 [110/20] via 192.168.100.2, Vlan100, 00:00:23
C       192.168.100.0/24 is directly connected, Vlan100
(O 代表 ospf 学习到的路由网段)
```

交换机 B：

```
DCRS-5656-B#show ip route
Codes: K - kernel, C - connected, S - static, R - RIP, B - BGP
       O - OSPF, IA - OSPF inter area
       N1 - OSPF NSSA external type 1, N2 - OSPF NSSA external type 2
       E1 - OSPF external type 1, E2 - OSPF external type 2
```

```
        i - IS-IS, L1 - IS-IS level-1, L2 - IS-IS level-2, ia - IS-IS inter
area
        * - candidate default

    C       127.0.0.0/8 is directly connected, Loopback
    O       192.168.10.0/24 [110/20] via 192.168.100.1, Vlan101, 00:00:23
    O       192.168.20.0/24 [110/20] via 192.168.100.1, Vlan101, 00:00:23
    C       192.168.30.0/24 is directly connected, Vlan30
    C       192.168.40.0/24 is directly connected, Vlan40
    C       192.168.100.0/24 is directly connected, Vlan101
    (O 代表 ospf 学习到的路由网段)
```

第六步：验证 PC 之间是否连通。

PC	端口	PC	端口	结果	原因
PC1	A：0/0/1	PC2	A：0/0/9	通	
PC1	A：0/0/1	VLAN 100	A：0/0/24	通	
PC1	A：0/0/1	VLAN 101	B：0/0/24	通	
PC1	A：0/0/1	PC3	B：0/0/1	通	

六、思考与练习

1．在交换机 A 和交换机 B 上分别划分基于端口的 VLAN：

交换机	VLAN	端口成员
交换机 A	10	2～8
	20	9～16
	100	1
交换机 B	10	2～8
	40	9～16
	100	1

2．交换机 A 和 B 通过的 24 端口级联。

3．配置交换机 A 和 B 各 VLAN 虚拟接口的 IP 地址分别如下表所示：

VLAN10_A	VLAN20	VLAN10_B	VLAN40	VLAN100_A	VLAN10_B
10.1.10.1	10.1.20.1	10.1.30.1	10.1..40.1	10.1.100.1	10.1.100.2

4．PC1～PC4 的网络设置如下：

设备	IP 地址	gateway	Mask
PC1	10.1.10.2	10.1.10.1	255.255.255.0
PC2	10.1.20.2	110.1.20.1	255.255.255.0
PC3	10.1.30.2	10.1.30.1	255.255.255.0
PC4	10.1.40.2	10.1.40.1	255.255.255.0

5．使用 OSPF 协议要求所有 PC 之间都可以通信。

七、注意事项和排错

在配置、使用 OSPF 协议时，可能会由于物理连接、配置错误等原因导致 OSPF 协议未能正常运行。因此，用户应注意以下要点。

首先，应该保证物理连接的正确无误；

其次，保证接口和链路协议是 up（使用 show interface 命令）；在各接口上配置不同网段的 IP 地址；

然后，先启动 OSPF 协议（使用 router ospf 命令）再在相应接口配置所属 OSPF 域；

最后，注意 OSPF 协议的自身特点——OSPF 骨干域（0 域）必须保证是连续的，如果不连续使用虚连接（Virtual Link）来保证，所有非 0 域只能通过 0 域与其他非 0 域相连，不允许非 0 域直接相连；边界三层交换机是指该三层交换机的一部分接口属于 0 域，而另外一部分接口属于非 0 域；对于广播网等多路访问网，需要选举指定三层交换机 DR。

八、相关配置命令详解

配置任务序列如下。

1．启动 OSPF 协议（必须）。

（1）启动/关闭 OSPF 协议（必须）。

（2）配置运行 OSPF 三层交换机的 ID 号（可选）。

（3）配置运行 OSPF 的网络范围（可选）。

（4）配置接口所属的域（必须）。

2．配置 OSPF 辅助参数（可选）。

（1）配置 OSPF 发包机制参数。

① 配置 OSPF 数据包的验证。

② 配置 OSPF 接口为只收不发。

③ 配置接口发送数据包的代价。

④ 配置 OSPF 发包定时器参数（广播接口轮询发送 HELLO 数据包的定时器、邻接三层交换机失效定时器、接口传送 LSA 时延定时器、邻接三层交换机重传 LSA 定时器）。

（2）配置 OSPF 引入路由参数。

① 配置引入外部路由的默认参数（默认类型、默认标记值、默认代价值）。

② 配置在 OSPF 中引入其他协议的路由。

（3）配置 OSPF 协议其他参数。

① 配置 OSPF 路由协议优先级。

② 配置 OSPF STUB 域及默认路由的代价。

③ 配置 OSPF 虚链路。

④ 配置接口在选举指定三层交换机 DR 中的优先级。

3．关闭 OSPF 协议。

实训4 路由器单区域OSPF基本配置

一、应用场景

OSPF 是为了解决 RIP 不能解决的大型、可扩展的网络需求而出现的链路状态路由协议，OSPF 不但具有 RIP-2 对可变长度掩码支持的优点，同时还具有无自环、收敛快的特点，因此被广泛应用在中大型网络环境。

二、实训设备

1．DCR-2611 3 台（Version 1.3.3G (MIDDLE)）。
2．CR-V35FC 1 根。
3．CR-V35MT 1 根。

三、实训拓扑

实训拓扑如图 4-1-15 所示。

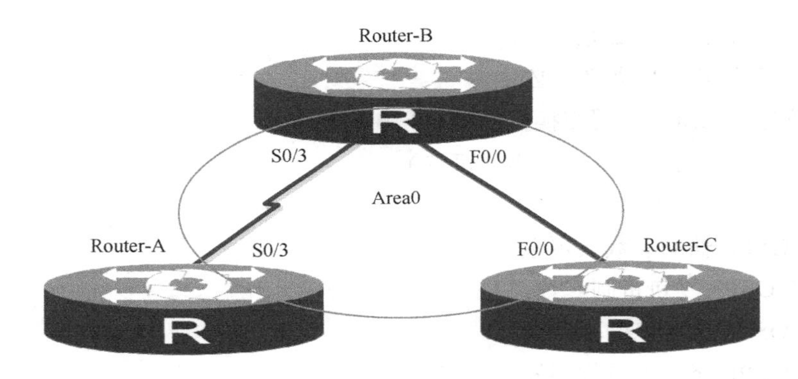

图 4-1-15　实训拓扑

四、实训要求

Router-A		Router-B		Router-C	
S0/3(DCE)	172.16.24.1/24	S0/3(DTE)	172.16.24.2/24		
		F0/0	172.16.25.1/24	F0/0	172.16.25.2/24
Loopback 0	10.10.10.1/24	Loopback 0	10.10.11.1/24	Loopback 0	10.10.12.1/24

1．按照拓扑图连接网络。
2．按照要求配置路由器各接口地址。

五、实训步骤

第一步：按照上表配置路由器名称、接口的 IP 地址，保证所有接口全部是 up 状态，测试连通性。

第二步：路由器环回接口的配置。

```
Router-A:
Router-A_config#interface loopback 0
Router-A_config_l0#ip address 10.10.10.1 255.255.255.0
Router-B:
Router-B_config#interface loopback 0
Router-B_config_l0#ip address 10.10.11.1 255.255.255.0
Router-C:
Router-B_config#interface loopback 0
Router-B_config_l0#ip address 10.10.12.1 255.255.255.0
```

第三步：验证环回接口配置。

```
Router-A_config#show interface loopback 0
Loopback0 is up, line protocol is up
  Hardware is Loopback
  MTU 1514 bytes, BW 8000000 kbit, DLY 500 usec
  Interface address is 10.10.10.1/24
  Encapsulation LOOPBACK
```

路由器的 Router ID 是路由器接口的最高的 IP 地址，若有环回接口存在，路由器将使用环回接口的最高 IP 地址作为起 Router ID，从而保证 Router ID 的稳定。

第四步：启动单区域 OSPF，并且宣告直连接口的网络。

```
Router-A:
Router-A_config#router ospf 1     !启动OSPF进程，进程号为1，取值范围从1～65535
Router-A_config_ospf_1#network 172.16.24.0 255.255.255.0 area 0
                                             !注意要写掩码和区域号
Router-B:
Router-B_config#router ospf 1
Router-B_config_ospf_1#network 172.16.24.0 255.255.255.0 area 0
Router-B_config_ospf_1#network 172.16.25.0 255.255.255.0 area 0

Router-C:
Router-C_config#router ospf 1
Router-C_config_ospf_1#network 172.16.25.0 255.255.255.0 area 0
```

第五步：查看 Router-A 路由表。

```
    Router-A_config#show ip route
Codes: C - connected, S - static, R - RIP, B - BGP, BC - BGP connected
       D - DEIGRP, DEX - external DEIGRP, O - OSPF, OIA - OSPF inter area
       ON1 - OSPF NSSA external type 1, ON2 - OSPF NSSA external type 2
       OE1 - OSPF external type 1, OE2 - OSPF external type 2
       DHCP - DHCP type

VRF ID: 0

C      10.10.10.0/24        is directly connected, Loopback0
```

```
C     172.16.24.0/24      is directly connected, Serial0/3
O     172.16.25.0/24      [110,1601] via 172.16.24.2(on Serial0/3)
```

Router-A 通过 OSPF 学到了 172.16.25.0/24 这个网段的路由。后面的数字[110，1601]，分别表示 OSPF 的管理距离和路由的 Metric 值，Metric 值是由 Cost 值逐跳累加的。Cost=100Mb/带宽值。

第六步：查看其他 OSPF 状态参数。

查看 OSPF 邻居状态。

```
    Router-A:
    Router-A_config#show ip ospf neighbor
--------------------------------------------------------------------------
                          OSPF process: 1

                           AREA: 0
Neighbor ID      Pri   State           DeadTime   Neighbor Addr   Interface
10.10.11.1       1     FULL/-          32         172.16.24.2     Serial0/3
--------------------------------------------------------------------------
```

注意到我们所配置的 Loopback 地址已经在这里以 Router-ID 出现了，在 1.3.3G 版本中取消了单独配置 Router ID 的设置，只使用环回接口 IP。

```
        Router-B:
        Router-B_config_ospf_1#sh ip ospf neighbor
--------------------------------------------------------------------------
                          OSPF process: 1

                           AREA: 0
Neighbor ID      Pri   State          DeadTime   Neighbor Addr   Interface
10.10.10.1       1     FULL/-          38        172.16.24.1     Serial0/3
10.10.12.1       1   FULL/BDR        34       172.16.25.2    FastEthernet0/0
--------------------------------------------------------------------------
```

我们看到 B 和 C 选取了 DR 和 BDR，而 A 和 B 没有选取，在后面的实训里会具体讲解原因。

```
Router-C:
Router-C_config#sh ip ospf neighbor
--------------------------------------------------------------------------
                          OSPF process: 1

                           AREA: 0
Neighbor ID      Pri   State          DeadTime   Neighbor Addr   Interface
10.10.11.1       1     FULL/DR       34       172.16.26.1    FastEthernet0/0
--------------------------------------------------------------------------
```

查看 OSPF 接口状态和类型：

```
   Router-A_config#show ip ospf interface
Serial0/3 is up, line protocol is up
```

```
Internet Address: 172.16.24.1/24
Interface index: 3
Nettype: Point-to-Point
OSPF process is 1,  AREA: 0, Router ID: 10.10.10.1
Cost: 1600, Transmit Delay is 1 sec, Priority 1
Hello interval is 10, Dead timer is 40, Retransmit is 5
OSPF INTF State is IPOINT_TO_POINT
Neighbor Count is 1, Adjacent neighbor count is 1
  Adjacent with neighbor 172.16.24.2
```

六、思考与练习

1．OSPF 与 RIP 有哪些区别？

2．如果在 A、B、C 上宣告各自的环回接口，会有什么影响？

3．环回接口还有什么用处？

4．自定修改 IP 地址段，重新进行试验。

七、注意事项和排错

1．OSPF 的进程号只有本地意义，即在不同路由器上的进程号可以不相同。但是为了日后维护的方便，一般启用相同的进程号。

2．路由器把环回端口作为标志路由器的 ID 号。

3．OSPF 是无类路由协议，一定要加掩码。

4．在申明直连网段时，必须指明所属的区域。

5．第一个区域必须是区域 0。

考核评价表

班级：________　　　　姓名：________　　　　日期：________

<table>
<tr><th colspan="5">工作任务 3——活动三　设备配置与调试</th></tr>
<tr><th colspan="5">评　价　标　准</th></tr>
<tr><td rowspan="2">考核内容</td><td colspan="4">考核等级</td></tr>
<tr><td>优秀</td><td>良好</td><td>合格</td><td>不合格</td></tr>
<tr><td>实训报告</td><td>记录准确、清楚、完整</td><td>记录准确，较清楚、完整</td><td>记录基本准确，较清楚、完整</td><td>记录不准确，不清楚、不完整</td></tr>
<tr><td>工作过程</td><td>工作过程完全符合行业规范，成本意识高</td><td>工作过程符合行业规范</td><td>工作过程基本符合行业规范</td><td>工作过程不符合行业规范</td></tr>
<tr><th colspan="5">成　绩　评　定</th></tr>
<tr><td colspan="5">评定</td></tr>
<tr><td>自评</td><td></td><td></td><td colspan="2"></td></tr>
<tr><td>互评</td><td></td><td></td><td colspan="2"></td></tr>
<tr><td>师评</td><td></td><td></td><td colspan="2"></td></tr>
</table>

续表

反思：

活动四　设备联调验收

学习情境

在楼宇间办公局域网中，已经按网络功能需求，完成设备配置与调试，现需要提取配置文档，根据模板，书写设备验收报告。

学习方式

学生分组，提取配置文档，根据模板，书写设备验收报告。

工作流程

操作内容

1. 提取配置文档。
2. 书写设备验收报告。

考核评价表

班级：________　　姓名：________　　日期：________

工作任务 3——活动四　设备联调验收				
评　价　标　准				
考核内容	考核等级			
	优秀	良好	合格	不合格
设备联调记录	记录准确、清楚、完整	记录准确，较清楚、完整	记录基本准确，较清楚、完整	记录不准确，或不完整
工作过程	工作过程完全符合行业规范，成本意识高	工作过程符合行业规范	工作过程基本符合行业规范	工作过程不符合行业规范
成　绩　评　定				
评定				
自评				
互评				
师评				
反思：				

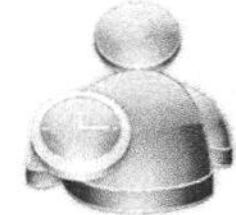

工作任务 4　楼宇间办公局域网竣工验收

任务描述

对楼宇间办公局域网网络实施网络功能验收，验收完成后整理、书写楼宇间办公局域网竣工验收报告。

活动一　网络功能验收

学习情境

楼宇间办公局域网已经搭建完成，需要按其标书中功能的要求，进行测试与验收。

学习方式

学生分组，根据标书中对楼宇间办公局域网功能的要求，进行测试与验收。使学生掌握功能验收方法。

工作流程

设计记录单 → 现场测试

操作内容

1．通过标书设计测试记录单。

2．现场测试并记录

考核评价表

班级：________　　姓名：________　　日期：________

工作任务 4——活动一　网络功能验收				
评　价　标　准				
考核内容	考核等级			
	优秀	良好	合格	不合格
现场测试记录	记录准确、清楚、完整	记录准确，较清楚、完整	记录基本准确，较清楚、完整	记录不准确，或不完整
工作过程	工作过程完全符合行业规范，成本意识高	工作过程符合行业规范	工作过程基本符合行业规范	工作过程不符合行业规范
成　绩　评　定				
评定				
自评				

续表

互评			
师评			
反思：			

活动二　整理竣工验收报告

学习情境

楼宇间办公局域网已经搭建完成并验收，需要整理记录，书写竣工验收报告。

学习方式

学生根据模板，分组整理、书写楼宇间办公局域网竣工验收报告。

工作流程

操作内容

1. 分类整理前期工作过程中的记录单。
2. 根据竣工验收报告模板和记录单，书写楼宇间办公局域网工程竣工验收报告。

考核评价表

班级：________ 姓名：________ 日期：________

<table>
<tr><th colspan="5">工作任务 4——活动二 整理竣工验收报告</th></tr>
<tr><th colspan="5">评 价 标 准</th></tr>
<tr><td rowspan="2">考核内容</td><td colspan="4">考核等级</td></tr>
<tr><td>优秀</td><td>良好</td><td>合格</td><td>不合格</td></tr>
<tr><td>竣工验收报告</td><td>验收报告准确、清楚、完整</td><td>验收报告准确，较清楚、完整</td><td>验收报告基本准确，较清楚、完整</td><td>验收报告不准确，或不清楚、不完整</td></tr>
<tr><td>工作过程</td><td>工作过程完全符合行业规范，成本意识高</td><td>工作过程符合行业规范</td><td>工作过程基本符合行业规范</td><td>工作过程不符合行业规范</td></tr>
<tr><th colspan="5">成 绩 评 定</th></tr>
<tr><td colspan="5">评定</td></tr>
<tr><td>自评</td><td></td><td></td><td colspan="2"></td></tr>
<tr><td>互评</td><td></td><td></td><td colspan="2"></td></tr>
<tr><td>师评</td><td></td><td></td><td colspan="2"></td></tr>
<tr><td colspan="5">反思：</td></tr>
</table>

反侵权盗版声明

电子工业出版社依法对本作品享有专有出版权。任何未经权利人书面许可，复制、销售或通过信息网络传播本作品的行为；歪曲、篡改、剽窃本作品的行为，均违反《中华人民共和国著作权法》，其行为人应承担相应的民事责任和行政责任，构成犯罪的，将被依法追究刑事责任。

为了维护市场秩序，保护权利人的合法权益，我社将依法查处和打击侵权盗版的单位和个人。欢迎社会各界人士积极举报侵权盗版行为，本社将奖励举报有功人员，并保证举报人的信息不被泄露。

举报电话：（010）88254396；（010）88258888

传　　真：（010）88254397

E-mail:　　dbqq@phei.com.cn

通信地址：北京市万寿路 173 信箱

电子工业出版社总编办公室

邮　　编：100036